Scriptor Praxis

Andreas Büchter
Timo Leuders

Mathematikaufgaben selbst entwickeln

Lernen fördern – Leistung überprüfen

Cornelsen

Die Autoren
Andreas Büchter (Prof. Dr.) forscht und lehrt im Bereich der Mathematikdidaktik an der Universität Duisburg-Essen.

Timo Leuders (Prof. Dr.) forscht und lehrt am Institut für Mathematische Bildung (IMBF) an der Pädagogischen Hochschule Freiburg.

Beide arbeiten u. a. in den Bereichen Lehrerfortbildung, Schulbuchentwicklung, Curriculumentwicklung, Diagnose und Förderung sowie Differenzierung im Mathematikunterricht.

Projektleitung: Gabriele Teubner-Nicolai, Berlin
Redaktion: Stefan Giertzsch, Werder (Havel)
Sachzeichnungen: Rainer J. Fischer, Berlin und Stefan Giertzsch, Werder (Havel)
Bildquellen: S. 25 (Handydisplay): stock.adobe.com/Sergey Peterman; S.128 (Big Phil): stock.adobe.com/Gennadiy Poznyakov; S. 166 (Enrico Fermi): mauritius images/alamy stock photo/MARKA; zeichnungen auf S. 8, 10, 25 (Schriftzug), 32, 40, 108: Stefan Giertzsch; S. 140: Timo Leuders
Umschlagkonzeption/-gestaltung: Kerstin Zipfel, München/LemmeDESIGN, Berlin
Layout/technische Umsetzung: zweiband.media, Berlin
Umschlagfoto: stock.adobe.com/Gennadiy Poznyakov

www.cornelsen.de

9. Auflage, 3. Druck 2023

Druck: Esser printSolutions GmbH, Bretten

ISBN 978-3-589-16053-2

Inhalt

Vorwort zur Neuauflage

Aufgaben sind das tägliche Brot des Mathematikunterrichts. Das gilt für Lehrende wie Lernende gleichermaßen.

- Im **Unterricht** und bei den **Hausaufgaben** sind Aufgaben die mit Abstand häufigsten Anlässe für mathematische Aktivitäten von Schülerinnen und Schülern. Das „Stellen“ einer Aufgabe, sei es durch lapidares Benennen der Buchstelle oder durch Festhalten einer gemeinsam erarbeiteten Frage an der Tafel, ist Ausgangspunkt für Entdecken, Problemlösen, Anwenden und viele andere mathematische Prozesse. Der mal bequeme, mal steinige Weg von der Aufgabe zur Lösung wird Tag für Tag tausende Male in unseren Schulen beschritten[1].
- In **Klassenarbeiten** dienen Aufgaben dazu, Leistungen zu überprüfen, vor allem als Grundlage für die Bewertung, im besten Fall aber auch, um Schülerinnen und Schülern Rückmeldungen über ihren Lernfortschritt zu geben. Mit ihrem Beitrag zur Benotung spielen Aufgaben und das Vermögen, sie zu lösen, eine mitentscheidende Rolle bei der Vergabe von Abschlüssen und Chancen.
- In **Schulbüchern** sind Aufgaben die elementaren Gliederungseinheiten. Schulbücher traditioneller Prägung verstehen sich meist als eine systematische Sammlung verschiedener Aufgabentypen, geordnet nach fachsystematischen und lerntheoretischen Gesichtspunkten.
- Bei der **professionellen Kommunikation** zwischen Mathematiklehrerinnen und -lehrern über ihren Unterricht sind Aufgaben so etwas wie die didaktischen Sinneinheiten. Wie weit man welche Inhalte im Unterricht behandeln möchte, wird gewöhnlich über die ausgewählten Aufgabentypen beschrieben. Auch die Anforderungen, die Schülerinnen und Schüler zu einem bestimmten Zeitpunkt bewältigen können sollen, werden über Aufgaben diskutiert.
- Aber auch die **öffentliche Diskussion** über Mathematikunterricht und das, was in ihm gelehrt und gelernt werden soll, findet über Aufgabentypen statt. Gerade die „Abnehmer von Schule“, seien es Wirtschaftsverbände oder Hochschulen, formulieren ihre Forderungen an die Schule über typische Aufgaben, wie z. B. das „bürgerliche Rechnen“.
- In der **Bildungspolitik** haben Aufgaben im letzten Jahrzehnt eine besondere Steuerungsfunktion bei der Festsetzung bzw. Konkretisierung von Bildungsstandards gewonnen. Als Illustration von Kompetenzstufen und am meisten wohl als zentrale Prüfungsaufgaben haben sie normierenden Charakter.

[1] Wie viele Male übrigens? Haben Sie eine ungefähre Vorstellung davon? Kann man das überhaupt „ausrechnen“? Auch Aufgaben dieser Art finden sich in diesem Buch.

Schon diese oberflächliche Aufzählung (Vertiefendes erfährt man z. B. bei BROMME/SEEGER/STEINBRING 1990, STEIN/GROVER/HENNINGSEN 1996, LEUDERS 2014) macht deutlich, welchen Stellenwert Aufgaben für die Diskussion über Mathematikunterricht und vor allem für die Vorbereitung, Durchführung und Auswertung von Mathematikunterricht haben. Hiebert et al. (2003) berichten, dass etwa achtzig Prozent der Zeit im Mathematikunterricht mit der Bearbeitung von Aufgaben verbracht wird. Für Mathematiklehrer und -lehrerinnen ist es daher von großer Bedeutung, über die Qualität und die Funktion von Aufgaben nachzudenken, geeignete Aufgaben reflektiert aus Büchern und Materialsammlungen auszuwählen und sie bei Bedarf selbst zielgerichtet zu entwickeln. Hierzu benötigt man Begriffe, mit denen man die Eigenschaften von Aufgaben erfassen kann, sowie Kriterien und Verfahren, nach denen man Aufgaben systematisch erstellen und zielgerichtet verändern kann. Es ist die Hauptintention dieses Buches, solche Begriffe, Kriterien und Verfahren mit Blick auf die tägliche Praxis zur Verfügung zu stellen.

Wie jedes Buch hat auch dieses seine eigene Geschichte. Diese hängt eng zusammen mit unserer Mitarbeit in vielen Projekten, bei denen Aufgaben eine besondere Rolle gespielt haben, wie z. B. bei Fortbildungen oder bei der Entwicklung von Lehrplänen und von Lernstandserhebungen: Dabei ist uns immer wieder aufgefallen, dass man zwar allenthalben auf der Suche nach „guten Aufgaben" ist, dass es aber nur wenig umfassende, systematische Überlegungen und Anregungen für die Aufgabenkonstruktion gibt – nicht einmal bei Schulbuchverlagen, wie eine Anfrage ergab. Diese Lücke wollte dieses Buch bescheiden füllen.

Inzwischen ist das Buch bereits seit über zehn Jahren in Verwendung und wird in der Lehrausbildung, Lehrerfortbildung und Unterrichtspraxis als Anregung und Systematik hinzugezogen. Auch wir selbst haben in den letzten Jahren vielfältige neue Erfahrungen sammeln können, vor allem in zahlreichen Lehrerfortbildungen zur Arbeit mit Aufgaben oder bei der Entwicklung von Schulbüchern und der Schulung von Autorinnen und Autoren. Diese Erfahrungen haben wir in die überarbeitete Neuauflage einfließen lassen. Wir hoffen, dass viele weitere Leserinnen und Leser in ihrer Ausbildung und ihrer Praxis von den Anregungen dieses Buches profitieren werden.

Essen und Freiburg im August 2015
Andreas Büchter, Timo Leuders

AB/Dynamisches AB

Die mit „AB/Dynamisches AB" versehenen Aufgaben und Arbeitsblätter können auf der Webseite http://digitales.leuders.net heruntergeladen werden.

Einführung

1

Was ist eine „gute Aufgabe"?

Dies ist eine wichtige Frage, denn im Mathematikunterricht spielen Aufgaben eine zentrale Rolle für das Lehren und Lernen, sei es als Anlass zum Entdecken mathematischer Zusammenhänge, zum Üben von Fertigkeiten, zum Vernetzen von Begriffen oder als Instrument der Leistungsbewertung. Angesichts der Bedeutung von Mathematikaufgaben muss die folgende Antwort auf die Frage nach der „guten Aufgabe" also zunächst unbefriedigend erscheinen: „Das kommt darauf an!" – und zwar darauf, welche Funktion die Aufgabe erfüllen soll. In diesem Sinne muss die Frage nach der „guten Aufgabe" als Frage nach der für einen bestimmten Zweck geeigneten Aufgabe verstanden werden. Am folgenden Beispiel soll dies illustriert werden:

> Wie groß ist die Summe der Winkel in einem Fünfeck?

Wenn Sie Schülerinnen und Schülern diese unspektakulär daherkommende aber dennoch mathematisch gehaltvolle Aufgabe stellen, nachdem sie die Winkelsumme im Dreieck (aber noch nicht im Viereck) kennen gelernt haben, werden sie beginnen, Fünfecke zu zeichnen und die Innenwinkel zu messen. Die Aufgabe eignet sich also dazu, Schülerinnen und Schüler entdeckend Erfahrungen machen zu lassen: Wie zeichnet man Fünfecke? Wie misst man Winkel möglichst schnell und möglichst genau? Welche Winkelsummen ergeben sich? Nur wenige Schülerinnen und Schüler werden jedoch über die Formulierung einer Vermutung für Fünfecke hinausgehen oder für diese auch noch eine Begründung suchen – das geringe Begründungsbedürfnis solcher aus Beispielen gewonnenen Vermutungen ist lange bekannt (vgl. WINTER 1983), aber nicht unüberwindbar.

Wenn Sie also nicht anschließend diese Begründung mit allen (wirklich mit allen?) im Klassengespräch „erarbeiten" möchten, müssen Sie einen Weg finden, wie Sie diese Aufgabe so verändern, dass Schülerinnen und Schüler auch zum Begründen und zum aktiven Problemlösen angeregt werden.

AB/Dynamisches AB

Eine geeignete Form für diesen Zweck könnte die folgende sein (s. S. 6):

> Lege mit diesen Dreiecken (es stehen von jedem mehrere zur Verfügung) möglichst viele verschiedene Fünfecke.
>
> Bestimme die Summe der Winkel in jedem Fünfeck. Stelle Vermutungen auf und versuche, sie deinem Nachbarn zu erklären.

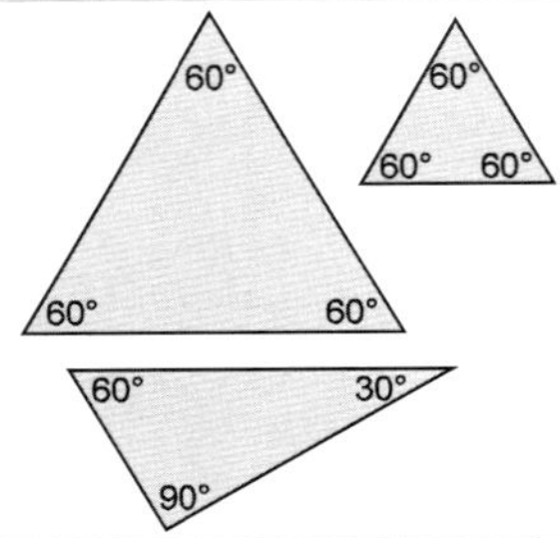

In dieser Form regt die Aufgabe unterschiedliche mathematische Tätigkeiten an; sie fokussiert dabei auf das Wesentliche: Die Vorgabe von einigen Grundformen und deren Winkeln entlastet von umfangreichen Mess- und Rechentätigkeiten sowie von Problemen mit der Messgenauigkeit. Schülerinnen und Schüler können viele Formen legen und üben zugleich das Erfassen von Winkelkonstellationen. Wesentlich dabei ist auch der handelnde Zugang, der kein Selbstzweck ist. Er lässt für die Schüler das Entstehen eines Fünfecks aus Dreiecken handelnd „begreifbar" werden und ebnet damit den Weg für mögliche Begründungsversuche, auch ohne Lenkung des Lehrers. Die Aufforderung zum Austausch der Ergebnisse mit dem Nachbarn verlangt eine sprachliche Präzisierung sowohl der Vermutung als auch möglicher Begründungsansätze.

Beim Zusammentragen der Ergebnisse können Sie als Lehrerin oder Lehrer nun die vielfältigen Erfahrungen, die alle Schülerinnen und Schüler machen konnten, nutzen. Auch schwächere Schüler können sich mit konkreten Legebeispielen aktiv in den Unterricht einbringen, stärkere werden eher ihre Vermutungen diskutieren. Diejenigen, die keinen Grund für die vermutete Winkelsumme finden konnten, werden schließlich die Begründungen anderer auf der Basis ihrer eigenen Beispiele besser nachvollziehen können.

Unter den Vermutungen werden aufgrund der Offenheit der Aufgabenstellung auch einige unerwartete sein, die zu weiteren Fragen und Erkundungen Anlass geben können: „Welche Fünfecke können gelegt werden? Was passiert, wenn beim Anlegen keine Ecke, sondern eine gerade Linie entsteht?" In dieser Form ist die Aufgabe also „open-ended" und somit hervorragend für ein entdeckendes Lernen geeignet.

Für die Überprüfung, ob die hier angedeuteten Lernprozesse erfolgreich verlaufen sind, erscheint die Aufgabe aber weniger geeignet. Sie ist sowohl zu arbeitsintensiv als auch zu unvorhersehbar in ihren Ergebnissen. Vielleicht werden Sie daher für eine Klassenarbeit wieder die ursprüngliche Form der Aufgabe wählen:

> Wie groß ist die Summe der Winkel in einem Fünfeck?

Nun aber sind Sie mit einem Problem konfrontiert, das bei Leistungsüberprüfungen beinahe grundsätzlich auftritt. Woher wollen Sie etwa bei einer Schülerin, die diese Frage beantwortet, wissen, ob sie den Zusammenhang wirklich „verstanden" hat oder nur ein auswendig gelerntes Ergebnis wiedergibt? Auch eine Aufforderung zur Begründung könnte durch die schlichte, wenn auch schon als anspruchsvoller einzustufende Reproduktion der im Unterricht erarbeiteten Begründung befriedigt werden. Sie möchten aber wissen, ob die Idee des Zusammensetzens von Winkelsummen in Vielecken verstanden wurde. Auch für solche Zwecke lassen sich Varianten der Aufgabe formulieren, wie z. B. diese:

> Begründe mit einer Zeichnung, warum die Winkelsumme in einem Achteck 1080° beträgt.

Diese Aufgabe verzichtet auf die reine Wissensabfrage. Dafür ermöglicht sie Lösungen auf unterschiedlichen Niveaus:

(1) Auch wenn Schülerinnen oder Schüler nicht mehr in der Lage sind, den allgemeinen Zusammenhang zu Rate zu ziehen, können sie die Innenwinkelsumme noch schlicht durch Messen ermitteln.

(2) Sie können aber auch das kennengelernte Verfahren des Anlegens von Dreiecken sukzessive fortsetzen und zur Begründung nutzen.

(3) Eine Begründung, die eine hohe Flexibilität im Umgang mit dem Konzept des Zusammenfügens zeigt, ist das Zerlegen des Achtecks in zwei Fünfecke.

Diese Aufgabe eignet sich also nicht nur dazu, Schüler in „Könner" und „Nicht-Könner" zu unterscheiden, sondern auch zur Diagnose des entwickelten Verständnisses. Zwar ist die Lösung (1) eher Beschreiben als Begründen, aber sie stellt mit dem Überprüfen der Aussage am konkreten Fall eine wichtige Teilkompetenz des Begründens dar.

Die Schülerinnen und Schüler sollen ihre Fähigkeiten, die sie bei der Arbeit mit diesen Aufgaben entwickelt haben, weiter flexibilisieren, also auch in unterschiedlichen Kontexten anwenden können. Sie sollen ihr Wissen und ihre Fähigkeiten anwenden, mit anderen Aspekten vernetzen und auch kritischen Nachfragen gegenüber absichern. Hier gibt es vielfältige Möglichkeiten, die Aufgabenstellung zu variieren. Zwei davon sehen so aus:

Jan behauptet: Dieses Fünfeck besteht aus 5 Dreiecken und seine Winkelsumme beträgt $5 \cdot 180° = 900°$?

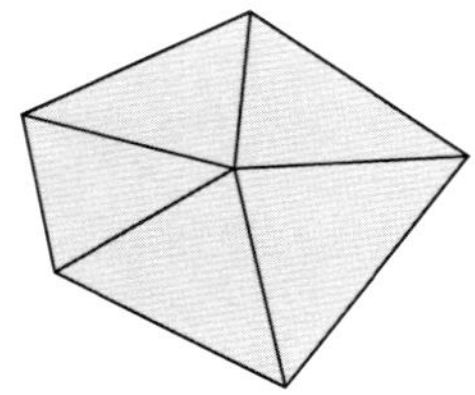

Überzeuge ihn davon, dass er nicht Recht hat.

Setze Vielecke an ihren Kanten zusammen.

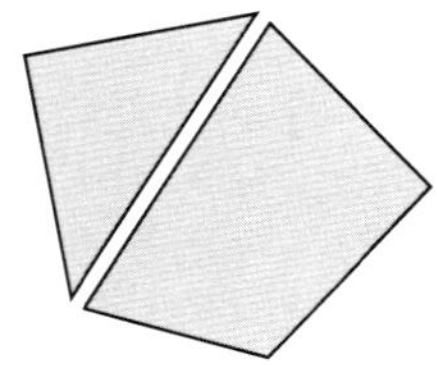

Wie viele Ecken haben die ursprünglichen Vielecke?
Wie viele Ecken hat das Ergebnisvieleck? Was stellst du fest?
Was hat das mit der Winkelsumme zu tun?

Für die erste Begegnung mit dem Thema oder für die Überprüfung von Kompetenzen sind diese beiden letzten Aufgabenformate allerdings ungeeignet.

Die dargestellte Reihe von Beispielen belegt einige grundsätzliche Prinzipien für die Konstruktion und den Einsatz von Aufgaben: Eine bestimmte, eng umrissene Aufgabe (hier das Zusammenfügen von Vielecken zur Winkelberechnung) kann in vielfältigen Varianten formuliert werden. Jede dieser Varianten erfüllt verschiedene **Funktionen** unterschiedlich gut. Eine Aufgabe, die hervorragend geeignet ist, um Schüler anzuregen, neue Begriffe und Konzepte zu entwickeln, kann zur Wiederholung ungeeignet sein und noch ungeeigneter zur Leistungsüberprüfung. Umgekehrt ist eine „gute" Aufgabe aus einer Klassenarbeit in der gleichen Form häufig ungeeignet, um Lernprozesse zu initiieren. Hier zeichnet sich eine Trennung von **Aufgaben für das Lernen**, z. B. das Entdecken und Üben, und **Aufgaben für das Leisten**, mit denen Schüler wie Lehrer Leistungen erkennen und Kompetenzen einschätzen können, ab. Die Qualität einer Aufgabe muss also auch immer im Hinblick auf ihre Funktion beurteilt werden.

Die Frage nach der „guten Aufgabe" muss allerdings nicht in jedem Einzelfall vor dem Hintergrund ihres Einsatzzwecks von Grund auf neu beantwortet werden. Vielmehr gibt es eine ganze Reihe von **Aspekten** oder **Dimensionen**, durch deren Variation man auf die Eignung einer Aufgabe einwirken kann. Hierzu gehören z. B. die Offenheit der Aufgabe, der Grad der Differenzierung, den sie ermöglicht, oder ihre Authentizität. Bestehende Aufgaben können anhand dieser Aspekte auf ihre Eignung für den Unterricht befragt und neue Aufgaben mit Blick auf diese Aspekte zielgerichtet konstruiert werden.

Gute Aufgaben – guter Unterricht

Das Hauptziel aller Bemühungen um gute Aufgaben ist unbestritten der so genannte „gute Unterricht" (vgl. HEYMANN 2000, LEUDERS 2001, MEYER 2003). Das vorliegende Buch kann die hiermit zusammenhängenden Fragen nicht in aller Breite darlegen, sein Fokus liegt auf dem Aspekt der Aufgabenkonstruktion. Natürlich liegt unserem Zugang zur Aufgabenkonstruktion ein Verständnis vom „guten" Lehren und Lernen in der Schule zu Grunde, das von breitem Konsens getragen wird und das hier in Form einiger fundamentaler Prinzipien kurz umrissen werden soll (vgl. z. B. BLK 1997, S. 14 ff.):

- **Aktiv-entdeckend Lernen:** Konstruktivistische Auffassungen vom Mathematiklernen legen nahe, dass die Möglichkeit zur individuellen aktiven Wissenskonstruktion wesentlich für die Qualität des Lernens ist. Kennzeichen entdeckenden Lernens ist, dass sich der Lernende auf der Basis angebotener, nicht vorstrukturierter Beispiele oder Situationen Wissen in Form von Konzepten oder Zusammenhängen selbst erarbeiten muss (BRUNER 1961, FREUDENTHAL 1976, WINTER 1989, WITTMANN 1990, HUSSMANN 2003, LEUDERS 2014).
- **Ein stimmiges Bild von Mathematik erfahren:** Nicht nur die Auswahl der Unterrichtsinhalte, sondern auch die Art und Weise, wie sie erlebt werden können, spielt eine wesentliche Rolle dabei, welches Mathematikbild Schülerinnen und Schüler entwickeln, mit in ihr weiteres Leben nehmen und in die Gesellschaft tragen. Sie sollen Mathematik nicht als auf die Schulzeit beschränktes, sinnloses Tun erleben, als Bewältigung von Anforderungen, die im System Schule und nur für die Schule künstlich konstruiert worden sind. Mathematik soll in ihrer Eigenart (ihrer „Schönheit") und in ihrer Funktionalität erfahrbar werden. (SCHOENFELD 1992, WINTER 1995)
- **Mathematiklernen mit anderen:** Neben der individuellen Auseinandersetzung mit Mathematik ist die Erfahrung des Mathematiklernens als sozialer Prozess sowie die Kommunikation über Mathematik von zentraler Bedeutung für das Lernen. Der Austausch, etwa über verschiedene Lösungsansätze, regt an, zu argumentieren und andere zu überzeugen. Beim „dialogischen" Mathematiklernen (vgl. GALLIN/RUF 1998), d. h. beim Lernen in der Auseinandersetzung nicht nur mit der Sache, sondern auch mit den Mitschülern und dem Lehrer, werden Begriffe gebildet, sukzessive präzisiert und schließlich mit der Konvention („fertige Mathematik") in Verbindung gebracht.

Was können Aufgaben hierzu beitragen? In Deutschland hat nach PISA und TIMSS eine breite Bewegung der Unterrichtsentwicklung durch „gute Aufgaben" eingesetzt. Das belegt beispielsweise die Tatsache, dass unter den Themen, die Schulen ab 1998 in den bundesweiten Modellversuchen SINUS und SINUS-Transfer bearbeiteten konnten, die „Weiterentwicklung der Aufgabenqualität" mit Abstand am häufigsten gewählt wurde. Hierin spiegelt sich die Überzeugung wider, dass Aufgaben, die aktiv-entdeckendes Lernen ermöglichen und ein stimmiges Bild von Mathematik und ihren Anwendungen zeichnen, sowie Aufgaben, die konkurrierende Lösungsansätze und Erfahrungen für Begriffsbildungen bieten, in der Lage sind, zu einer erwünschten Entwicklung des Mathematikunterrichts beizutragen.

Gute Mathematikaufgaben alleine sind jedoch noch keine Garantie für einen guten Mathematikunterricht. Aufgaben sind in ein komplexes Unterrichtsgeschehen eingebettet, das darüber hinaus von den zur Verfügungen stehenden Materialien und Hilfsmitteln sowie von den eingesetzten Unterrichtsmethoden (Barzel/Büchter/Leuders 2007) und dem konkreten Lehrerhandeln entscheidend mitgestaltet wird. Hierfür wird dann oft der Begriff der „Lernumgebung" verwendet (Reinmann-Rothmeier/Mandl 2001, Leuders/Ulm 2007, Wollring 2009). In einer umfassenderen Sichtweise kann man auch dieses Umfeld eines konkreten mathematischen Auftrags zusammen mit dem Auftrag selbst als „Aufgabe im weiten Sinne" auffassen (Leuders 2014).

Eine (Mathematik)aufgabe umreißt eine (mathematikhaltige) Situation, die Lernende zur (mathematischen) Auseinandersetzung mit dieser Situation anregt.

Das Potenzial, das einem konkreten mathematischen Auftrag innewohnt, kann durch einen falschen Einsatz zunichte gemacht werden, wie zahlreiche Beispiele aus der Unterrichtsforschung belegen (Hiebert et al. 2003, S. 98 ff.). Umgekehrt ist ein guter Unterricht aber darauf angewiesen, für die unterschiedlichen Funktionen und die vielfältigen mathematischen Tätigkeiten über geeignete Aufgaben zu verfügen. Aufgaben sind also die Steilvorlagen für gelingendes, variantenreiches Lernen in einem guten Unterricht. Ein Verständnis für guten Unterricht geht der Aufgabenkonstruktion voraus. Aber erst durch „gute" Aufgaben können die ins Auge gefassten Ziele erreicht werden.

Hingegen kann ein Unterricht, der sich ohne übergeordnete Orientierung darin erschöpft, bestimmte Aufgabentypen zu trainieren, zu üben und dann zu überprüfen, der also verkennt, dass eine Aufgabe nur ein Instrument des Lernens oder Leistens darstellt, kein allgemeinbildender Mathematikunterricht sein. Die in diesem Buch dargestellten Anregungen sind somit auch nicht als „Aufgabendidaktik" (Lenné 1969) für ein Lehren und Lernen von Aufgabentypen zu verstehen, sondern als eine „Didaktik der Aufgaben" für ein Lehren und Lernen mit guten Aufgaben.

Aufgabenkonstruktion als Handwerk

Diese kurzen Bemerkungen zur Bedeutung und zur Funktion von Aufgaben im Mathematikunterricht verdeutlichen: Jede Lehrerin und jeder Lehrer benötigt Handwerkszeug, um für die vielfältigen Gelegenheiten und Zwecke eigene Aufgaben zu erstellen oder um vorliegende Aufgaben zielgerichtet zu verändern. Zwar gibt es in Schulbüchern und Materialsammlungen – und inzwischen auch in kaum überschaubarem Maße im Internet – einen großen Schatz der unterschiedlichsten Aufgaben. Solche Angebote können aber weder den Anforderungen der konkreten Lernsituation und Lerngruppe noch den spezifischen Intentionen des Lehrers hinreichend gerecht werden. Die individuelle Erarbeitung guter Aufgaben bleibt daher eine zentrale Tätigkeit der Lehrenden. Die in diesem Buch gesammelten und systematisch dargestellten Anregungen sind daher als eine Arbeitshilfe für den Lehreralltag zu verstehen. Dabei werden nicht nur Kriterien für geeignete Aufgaben herausgearbeitet, sondern auch konkrete Techniken der zielgerichteten Aufgabenentwicklung bereitgestellt.

Die Konstruktion von Aufgaben dient über ihren Beitrag zur konkreten Unterrichtsgestaltung hinaus auch der Reflexion über die eigenen pädagogischen Absichten und fachlichen Ziele sowie dem fachlichen Austausch und der Zusammenarbeit mit Kolleginnen und Kollegen. Die in diesem Buch genannten Kriterien zur Aufgabenkonstruktion geben dazu einen Überblick über das aktuelle Verständnis von Aufgabenkultur. Damit kann und soll dieses Buch vor allem genutzt werden, um in der Fachgruppe gemeinsam mit den Kolleginnen und Kollegen über „gute Aufgaben“ an einem „guten Unterricht“ zu arbeiten. In diesem Sinne möchten wir einen Beitrag zur Lehrerprofessionalisierung und Unterrichtsentwicklung leisten.

In diesem Buch dreht sich alles um „gute Aufgaben“ für „guten Unterricht“, wobei die Aufgaben im Mittelpunkt stehen. Konzepte eines „guten Mathematikunterrichts“ mit besonderem Augenmerk auf Aufgaben finden Sie in der deutschsprachigen Literatur z. B. bei

- BLK (1997): Gutachten zur Vorbereitung des Programms „Steigerung der Effizienz des mathematisch-naturwissenschaftlichen Unterrichts“. Bonn: Bund-Länder-Kommission für Bildungsplanung und Forschungsförderung.
- Blum, W./Biermann, M. (2001): Eine ganz normale Unterrichtsstunde? Aspekte von „Unterrichtsqualität“ in Mathematik. Kassel
- Heymann, H.-W. (2000): Was ist guter Mathematikunterricht? In: Landesinstitut für Schule und Weiterbildung (Hrsg.): Was ist guter Fachunterricht? Beiträge zur fachwissenschaftlichen Diskussion. Soest: Landesinstitut für Schule und Weiterbildung, S. 89–105.

- Herget, W./Jahnke, T./Kroll, W. (2001): Produktive Aufgaben für den Mathematikunterricht der Sekundarstufe I. Berlin: Cornelsen.
- Blum,W./Drüke-Noe, C./Hartung, R./Köller, O. (Hrsg.) (2006): Bildungsstandards Mathematik: konkret. Sekundarstufe I: Aufgabenbeispiele, Unterrichtsanregungen, Fortbildungsideen. Berlin: Cornelsen Scriptor.
- Leuders, T. (2006): Kompetenzorientierte Aufgaben im Unterricht. In: W. Blum, C. Drüke- Noe, R. Hartung, O. Köller (Hrsg.): Bildungsstandards Mathematik: konkret. Sekundarstufe I: Aufgabenbeispiele, Unterrichtsanregungen, Fortbildungsideen (S. 81–95). Berlin: Cornelsen Scriptor.
- Leuders, T./Hussmann, S./Barzel, B./Prediger, S. (2011): „Das macht Sinn!" Sinnstiftung mit Kontexten und Kernideen. Praxis der Mathematik in der Schule, 53(27), 2–9.
- Bruder, R./Leuders, T./Büchter, A. (Hrsg.) (2012): Mathematikunterricht entwickeln. Bausteine für ein kompetenzorientiertes Unterrichten. 2. Auflage. Berlin: Cornelsen Scriptor. (1. Auflage: 2008)
- Leuders, T./Prediger. S. (2015): Flexibel differenzieren und fokussiert fördern im Mathematikunterricht. Berlin: Cornelsen.

Aufgaben – Anlässe für mathematische Tätigkeiten

2

Man kann Mathematik als ein mächtiges Gedankengebäude sehen, als ein logisches Gefüge von Aussagen, an dem Mathematikerinnen und Mathematiker über Jahrhunderte und Jahrtausende gebaut haben und das sich imposant vor dem Einzelnen aufbaut. Diese statische Sicht von Mathematik drängt sich uns vor allem dann auf, wenn wir mathematische Darstellungen lesen oder in Vorlesungen die Mathematik sauber geschieden nach Definitionen, Sätzen und Beweisen präsentiert bekommen.

Diese Sicht ist aber nur die halbe Wahrheit. Es ist lediglich der Ausstellungsraum, in dem die Mathematiker ihre Gemälde sorgfältig gerahmt ausstellen. In der Künstlerwerkstatt dahinter sieht es ganz anders aus: Die Mathematiker sammeln Beispiele, malen Bilder, äußern Vermutungen, vergleichen Ansätze, tauschen Argumente aus, überreden und überzeugen einander. Es werden immer wieder Umwege eingeschlagen, Fehler begangen und mehr oder weniger spät entdeckt. Es wird ausprobierend in alle Richtungen und unter unsicheren Annahmen weiter gearbeitet. Erst wenn all die Arbeit getan ist, räumt der Mathematiker auf, verwischt alle Spuren des Kampfes mit sich, mit seinen Kollegen und mit der Sache und stellt seine Erkenntnisse auf präzise, schnörkellose, meist formale und deduktive Weise dar. (Leider gleicht die Lehrerausbildung heute manchmal noch zu sehr dem Meister, der seinen Gesellen im Ausstellungsraum ausbilden möchte, weil dieser in der Pinselkunst noch nicht weit genug ist, um in die Werkstatt eingelassen zu werden.)

Auch diejenigen, die sich nicht als Mathematiker verstehen, aber Mathematik für ihre Arbeit nutzen, wie z. B. Ingenieure, empirisch arbeitende Psychologen oder Sozialwissenschaftler, Ökonomen usw., stellen selten dar, wie sie ein mathematisches Verfahren ausgewählt oder selbst erfunden und dann eingesetzt haben. Den Forschungsberichten der Soziologen und Mediziner ist der Prozess ihres Zustandekommens, das Explorieren, das Abwägen und Auswählen von Hypothesen nicht mehr anzusehen. Und bei den Apparaten und Bauwerken der Ingenieure ist die Mathematik, die in ihnen steckt, vollends unter der Oberfläche verschwunden.

An dieser Schilderung sieht man, wie sehr mathematische Prozesse und mathematische Produkte nur komplementäre Sichtweisen derselben Sache sind. Auch für den Mathematikunterricht sind beide Sichtweisen in hohem Maße relevant, Schülerinnen und Schüler sollen von der Mathematik beide Seiten gleichermaßen erfahren können.

Einmal kann die Mathematik erscheinen als eine systematisch nach Themen sortierte Zusammenstellung von Begriffen, Verfahren, Aufgaben und Lösungsbeispielen, die es zu lernen gilt. Schülerinnen und Schüler können und sollten Mathematik aber auch als eine Vielfalt von Tätigkeiten erleben, bei denen sie selbst entdecken und erfinden, also den Entstehungsprozess von Mathematik aktiv erleben können. Die hierbei ablaufenden mathematischen Prozesse befinden sich auf dem Fähigkeitsniveau der Schülerinnen und Schüler, sind aber dessen ungeachtet eng verwandt mit den Prozessen, die in Wissenschaft und Technik stattfinden, wenn mit Mathematik gearbeitet oder Mathematik weiterentwickelt wird. Dass solche Prozesse (vielleicht mehr als die Auswahl der Inhalte) eine große Rolle bei der Anlage eines allgemeinbildenden Mathematikunterrichts (Heymann, 1996; Winter, 1995) spielen, ist seit Jahren didaktischer Konsens, der sich erfreulicherweise mehr und mehr auch in Lehrplänen und Bildungsstandards (KMK 2003) niederschlägt. Zu den wichtigsten dieser Prozesse zählen die folgenden:

- Das **Modellieren** findet immer dann statt, wenn zunächst außermathematische Situationen mit mathematischen Mitteln beschrieben werden. Durch den beständigen Wechsel zwischen Situation und Mathematik entstehen Modelle, die die Wirklichkeit beschreiben, erklären und auch verändern.

- Das **Problemlösen** setzt immer dann ein, wenn eine (mathematische) Situation nicht unmittelbar unter Verwendung eines bekannten Schemas bearbeitet werden kann. Für solche Problemsituationen gibt es eine Vielzahl allgemeiner Problemlösestrategien (Heuristiken).

- Das **Argumentieren** umfasst ein breites Spektrum von Aktivitäten mit unterschiedlichen Stufen der Strenge, vom Angeben von Beispielen und Plausibilitätsbetrachtungen über das schlüssige Begründen bis hin zum strengeren und mitunter formalen Beweisen. Dabei wird auf bereits Anerkanntes und auf Regeln des (mathematischen) Schlussfolgerns zurückgegriffen.

- Beim **Begriffsbilden** finden Prozesse des Strukturierens und Vernetzens, des Abstrahierens und Klassifizierens statt. Dabei werden Bedeutungen inhaltlich entfaltet bzw. entwickelt, Bezeichnungen festgelegt und ggf. bestehende Konventionen berücksichtigt.

Die Liste der hier genannten mathematischen Prozesse ist weder erschöpfend noch überschneidungsfrei. In anderen Darstellungen findet man z. B. noch das **Darstellen** (NCTM 2000, Niss 2003; KMK 2003) oder das – auf den ersten Blick allumfassend wirkende – **Mathematische Denken** (Niss 2003). Die mathematischen Prozesse eignen sich gut dazu, die mathematischen Tätigkeiten von Schülerinnen und Schülern im Unterricht zu charakterisieren, die Eigenarten dieser Tätigkeiten zu verstehen und die Tätigkeiten durch Aufgaben zielgerichtet anzuregen.

Natürlich finden diese Prozesse nicht im inhaltsfreien Raum statt. Sie haben jedoch eine wesentliche Qualität für das Lernen, die unabhängig vom jeweiligen Inhalt ist. Daher ziehen sie sich durch die gesamte Lerngeschichte eines Schülers. Sie werden besonders dann bedeutsam, wenn man sie als Lehrer systematisch bei der Planung von Unterricht berücksichtigt und mit zunehmendem Schüleralter auch immer expliziter mit den Schülern reflektiert.

Die mathematischen Prozesse finden an dieser Stelle vor allem deswegen Erwähnung, weil sie eine wesentliche Rolle bei der Konstruktion von Aufgaben spielen. Jeder der genannten Prozesse enthält eigene und besondere Aspekte, die sich in den Schülertätigkeiten niederschlagen und die bewusst bei der Gestaltung einer Aufgabe berücksichtigt werden können. Bei Bedarf können diese Aspekte in einer Aufgabe besonders betont werden. Die folgenden Abschnitte sollen hierfür Anregungen und Beispiele geben.

2.1 Modellieren

Was ist Modellieren?

Modellieren findet immer dann statt, wenn wir Mathematik in Beziehung zu der uns umgebenden sozialen oder natürlichen Umwelt bringen. Doppelgesichtig tritt uns die Mathematik einerseits als hoch abstraktes Produkt unseres Geistes entgegen, andererseits als mächtiges Instrument, mit dem wir die Welt um uns beschreiben können. Mit Modellen können wir jeweils Ausschnitte der Welt (geeignet reduziert) erfassen und verstehen. Auf der Grundlage von Modellen können wir Voraussagen machen und die Welt um uns herum verändern. Mathematische Modelle beschreiben nicht nur physikalische Phänomene, sondern ebenso soziale, psychische oder ökonomische. In der Schule beginnt das Modellieren von früh an, nämlich spätestens dann, wenn Schülerinnen und Schüler in so genannten „Sachaufgaben" Mathematik auf Situationen der von ihnen erlebten Umwelt anwenden (Büchter/Henn 2014).

Dass sich Modellieren nicht im schematischen Aufstellen eines Ansatzes erschöpft, zeigt das folgende Beispiel einer Testaufgabe, mit der sich grundlegende Modellierungskompetenzen überprüfen lassen[2]:

Zwei Kerzen brennen mit unterschiedlicher Geschwindigkeit ab:
Kerze A ist 36 cm lang und brennt mit 3 cm pro Stunde ab,
Kerze B ist 10 cm lang und brennt mit 1 cm pro Stunde ab.

Wann sind beide Kerzen gleich lang?
Stelle eine Gleichung auf.

Auch wenn der Kerzenkontext vereinfachend und unrealistisch erscheinen und eine für Schülerinnen und Schüler interessante Fragestellung fehlen mag, so eröffnet die Aufgabe doch einen wesentlichen Blick darauf, was Modellieren ausmacht. Zunächst einmal ist festzustellen, dass der Übergang von der Realsituation (Kerze) zur Mathematik (Funktionsterm und Gleichung) schon durch die Aufgabenstellung stark vorbereitet ist. Schüler werden nicht dazu angeregt, zu überlegen, welcher Art die Längenabnahme einer Kerze sein könnte. Sie werden vielmehr durch die gegebenen Informationen aufgefordert, die Frage in dem ihnen zur Verfügung stehenden Standardmodell „lineare Funktion" und mit dem Standardverfahren „Lösen einer linearen Gleichung" zu beantworten. Aus diesem Grunde gehen sie auch meist nicht mehr kritisch mit den Modellannahmen um und fragen „Brennen die Kerzen wirklich so ab?", sondern stellen den Ansatz $36 - 3 \cdot x = 10 - x$ auf, berechnen $x = 13$ und formulieren den obligaten Antwortsatz. Leider liegen sie damit nicht richtig, denn nach 13 Stunden wären beide Kerzen rechnerisch –3 cm lang! Wie hätte dieses unpassende „Ergebnis" vermieden werden können? Die beim Lösen von Gleichungen immer sinnvolle Rechenprobe hätte in diesem Fall nur bestätigt, dass sich für $x = 13$ eine wahre Aussage ergibt. Erst der Rückgriff auf die Realität, die Rückkehr zur Ausgangssituation erzeugt Zweifel: Die Interpretation des rechnerischen Ergebnisses –3 cm in der realen Situation zeigt das Problem der mangelnden Passung von Situation und mathematischem Modell „unbegrenzte lineare Funktion". Eine Darstellung des Modells durch eine Tabelle, in der die Längen zu festen Zeitpunkten notiert sind, hätte wahrscheinlich nicht zu diesem unangemessenen Ergebnis geführt:

Zeit (in s)	**0**	**1**	**2**	**3**	**4**	**5**	**6**	**7**	**8**	**9**	**10**	**11**	**12**
Kerze A (in cm)	36	33	30	27	24	21	18	15	12	9	6	3	0
Kerze B (in cm)	10	9	8	7	6	5	4	3	2	1	0	0	0

[2] nach einer Idee von Uli Brauner

Sowohl das Durchführen eines erwarteten Standardansatzes als auch das pflichtschuldige Niederschreiben des Antwortsatzes sind also für ein echtes Modellieren untaugliche „rituelle Handlungen“. Vom Modellieren sollte man nur sprechen, wenn Schüler mit dem Wechselspiel zwischen Mathematik und Situation bewusst umgehen, also die mathematische Beschreibung, das Modell und seine Annahmen, begründet auswählen und wenn sie anhand der Interpretation der Lösung die Gültigkeit, die Leistung oder die Grenzen des Modells bewerten, man sagt: das Modell validieren.

Der reflektierte und mehrfach zu beschreitende Weg zwischen Realsituation und mathematischem Modell ist typisch für das Mathematiktreiben in Anwendungssituationen. Etwas vereinfachend kann man hierbei die folgenden charakteristischen Teilprozesse ausmachen (vgl. Pollack 1979, Schupp 1988, Blum 1996, vgl. Exkurs S. 30):

(1) Beim **Mathematisieren** wird ein Modell aufgestellt, also eine Realsituation mathematisch beschrieben. Dieser Prozess kann auch in mehreren Schritten zunehmender Abstraktion erfolgen. Vereinfachte Modelle, deren mathematischer Charakter noch nicht deutlich zu Tage tritt, bezeichnet man auch als „Realmodelle“.

(2) Während oder spätestens nach der mathematischen Bearbeitung des Modells erfolgt das **Interpretieren** der Lösungen bzw. Zwischenergebnisse im Hinblick auf die Ausgangssituation.

(3) Dieses Interpretieren führt nahezu zwangsläufig auf die Frage, ob das Modell und seine Ergebnisse der Ausgangssituation angemessen sind bzw. sie lösen, also zu einer Bewertung der Gültigkeit des Modells (**Validieren**). Dies kann ein Revidieren des Modells erforderlich machen. So beginnt ein erneuter, verbesserter oder verfeinerter Modellierungsprozess. Man kann diesen Ablauf idealisiert auch als ein mehrfaches Durchlaufen eines „Modellierungskreislaufs“ auffassen (Schupp 1988).

Mathematische Modelle können viele Gestalten annehmen: Zahlen, Rechenausdrücke, Funktionen, Zahlenfolgen, Differenzialgleichungen, Grafen, geometrische Figuren, Koordinaten, Zufallsversuche, Algorithmen – diese Liste ließe sich noch lange weiter fortführen und ausdifferenzieren. Modelle beschreiben immer nur bestimmte Aspekte von Realität, sie reduzieren die Komplexität und abstrahieren vom Konkreten. Aus diesem Grund sind Modelle auch auf unterschiedliche Situationen anwendbar. Das Modell, welches das Abbrennen der Kerzen beschreibt (ob nun in der symbolischen, numerischen oder grafischen Darstellung), ist auch in einer ganzen Reihe anderer Situationen nützlich, wie z. B. bei der Vorhersage des Alkoholgehaltes im Blut.

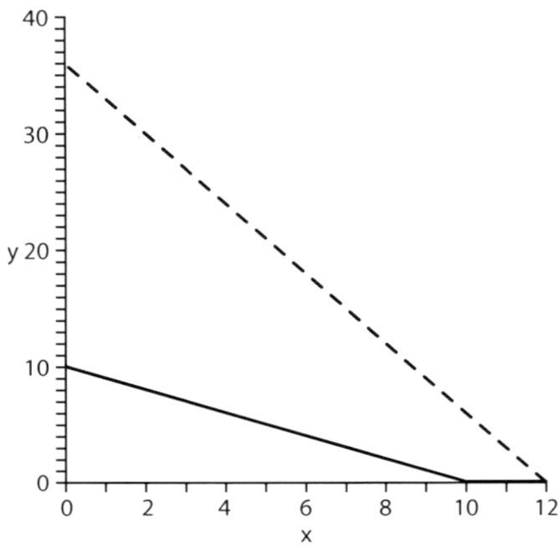

Der Abbau des Blutalkohols kann ebenfalls näherungsweise durch eine lineare Funktion beschreiben werden, wobei die Abbaurate u. a. durch das Körpergewicht mitbestimmt wird. Einige Modelle, wie z. B. das Modell „Proportionalität“, sind in gewissem Sinne universell, also auf viele unterschiedliche Situationen anwendbar. In der Universalität ihrer Modelle manifestiert sich eine der Stärken der Mathematik. Die Teilprozesse des Modellierens, die alle mit dem Verhältnis zwischen Realität und Mathematik zu tun haben, treten bei der Formulierung der eben skizzierten Kerzenaufgabe nur wenig hervor, so dass sie für Schülerinnen und Schüler nur wenig Anlass gibt, über das Verhältnis zwischen Realsituation und mathematischem Modell nachzudenken. Im Folgenden soll daher anhand dieser Aufgabe gezeigt werden, wie man durch einfache Veränderungen neue Aufgaben erhält, die mit den Modellierungsprozessen Ernst machen.

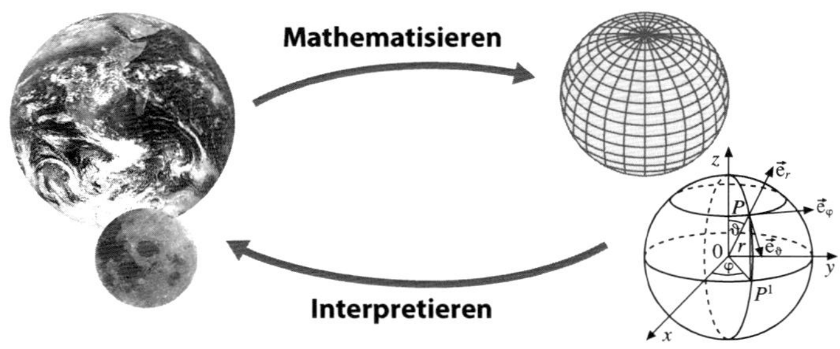

Mathematisieren: Die Schülerinnen und Schüler vereinfachen eine Realsituation und wählen ausgehend von einer Fragestellung relevante Aspekte so aus, dass die Situation einer mathematischen Modellierung zugänglich wird. Sie beschreiben dann die Realsituation durch ein mathematisches Modell und treffen dazu eine begründete Wahl zwischen verschiedenen Ansätzen.

Wie schnell brennt eine Kerze ab?

Welche Aspekte dieses Vorgangs könnte man mathematisch erfassen?

Welche Daten über die Kerze können erhoben werden?

Welche Fragen könnte man mathematisch zu lösen versuchen?

Während diese erste Aufgabe ganz offen zum Modellieren einlädt, ist die Formulierung der folgenden Aufgabe (durch die Festlegung von unabhängiger und abhängiger Variable) schon etwas geschlossener und lässt weniger Spielraum zu.

Wie ändert sich die Länge einer Kerze mit der Zeit?
Wie hängt das mit der Form der Kerze zusammen?
Mache Annahmen und Vereinfachungen, so dass du den Vorgang des Abbrennens einer Kerze mathematisch beschreiben kannst.

Auch die Wahl plausibler Parameter kann man den Schülern überlassen:

Wähle für eine dünne lange und eine dicke kurze Kerze sinnvolle Werte für Länge und Abbrenngeschwindigkeit und berechne, wann beide Kerzen gleich lang sind.

Allerdings ist dann nicht gewährleistet, dass die Ergebnisse aller Schülerinnen und Schüler vergleichbar sind. Aus den unterschiedlichen Ansätzen oder Ergebnissen ergeben sich aber viele wichtige Erkenntnisse über die Struktur des Problems.

Möchte man diese Aufgabe für eine Leistungsüberprüfung geeignet verändern, dann muss man die Vorgaben etwas stärker einengen. Immerhin kann man immer noch eine Teilaufgabe einbauen, in der die Mathematisierung explizit bewertet werden soll:

Kerze 1 brennt in 5 Stunden von 36 cm auf 21 cm ab.
Kerze 2 brennt in 2 Stunden von 10 cm auf 8 cm ab.
Wie ändert sich die Länge der Kerzen mit der Zeit?
Beschreibe den Vorgang des Abbrennens mathematisch.
Schildere und begründe die Annahmen, die du gemacht hast.

Wenn die Schüler sich hier bewusst für ein lineares Modell entscheiden sollen, so müssen im Unterricht immer wieder auch andere Modelle verwendet werden, damit eine Auswahl überhaupt erst möglich wird. Die Wahl des richtigen Modells darf nicht bereits durch pure Äußerlichkeiten oder durch den Unterrichtskontext nahe gelegt werden. Wenn sich diese Situation nicht herstellen lässt, so kann man die Schüler dazu auffordern, die vorgegebene Modellierung zu begründen:

Kerze 1 brennt in 5 Stunden gleichmäßig von 36 cm auf 21 cm ab.
Kerze 2 brennt in 2 Stunden gleichmäßig von 10 cm auf 8 cm ab.
Wie sollten die Kerzen beschaffen sein, damit man diese Annahmen machen kann?

Arbeiten im Modell: Haben die Schülerinnen und Schüler ein mathematisches Modell aufgestellt oder wurde dies vorgegeben, dann können sie im Rahmen dieses Modells weiterarbeiten, um mithilfe der Mathematik mögliche Antworten auf die ursprünglich gestellte Frage zu erhalten. Sie wählen dabei aus den ihnen bekannten mathematischen Verfahren aus oder erweitern diese. Solange sie sich ausschließlich im Bereich der Mathematik bewegen, kann man diesen Prozess auch als Problemlösen bezeichnen (s. Kap. 2.2). Häufig ist es aber notwendig, zwischendurch auf die Realsituation zu schauen, um ihr gegebenenfalls Hinweise für das Problemlösen zu entnehmen oder um anhand von Zwischenergebnissen einzuschätzen, ob der Lösungsansatz tragfähig zu sein scheint. Das geschieht beispielsweise bei der numerischen Lösung mit einer Wertetabelle (wenn als kleinste Kerzenlänge 0 cm stehen bleibt). Bei der symbolischen Lösung durch Gleichungsumformung bleibt man hingegen länger innerhalb des Modells, ohne die Situation heranzuziehen.

Interpretieren und Validieren: Die Schülerinnen und Schüler prüfen das Ergebnis der Arbeit mit dem Modell anhand der Ausgangssituation: Was bedeutet das Ergebnis für die Situation? Ist das Ergebnis plausibel? Ist es hinreichend genau? Solche Fragen können mit einer wiederum passend veränderten Aufgabenstellung in den Blick genommen werden:

Zwei Kerzen brennen gleichmäßig ab. Ihre Länge y beträgt nach x Stunden:
Kerze A: $y = 36 - 3 \cdot x$
Kerze B: $y = 10 - x$
Berechne, wann beide Kerzen gleich lang sind. Welche Aussagen kannst du aufgrund des Ergebnisses treffen?

Diese Aufgabenversion hat alle Anforderungen aus dem Aufstellen des Modells herausgenommen, sie erlaubt nur die Verwendung des vorgegeben Modells. Dafür wird es nun entscheidend, wie Schüler von der Mathematik zur Realität zurückkehren, also wie sie das rechnerische Ergebnis auf die Situation beziehen. Wenn sie feststellen, dass die Gleichheit bei negativer Kerzenlänge eintritt, wird erwartet, dass sie das Modell kritisieren, etwa: „Die angegebenen Gleichungen gelten nur bis $x = 12$ bzw. $x = 10$“. Nun können sie das Modell revidieren und durch stückweise definierte Funktionsterme, ein grafisches Modell oder eine tabellarische Darstellung ersetzen.

Das Interpretieren lässt sich natürlich auch ohne ein anschließendes Validieren üben, z. B. durch eine Aufgabe wie die folgende:

> Diese Gleichungen sollen beschreiben, welche Länge y eine Kerze nach x Stunden Brennen noch hat.
>
> | | | | |
> |---|---|---|---|
> | $y = 15 - 2 \cdot x$ | $y = 7 - 1{,}5 \cdot x$ | $y = 8 + 2 \cdot x$ | $y = 6$ |
> | $y = -x + 5$ | $y = 2 \cdot x$ | $y = 4 - x \cdot x$ | $x = 2$ |
>
> Überprüfe, welche Gleichungen sinnvoll sind.
> Welche Kerzen sind länger, welche kürzer?
> Welche Kerzen sind dicker, welche dünner?

Die weiter oben beschriebene Universalität von Modellen können Schülerinnen und Schüler erleben, wenn sie ein kontextfrei gegebenes mathematisches Modell (z. B. „lineare Funktion“) auf verschiedene Situationen anwenden (**Realisieren**). Da bei häufig verwendeten universellen Modellen die Gefahr der Übergeneralisierung besteht („alles ist linear“), sollten immer auch Situationen gesucht werden, in denen das Modell nur eine recht grobe Annäherung erlaubt oder überhaupt nicht mehr angemessen ist.

> Gib drei Situationen an, die durch die Gleichung $y = 15 - 2 \cdot x$ beschrieben werden. Erkläre, was die Gleichung in diesen Situationen bedeutet.
>
> Gib auch andere Situationen an, die durch diese Gleichung entweder nur näherungsweise oder gar nicht mehr angemessen beschrieben werden.

In der folgenden Aufgabenvariante müssen Schülerinnen und Schüler das Modell nicht nur an der Realität messen (**Validieren**), sondern auch Vorschläge für eine Revision des Modells machen (**Revidieren**).

Wie gut beschreibt der Graph das Abbrennen der beiden abgebildeten Kerzen.

Was müsste man gegebenenfalls am Graphen ändern?

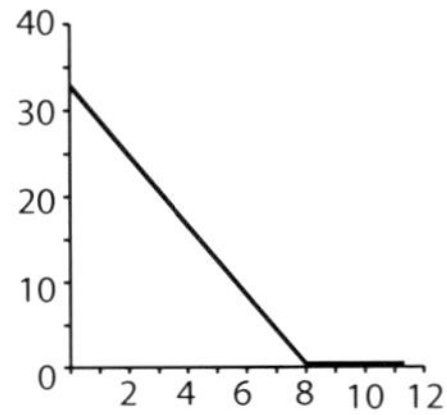

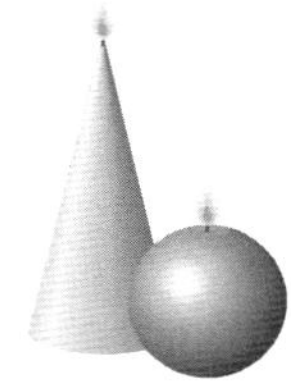

Jede der hier vorgestellten Varianten der Kerzenaufgabe lässt sich einzeln im Unterricht verwenden, um bestimmte Aspekte des Modellierens in den Blick zu nehmen. Hintereinander gereiht würden sie allerdings das Problem zu kleinschrittig zerlegen. Insgesamt muss das Ziel bei der Förderung von Teilkompetenzen des Modellierens sein, dass Schülerinnen und Schüler selbstständig und vollständig auch komplexe Ausgangssituationen modellieren:

Beschreibe das Abbrennen einer Kerze auf mathematische Weise. Entwickle ein Verfahren, wie man bei verschiedenen Kerzen feststellen kann, nach welcher gemeinsamen Brenndauer zwei verschiedene Kerzen auf die gleiche Höhe heruntergebrannt sind.

Modellierungsaufgaben entwickeln

Im Folgenden finden Sie – etwas komprimiert – einige Anregungen, die beim Erstellen von Modellierungsaufgaben hilfreich sein können.

Wie erstellt man Modellierungsaufgaben? (I)

Sie wollen bestimmte Teilprozesse des Modellierens anregen?

Wählen Sie einen Kontext oder eine Beispielaufgabe und betonen Sie einen der folgenden Aspekte:

Mathematisieren:

- Stellen Sie eine reale Situation in ihrer ganzen Komplexität dar und lassen Sie diskutieren, welche Vereinfachungen bei einer gegebenen Fragestellung möglich, notwendig bzw. zu rechtfertigen sind. Reduzieren Sie die Informationen in der Aufgabestellung so weit, dass Schüler die Möglichkeit haben, verschiedene Modelle auszuprobieren.

Interpretieren:

- Lassen Sie ein Modell (ggf. in verschiedenen Varianten) in einer Realsituation deuten. Geben Sie ein universelles mathematisches Modell (Formel, Graf, Funktion, Figur usw.) an und fragen Sie nach verschiedenen denkbaren Anwendungssituationen sowie deren Gemeinsamkeiten.

Validieren:

- Lassen sie ein Modell und sein Ergebnis in der Realsituation interpretieren und fragen Sie nach der Bedeutung, der Gültigkeit, der Plausibilität oder der Genauigkeit des Ergebnisses. Geben Sie eine Realsituation und ein Modell mit zweifelhaftem Ergebnis an und fragen Sie nach Möglichkeiten, das Modell zu verbessern.

Wie erstellt man Modellierungsaufgaben? (II)

Sie wollen eine selbstständige komplexe Modellierung anregen?

Prüfen Sie eine Realsituation auf ihre Offenheit und ihren Gehalt und modifizieren Sie die Situation, soweit dies möglich ist.

Mathematisieren:

- Ist die Realsituation zugänglich genug, damit Schüler begründete Entscheidungen hinsichtlich Vereinfachungen und Wahl unbestimmter Größen treffen können?
- Gibt es verschiedene Modelle, z. B. mehr oder weniger stark einschränkende, mit denen Schüler arbeiten können? Können verschiedene Gruppen unterschiedliche Ansätze wählen?

Arbeiten im mathematischen Modell:

- Gibt es verschiedene Ansätze, Rechenwege, Darstellungsformen usw. – mitunter auch ganz elementare –, mit denen Schüler arbeiten können?

Interpretieren und Validieren:

- Können Schüler angeregt werden, ihre Lösungen und dann ihren Ansatz kritisch zu überprüfen?
- Können sie gegebenenfalls verschiedene Modelle miteinander vergleichen?
- Kann man fragen, was sich an den Ergebnissen ändert, wenn man die Modellvoraussetzungen ändert? (Modellexploration)

Diese „Rezepte“ zum Erstellen von Modellierungsaufgaben gehen davon aus, dass man als Lehrer bzw. Lehrerin mit einer konkreten Aufgabe oder einem konkreten Anwendungskontext vor Augen eine Modellierungsaufgabe für den Unterricht oder für eine Klassenarbeit konstruieren möchte. Dabei wird im hohen Maße die Fähigkeit gefordert, zu erkennen, in welchen Situationen Mathematik im Alltag verborgen ist. Jeder Mathematikunterrichtende weiß: Unsere technische, soziale, kulturelle und natürliche Umwelt steckt voller Mathematik. Die Mathematik, verstanden als die Wissenschaft der Muster (Stewart 2001, Devlin 1998) hält mächtige Werkzeuge bereit, um die vielfältigen Muster in der Welt und in unserem Denken zu erkunden, zu erfassen und damit auch in einem bestimmten Sinn zu verstehen. Da nun aber gerade die mathematischen Aspekte unserer Umwelt nicht immer offen zu Tage treten, ja zuweilen tief hinter der Oberfläche verborgen sind, gibt es ein „Relevance Paradoxon“ (Niss 1994): Die Mathematik dringt immer tiefer in immer mehr Bereiche unseres Lebens ein und zugleich wird dies von den Menschen immer weniger wahrgenommen.

Eines der unbestrittenen Ziele des Mathematikunterrichts ist, dass unsere Schülerinnen und Schüler den spezifisch mathematischen Blick auf die Welt mit in ihr Leben nehmen und als eine wesentliche Komponente ihrer kulturellen Orientierung, ihrer „Weltorientierung“ verstehen (Heymann 1996). Wo anders als im Mathematikunterricht kann dieser Blick ausgebildet werden?

Von Anfang an sollten Schülerinnen und Schüler also dazu ermuntert werden, die Mathematik in ihrem Alltag und ihrer Umwelt zu suchen und zu sehen. Sehen ist aber ein aktiv-konstruktiver Prozess, der durch das, was wir bereits wissen, mitbestimmt ist. Die Aufforderung „Suche einmal nach Mathematik in eurer Umwelt" steckt daher den Rahmen für Schüler viel zu weit. Einen hinreichenden Orientierungsrahmen für die Suche nach Mathematik in unserer Umwelt bieten die folgenden beiden Typen von Suchaufträgen: **a)** Der Blick auf die Welt unter einer bestimmten mathematischen Perspektive oder **b)** die Suche nach Mathematik in einem Ausschnitt der Realität.

Zu a) Die **mathematische Brille** aufsetzen:

> Welche Probleme kann man finden, bei denen sich eine Größe in Abhängigkeit von einer anderen verändert?

Solche Aufgabenstellungen sind mit beinahe allen in der Schule relevanten mathematischen Begriffen möglich. Sie setzen voraus, dass Schülerinnen und Schüler bereits einige Erfahrungen mit diesen Begriffen gemacht haben (vgl. Kap. 2.4, S. 61 ff.). Bei der Suche nach passenden Kontexten gewinnen die Begriffe der Schüler dann durch Anwendung und Reflexion an Tiefe. Beim Schauen durch die mathematische Brille können die Schülerinnen und Schüler eine faszinierende Entdeckung machen: Die mathematische Brille schärft sich selbst, noch während man durch sie hindurchsieht.

Zu b) Das **Suchfeld** eingrenzen:

> Welche mathematischen Probleme kann man aufstellen und vielleicht auch lösen, wenn man ein Schwimmbad betrachtet.

Ersetzen Sie „Schwimmbad" durch „Autobahn", „Supermarkt" oder andere reale Objekte oder Situationen – Ihre Schüler werden vielfältige Probleme finden. Durch die Wahl des Suchfeldes können Sie ein wenig Einfluss nehmen, auf welche Inhalte die Problemsuche führt. Beim Schwimmbad oder einer Kirche sind dies möglicherweise geometrische, bei der Autobahn oder dem Auto vielleicht funktionale und im Supermarkt bieten sich arithmetische oder statistische Fragen an.

Anregungen für das Modellieren im Unterricht

Der Begriff „Modellierungsaufgabe" bezeichnet eigentlich nichts Neues. Oft spricht man auch in gewohnter Weise von „Sachaufgaben". Die früher geläufige Bezeichnung des „Sachrechnens" meint ebenfalls dasselbe, sofern der Bezug zur Sache nicht nur als Einkleidung für realitätsferne Rechenaufgaben verwendet wird (vgl. Kap. 3.1 zur Authentizität). Modellieren kann und soll von Anfang an im Unterricht stattfinden. Ein guter „Sachrechenunterricht", wie WINTER (1985) ihn beschreibt, ist nichts anderes als konsequentes Modellieren vom ersten Schuljahr an (BÜCHTER/HENN 2014).

In der Sekundarstufe II ist die Bezeichnung „anwendungsorientierte Mathematik" geläufig. Hier werden die Realsituationen komplexer, die mathematischen Methoden differenzierter und der erwartete Reflexionsgrad höher. Am Prinzip des mathematischen Modellierens ändert sich jedoch nichts.

Weitere Anregungen für Modellierungsaufgaben finden Sie

- in diesem Buch
  - Beispiel „Sauerkraut": Kap. 2.3, S. 48 ff.
  - Beispiel „Wasserhahn": Kap. 4.1, S. 126 ff.
  - Beispiel „FERMI-Aufgaben": Kap. 4.3, S. 165 ff.
- in Themenheften und Sammlungen mit Modellierungsaufgaben
  - Schriftenreihe der ISTRON-Gruppe: Materialien für einen realitätsbezogenen Mathematikunterricht (ISTRON 1993–2004)
  - Materialien der MUED e. V.
  - Mathematik lehren, 113/2002 – Themenheft „Modellieren"
  - Mathematik lehren, 145/2007 – Themenheft „Der mathematische Blick"
  - Mathematik lehren, 153/2007 – Themenheft „Bewerten und Entscheiden"
  - Praxis der Mathematik, 3/2005 – Themenheft „Modellieren bildet"
  - Praxis der Mathematik, 13/2007 – Themenheft „Und man braucht sie doch! - Nützliche Mathematik"
  - Praxis der Mathematik, 28/2009 – Themenheft „Nicht von ungefähr: Runden – Schätzen – Nähern"
  - Offene und anwendungsbezogene Aufgaben aus den Niederlanden (LfS 2005)
  - Die etwas andere Aufgabe (HERGET/SCHOLZ 1998)
  - Fermi-Box I und II (BÜCHTER ET AL. 2007; 2011)
- in Büchern zum Modellieren
  - „Modellieren lernen mit offenen realitätsnahen Aufgaben" (GREEFRATH 2010)
  - „Mathematisches Modellieren – Aufgaben für die Sekundarstufe I" (MAASS 2007)

2.2 Problemlösen

Was ist Problemlösen?

Das Problemlösen ist im Mathematikunterricht ebenso wie in der mathematischen Forschung ein zentraler Prozess. Während über diese Feststellung allenthalben Einigkeit herrscht, gibt es schon deutlich weniger Konsens darüber, was genau Problemlösen ist. In dieser Frage gibt es alle Abstufungen: von der Ansicht, Problemlösen beginne erst bei der hohen Kunst des Beweisens bis zu der Identifizierung von Problemlösen mit dem Lernen, ja dem Leben schlechthin (Popper 1994).

In diesem Buch stellt sich die Frage aus der Sicht des Mathematikunterrichts etwas pragmatischer: Wann findet bei Schülerinnen und Schüler Problemlösen statt? Sicher ist, dass durch eine Aufgabe, bei der in einer klar umrissenen Ausgangssituation ein bekanntes Verfahren in naheliegender Weise angewendet werden soll, kein Problemlösen angeregt wird. In Abgrenzung von diesem Typ von Aufgabe lässt sich bereits eine einfache und für die Praxis tragfähige Definition angeben, welche auch die Sicht der Problemlöseforschung widerspiegelt (Polya 1945; Schoenfeld 1992, Lesh 2007, Betsch/Funke/Plessner 2011):

> Eine **Problemlöseaufgabe** (auch kurz: ein Problem) ist die Aufforderung, eine Lösung zu finden, ohne dass ein passendes Lösungsverfahren auf der Hand liegt.

Der Prozess des Problemlösens setzt nach diesem Verständnis also immer dann ein, wenn der Problemlöser aus einer Vielzahl möglicher Verfahren auswählen, neue Ansätze entwickeln oder ihm bekannte Verfahren modifizieren und kombinieren muss. Problemlösen ist damit immer ein kreativer Akt.

Die Frage, ob eine Aufgabe als Problemlöseaufgabe angesehen werden kann, hängt bei dieser Auffassung allerdings nicht nur von der Aufgabe selbst, sondern ebenso **von den Kompetenzen des Problemlösers** und damit auch von ihrer Einbettung in die individuelle Lerngeschichte und der Platzierung im Unterrichtsprozess ab. Im folgenden Beispiel sehen Sie eine Standardaufgabe zur Kreisberechnung, die für Zehntklässler sicherlich nicht als Problemlöseaufgabe, sondern lediglich als Reproduktionsaufgabe gelten kann:

Runde Bierdeckel haben standardmäßig einen Durchmesser von 107 mm, quadratische eine Breite von 93 mm.

Welche haben den größeren Flächeninhalt?

Wenn Sie diese Aufgabe jedoch gleichlautend in einer fünften Klasse stellen, können die Schülerinnen und Schüler auf kein vertrautes Verfahren zurückgreifen und müssen versuchen, sich der Aufgabe auf anderem Weg zu nähern. Dabei werden sie sicherlich nicht selbstständig die Formel für den Kreisflächeninhalt entwickeln. Stattdessen entstehen bei solchen „vorwegnehmenden Aufgaben" häufig beachtliche Ergebnisse jenseits der vertrauten Verfahren: Die Schüler werden z. B. den Bierdeckel aufzeichnen und durch viele kleine Quadrate (Kästchen im Rechenheft oder auf Millimeterpapier) „ausschöpfen". Vielleicht wiegen sie auch zunächst die Bierdeckel (die ja verschieden dick sein können) und rekonstruieren den Flächeninhalt des runden Deckels aus dem Gewicht eines ausgeschnittenen Rechtecks, dessen Flächeninhalt sie berechnen können.

Durch eine angemessene Veränderung der Aufgabe erhält man sogar eine Problemlöseaufgabe, die gleichermaßen für eine fünfte wie zehnte Klasse geeignet ist:

> Welche Seitenlänge müsste ein Quadrat haben, dessen Flächeninhalt genauso groß ist, wie der des Bierdeckels? Welche anderen Formen könnte ein flächengleicher Bierdeckel noch haben?

Neben der zeitlichen Platzierung im Lernprozess sind weitere Aspekte des **unterrichtlichen Kontexts** mitentscheidend für den Problemlösecharakter einer Aufgabe. Damit Schülerinnen und Schüler bei einer Aufgabe problemlösend arbeiten, müssen sie tatsächlich verschiedene Wege einschlagen oder unterschiedliche Ansätze entwickeln können. Sie müssen eine echte Entscheidungsmöglichkeit über ihren Lösungsweg besitzen. Ein Problem, dessen einzig erwünschter Lösungsansatz für den Lehrer von vornherein feststeht und für die Schüler durch den unterrichtlichen Kontext nahe gelegt wird, ist nur eine „Ostereier-Suchaufgabe". Ein zentrales (notwendiges) Kriterium für eine Problemlöseaufgabe ist damit die **Offenheit** (vgl. Kap. 3.2 zur Offenheit).

Problemlösen in **innermathematischen Situationen** findet beispielsweise statt, wenn Schülerinnen und Schüler

- ein Verfahren zur Konstruktion einer gesuchten Figur oder zur Berechnung einer gesuchten Größe entwickeln,
- eine Begründung oder ein Gegenbeispiel zu einer Aussage suchen,
- eine geeignete Darstellungsweise oder einen geeigneten Ansatz für ein Problem suchen oder
- eine neue Verbindung zwischen verschiedenen Sachverhalten herstellen.

Dabei ist wesentlich, dass sie sich in einem für sie offenen Suchraum bewegen.

Beim Arbeiten in **außermathematischen Situationen**, sprich: beim Modellieren, findet mathematisches Problemlösen im engeren Sinne erst dann statt, wenn ein Modell, das die Realsituation beschreiben soll, spezifiziert worden ist. Die Ergebnisse des Problemlösens werden anschließend in der Realsituation interpretiert (vgl. Kap. 2.1).

Exkurs Was unterscheidet Problemlösen und Modellieren?

Folgt man den vorangehenden Überlegungen, so kann man Problemlösen auf zwei Weisen interpretieren:

- **Problemlösen im engeren Sinne** ist ein rein innermathematischer Vorgang und findet erst statt, nachdem ein mathematisches Modell aufgestellt ist. In diesem Sinne ist Problemlösen ein Teilschritt des Modellierens.
- In der anfänglichen Charakterisierung wurde von **Problemlösen (im weiten Sinne)** gesprochen, wenn kein Lösungsverfahren auf der Hand liegt. Das kann auch auf Modellierungsaufgaben zutreffen.

In beiden Fällen liegt natürlich nur dann Problemlösen vor, wenn der Mathematisierungsschritt bzw. der Lösungsschritt nicht durch ein Standardverfahren erledigt werden kann.

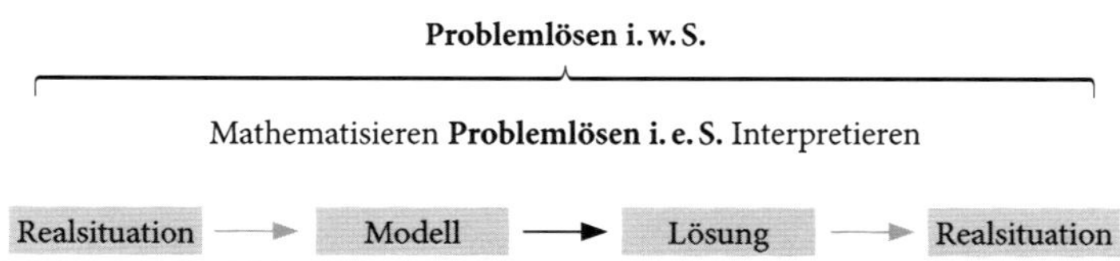

Problemlösen als *Teilschritt beim Modellieren*

Letztlich kann man aber sowohl das Lösen innermathematischer Aufgaben als auch das Lösen realer Probleme als Aufstellen, Bearbeiten und Interpretieren eines Ansatzes verstehen. Aus psychologischer Sicht des Aufgabenlösens laufen dabei dieselben Prozesse ab: Das Aufstellen eines Ansatzes in einer innermathematischen Situation entspricht dem Aufstellen eines Modells in einer Realsituation, in beiden Fällen müssen die Lösungen der Bearbeitung wieder in der Ausgangssituation interpretiert und der Ansatz gegebenenfalls revidiert werden.

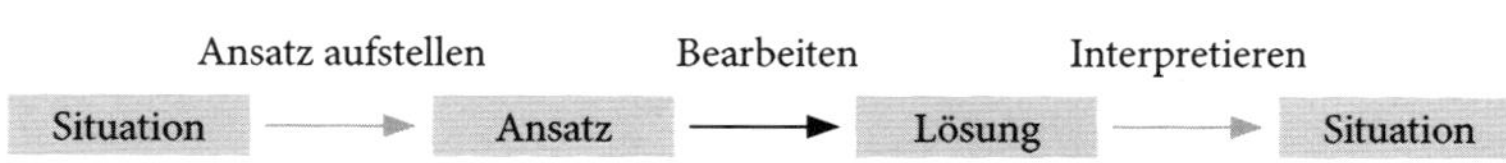

Aufgabenlösen (inner- oder außermathematisch) aus psychologischer Sicht

Sofern man also nicht unterscheidet, ob der Aufgabe eine Realsituation oder eine innermathematische Situation zugrunde liegt, kann man die Prozesse mit denselben Begrifflichkeiten beschreiben, z. B. als Problemlösen im weiten Sinne.

Im Referenzrahmen für die PISA-Studie (vgl. NEUBRAND u. a. 2001) wird übrigens als Bezeichnung für den Prozess des Aufgabenlösens nicht etwa „Problemlösen", sondern „Modellieren" gewählt. Konsequenterweise wird auch das Aufstellen eines Ansatzes in einer innermathematischen Situation als Modellieren, nämlich **„innermathematisches Modellieren"** bezeichnet. Wir haben also die verwirrende Situation, dass die Bezeichnungen „Modellieren" und „Problemlösen" beide in wechselnden Bedeutungen verwendet werden – ein steter Quell für Irritationen.

In diesem Buch wollen wir eine spezifische fachdidaktische Sicht auf das Aufgabenlösen einnehmen. Da an vielen Stellen deutliche Unterschiede zwischen dem Arbeiten in inner- oder außermathematischen Situationen und bei dem Erstellen von Aufgaben in inner- und außermathematischen Situationen auftreten, grenzen wir die beiden Begriffe wie folgt voneinander ab:

- **Modellieren:** Arbeiten in außermathematischen Kontexten (Realitätsbezügen)
- **Problemlösen:** Arbeiten in innermathematischen Situationen

Dies erscheint uns vor allem für die Schulpraxis die organischere und verständlichere Auffassung zu sein, wobei eine trennscharfe Unterscheidung nicht immer möglich ist (LESH 2007).

Gute Probleme für das Problemlösen

Schülerinnen und Schüler können nur lernen, Probleme zu lösen, wenn sie auch hinreichend häufig die Gelegenheit dazu bekommen. Problemlösen lernt man natürlich nicht durch Belehrung, sondern durch das Lösen von Problemen. Ein Unterricht, der Problemlösefähigkeiten fördert, lebt also davon, dass ihm viele anregende Probleme zur Verfügung stehen – was allerdings nicht auf Kosten der fachlichen Kohärenz gehen darf.

Wie gelangt man aber zu solchen „guten" Problemen für einen Unterricht, in dem Problemlösefähigkeiten gefördert werden? Wie kann man bestehende Standardaufgaben erweitern, so dass sie zu Problemlöseaufgaben werden? Hierzu geben die folgenden Beispiele einige Anregungen, die wir als Rezepte formulieren möchten.

Rezept 1: **Von Begriffen ausgehen**

Ein wesentliches Ziel des Mathematikunterrichts ist die Entwicklung tragfähiger mathematischer Begriffe. (Ausführlich mit den Prozessen der Begriffsbildung befasst sich das Kap. 2.4.) Zu einem ins Auge gefassten mathematischen Begriff lassen sich Probleme formulieren, zu deren Lösung Schülerinnen und Schüler diesen Begriff nahezu zwangsläufig entwickeln.

Man kann grob in drei unterschiedliche Grade der Offenheit bei der Umsetzung dieses Rezeptes einteilen. Diese werden im Folgenden an Beispielen dargestellt, die alle auf den Begriff „Mittelsenkrechte" führen:

▶ Beispiel 1: Die Aufgabenbearbeitung führt unmittelbar auf den Begriff.
Dies entspricht der Praxis vieler Mathematikstunden und sieht, hier an einem überspitzten Beispiel dargestellt, etwa so aus:

> Zeichne eine Strecke. Schlage dann einen Kreis um *A* und einen Kreis mit demselben Radius um *B*, so dass sich beide Kreise schneiden. Verbinde die Schnittpunkte. Was stellst du fest?

Diese Aufgabe ist eine Schnellstraße zum Mittelsenkrechtenbegriff. Zum Problemlösen führt sie nicht, denn es gibt ja nur einen vorgezeichneten Weg und nur eine vorherbestimmte „Entdeckung". Der Begriff ist hier vorgezeichneter Endpunkt einer vorgesetzten Aufgabenbearbeitung. Solche geschlossene Aufgaben könnte man auch als „Begriffseinkleidungen" bezeichnen.

▶ Beispiel 2: Der Begriff entsteht auf natürliche Weise bei der Lösung des Problems.
Anstatt den Begriff direkt vorzugeben, kann man als Aufgabenkonstrukteur von allen Aspekten und Anwendungen des Begriffs rückwärts denken und ein Problem konstruieren, das – vorwärts bearbeitet – notwendig auf diesen Begriff führt. Bei der Mittelsenkrechten kann man z. B. von der Eigenschaft ausgehen, dass sie die Ebene bezüglich der zwei Ausgangspunkte in besonderer Weise aufteilt, und
AB/Dynamisches AB erhält dann möglicherweise eine solche Aufgabe (GODDIJN/REUTER 1995):

> Die Karte zeigt ein Stück Land. Es gibt fünf Brunnen in diesem Gebiet. Stelle dir vor, du stehst bei X mit einer Herde von Schafen, die Durst haben. Zu welchem Brunnen gehst du?
>
> Die Wahl war natürlich nicht schwierig. Du gehst zum nächstgelegenen Brunnen. Entwickle nun eine Einteilung des Landes in fünf Gebiete, so dass zu jedem Ort in einem Gebiet der Brunnen in diesem Gebiet der nächstgelegene ist.

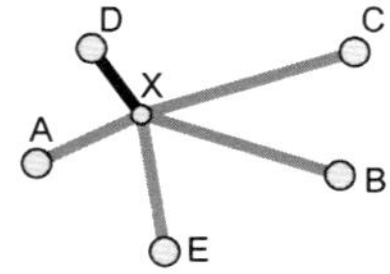

Bei dieser Aufgabe können Schülerinnen und Schüler das Gebiet zunächst ungerichtet explorieren: Zu welchem Brunnen gehe ich von jeweils diesem einen Punkt aus? Sie können sich auf bestimmte Gebiete, z. B. die zwischen zwei Brunnen, konzentrieren. Sie können die Bedeutung der Streckenmittelpunkte erkennen und nutzen. Schließlich werden sie auf diesem oder einem anderen – auch möglicherweise abstrakteren – Weg zu einer Gebietseinteilung gelangen, die die Mittelsenkrechten und ihre Funktion deutlich heraustreten lässt. Dabei haben sie vielleicht auch schon Gründe für ihre Senkrechteneigenschaft entdeckt. Das Problem führt zwar sehr zielstrebig auf den vom Lehrer ins Auge gefassten Begriff, lässt aber viele individuelle Vorgehensweisen zu.

Der spezifische Reiz des Aufgabenbeispiels liegt darin, dass ein mathematischer Begriff nicht als fertiges Produkt dargeboten wird, sondern wie selbstverständlich als Lösung für ein Problem durch die Schüler erfunden bzw. entdeckt werden muss. Dieser Ansatz wird auch als **Problemorientierung** bezeichnet.

Die soeben dargestellte Aufgabe ist – im Gegenteil zur „Begriffseinkleidung" – nicht mehr rein innermathematisch formuliert. Hier ist das Problem in einen einfachen „realen" Kontext gebettet, man könnte sagen: eine „Problemeinkleidung". Daher wäre es auch nicht angemessen, diese Aufgabe als „Modellierungsaufgabe" zu bezeichnen, denn der Mathematisierungsschritt ist ein unbedeutender. In diesem Fall ist die Modellierung in der Aufgabenstellung sogar schon explizit ausgeführt. (Wenn man den „Realitätsbezug" ernst nehmen würde, läge zunächst eine weitergehende Untersuchung des betrachteten Gebiets nahe: Wie ist das Geländeprofil beschaffen? Kann ich mich überall gleich schnell bewegen? Lauern irgendwo Gefahren?)

Exkurs Begriffsbilden beim Problemlösen – genetisches Lernen

Der durch Probleme angestoßene individuelle, aktive Vollzug eines Prozesses der Konstruktion eines mathematischen Begriffes oder Zusammenhangs, der sich schließlich als Lösung des Ausgangsproblems erweist, wir auch als genetisches Lernen bezeichnet (Gutzmer 1908, Wagenschein 1970, Freudenthal 1976, Leuders/Prediger 2012). Dieser Prozess wurde von Freudenthal (1976) als „horizontale Mathematisierung" bezeichnet und steht am Ausgangspunkt des einflussreichen Modells der „realistic mathematics education" (van den Heuvel-Panhuizen/Wijers 2005). Dabei bedeutet „realistic", dass das Lernen von einem „realisierbaren" also „vorstellbaren" Kontext ausgeht. Eine besondere Qualität des problemgenetischen Lernens besteht darin, dass Lernende hier „Mathematik in statu nascendi" erleben (Freudenthal 1976, S. 113). Schülerinnen und Schüler werden nicht mit „fertiger Mathematik" konfrontiert, sondern nähern sich den mathematischen Inhalten über deren „Kernideen" aus der Vorschauperspektive (Gallin/Ruf 1998). Ein genetischer Lernweg trägt so zur Sinnstiftung für das schulische Mathematiklernen bei (Leuders et al. 2011). Das folgende Beispiel zeigt, wie Lernende das Konzept des arithmetischen Mittels aus einer Problemsituation heraus „genetisch" entdecken (Barzel/Leuders 2012).

In der Klasse von Merve haben einige Mädchen und Jungen ihre Fußlängen in Zentimetern gemessen und an die Tafel geschrieben.

Eine genetische Lernsituation zur Entdeckung des Durchschnittsbegriffs

Das Problem, das hier angestoßen wird, lautet „Wie vergleicht man Ergebnisse von Gruppen, wenn jeder in der Gruppe anders zum Ergebnis beiträgt und die Gruppen sogar noch unterschiedlich groß sind?" Die Lösung, die hier durch die Handlungssituation gestützt wird, lautet: „Durch Zusammenlegen und gleichmäßiges Aufteilen". Die Lösung des Problems ist das vollständige Konzept des arithmetischen Mittels, sogar in einer Form, in der die Grundvorstellung und nicht etwa eine Berechnungsvorschrift gelernt wird.

Problemgenetische Lernsituationen stellen große Herausforderungen an die Konstruktion passender Aufgaben (Leuders et al. 2011). Hier gilt es, die fertige Mathematik wieder „in lebendige Handlungen zurückzuverwandeln, aus denen sie entsprungen sind: Gegenstände in Erfindungen und Entdeckungen, [...] Lösungen in Aufgaben, Phänomene in Urphänomene." (ROTH 1970, S. 116). Wie dies vor sich gehen kann zeigt das folgende Beispiel des „Säulendiagramms". Im ersten Schritt gilt es, die mathematischen Konzepte zu identifizieren, die der Zielpunkt des Entdeckungsprozesses sein sollen. Die mathematische Definition, die „fertige Mathematik" allein reicht für die Gestaltung des Lernprozesses nicht aus. Es gilt, die Kernidee des mathematischen Konzeptes, seine *Bedeutung* und sein *Zweck* herauszuschälen: Auf welches Problem ist das mathematische Konzept eine Antwort? *Wozu* soll es dienen? In einem Säulendiagramm wird eine große Zahl von Daten zu Gruppen bezüglich eines Aspekts „gleicher" Daten zusammengefasst, so dass man schnell einen Überblick darüber gewinnen kann, wie dieser Aspekt sich in den Daten verteilt. Daten werden also systematisch aggregiert und zu Information verdichtet. Nun kann man einige Fragen an die Daten leichter beantworten. Sobald man diesen Zweck herausgearbeitet hat, kann man die Kernidee als Antwort auf eine Kernfrage verstehen. Im Gegensatz zur Kernidee formuliert eine Kernfrage ein Problem aus der Vorschauperspektive, also auf eine Weise, wie der *Lernende* sie formulieren könnte. Eine solche Frage ist meist eingebettet in einen konkreten Kontext, eine konkrete Situation – die übrigens auch eine innermathematische sein kann.

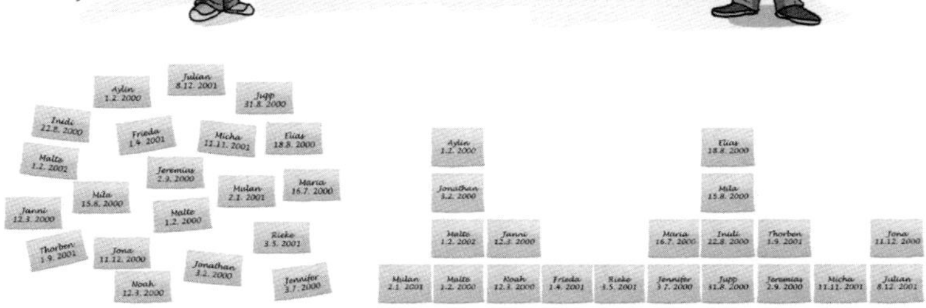

Möglicherweise ist es aber auch gewünscht, dass das Problem die Begriffsentwicklung nicht so eng eingrenzt, sondern Schülerinnen und Schüler die Chance haben, eigene Wege zu gehen und auch eigene Begriffe zu entwickeln. Hierzu ein drittes Beispiel (nach ROTH-SONNEN 2005[b]):

▶ Beispiel 3: Der Begriff entsteht möglicherweise, aber nicht zwangsläufig, bei der Problembearbeitung

> In einem Hochhausgebiet soll ein Spielplatz für Kinder errichtet werden. In diesem Gebiet stehen 3 Hochhäuser. Das 1. Hochhaus ist 150 m vom 2. Hochhaus und 130 m vom 3. Hochhaus entfernt. Das 2. und 3. Hochhaus sind 100 m voneinander entfernt. Die Hochhäuser sind durch Wege verbunden.
>
> Die Eltern der Hochhausgemeinschaften stellen einen Antrag beim Bauamt: Der Spielplatz soll an eine solche Stelle gebaut werden, dass kein Kind benachteiligt wird.

Bei dieser Aufgabe gibt es keinen vorgezeichneten Lösungsweg, Schülerinnen und Schüler suchen auf ganz unterschiedliche Weise nach der „Mitte". Dabei können sie unter anderem die Begriffe „Mittelsenkrechte" und „Umkreis" als Mittel zur Problemlösung entdecken. Gleichzeitig stehen ihnen aber auch andere Mittelpunktsbegriffe offen. Ob sie mit oder ohne Technologie, d. h. hier Dynamische-Geometrie-Software, arbeiten, wirkt sich auf die Lösungswege und Argumentationen aus.

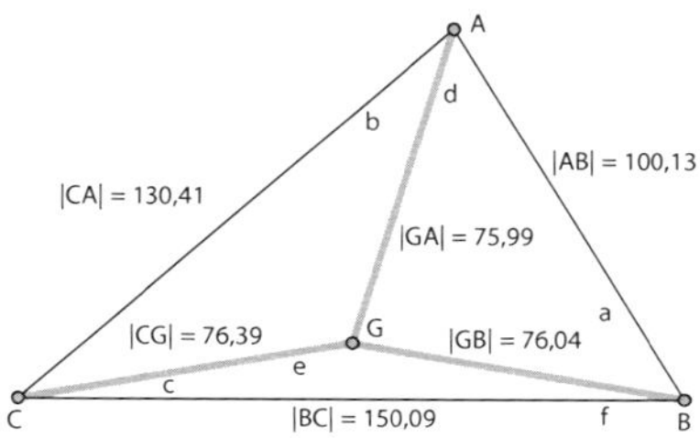

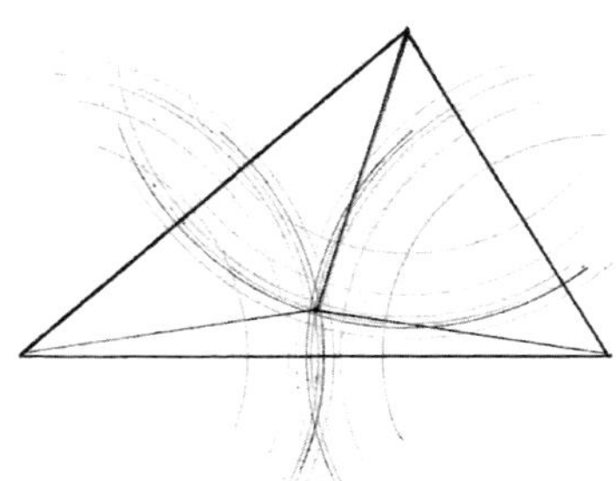

Auch diese Aufgabe kann man unter dem Blickwinkel des Modellierens betrachten. Der Mathematisierungsschritt ist allerdings auch in dieser Aufgabenstellung bereits vorgegeben, die Schüler arbeiten im Prinzip von Beginn an innermathematisch. Eine Variante dieser Aufgabe als echte Modellbildung findet sich in der angegebenen Quelle. Übrigens muss der Umkreismittelpunkt – auf den man gelangt, wenn „dass kein Kind benachteiligt wird" durch „alle haben den gleichen Abstand" interpretiert wird – im Allgemeinen keine praktikable und gute Lösung sein, wie das Beispiel von drei Hochhäusern zeigt, die durch die Ecken eines stumpfwinkligen Dreiecks dargestellt werden. Aus der Perspektive des Modellierens wäre dies entscheidend.

Selbstverständlich gibt es kein einfaches Rezept für das Konstruieren problemorientierter Begriffsbildungen. Hilfreich können aber die folgenden Leitfragen sein:

- Was ist der Kern, die Grundidee des ins Auge gefassten Begriffs?
- Welche Anwendungen gibt es für den Begriff?
- Wo begegnen uns Aspekte des Begriffs in Alltag, Natur und Technik?
- Auf welche Fragen könnte der zu entwickelnde Begriff eine mathematische Antwort sein?

Die Frage, wie Aufgaben auf mathematische Begriffsbildungen führen wird im Kapitel 2.4 „Begriffe bilden" und unter dem Thema „Erkunden, Entdecken" (Kap. 4.1) noch einmal aufgenommen.

Rezept 2: **Aufgaben öffnen**

Man kann Problemlöseaufgaben auch weniger zielorientiert als im vorigen Abschnitt erzeugen, indem man sie aus vorhandenen Standardaufgaben ableitet. Das schlichte Rezept lautet hier: „Aufgaben öffnen", indem man z. B. die Ausgangsdaten ausdünnt oder indem man die Aufgabenstellung umkehrt und nach den Ausgangsdaten fragt (Herget, 2000).

Aus der Aufgabe: „Der Speicherplatz eines Computers wird in Kilobyte gemessen. Ein Kilobyte sind 1024 Byte. Wie viele Byte sind in einem Megabyte?" wird dadurch:

> In einer Computeranzeige steht in einer Fußnote: „1 Megabyte = 1 048 576 Byte".
> Wie passt das zu 1 Megabyte = 1 000 Kilobyte = 1 000 000 Byte?
> Wie kommt die krumme Zahl zustande?

Aus der Aufgabe:
„Welche Fläche hat ein Trapez mit den Maßen a = 5 cm, b = 7 cm, h = 3 cm?" wird durch Umkehren (vgl. Winter 1984):

> Ein Trapez hat die Fläche 20 cm^2 und die Höhe 4 cm.
> Wie groß können die parallelen Seiten a und b sein?

Auf diese Weise entstehen (fast immer) Aufgaben, bei denen kein klarer, eindeutiger Lösungsweg vor Augen liegt. Die Ansätze und Lösungswege werden divergenter, die Ergebnisse mehrdeutig. Auf eine Auseinandersetzung mit den beiden obigen Beispielen und auf weitere Beispiele verzichten wir hier und verweisen auf Kap. 3.2. Dort werden auch weitere konkrete Techniken des Aufgabenöffnens vorgestellt.

Rezept 3: **Probleme durch Schülerinnen und Schüler finden lassen**

Es ist keineswegs notwendig, dass es der Lehrer ist, der Probleme sucht oder konstruiert und den Schülern stellt. Ebenso gut können diese selber Probleme suchen, die mit Mathematik gelöst werden können. Die positiven Aspekte eines solchen Vorgehens liegen auf der Hand: Ein selbst gefundenes Problem reizt zur Bearbeitung immer mehr als ein fremd gestelltes. Aber wie können Schülerinnen und Schüler geeignete Probleme finden?

In Kap. 2.1, S. 25 f., wurde dies für außermathematische Probleme, d. h. Modellierungsprobleme dargestellt. Aber Schülerinnen und Schüler können auch **innermathematische** Situationen nach neuen Problemen absuchen. Nach der Arbeit an einigen Zahlenmauern (vgl. Kap. 3.2, S. 95) kann man zum Beispiel die Aufgabe stellen:

Finde Probleme, die man an der Zahlenmauer untersuchen kann, und versuche, sie zu lösen.

Eine etwas konkretere Anleitung zum kreativen Erzeugen von Problemen bietet die Methode der **Aufgabenvariation** (SCHUPP 2002), bei der systematisch verschiedene Aspekte einer Begriffsdefinition variiert werden (vgl. Kap. 4.1).

Die hier beschriebenen Wege der Problemgenerierung durch Situationserkundungen können natürlich nicht nur von Ihren Schülerinnen und Schülern beschritten werden, sondern genauso gut von Ihnen selbst.

Rezept 4: **Gezielt zur Verwendung von Strategien auffordern**

Wie die explizite Berücksichtigung einiger „klassischer" Problemlösestrategien bei der Aufgabenkonstruktion aussehen kann, zeigen wir an den folgenden Gruppen von so genannten **Strategieaufforderungen**:

- Vorwärts arbeiten
- Rückwärts arbeiten
- Beispiele betrachten
- Ungerichtetes und systematisches Probieren
- Darstellen, Analogien nutzen oder Veranschaulichen

Diese Klassifikation ist natürlich weder vollständig noch zwangsläufig. Sie ist in der pragmatischen Absicht entstanden, die explizite Thematisierung von Problemlösestrategien unterrichtstauglich vorzustellen. Über weitere Heuristiken und Problemlösen im Mathematikunterricht allgemein kann man sich z. B. bei POLYA (1945), BRUDER (2000, 2002) oder LEUDERS (2003) informieren.

Die einzelnen Aufforderungen fordern den bewussten Umgang mit Problemlösestrategien und die Reflexion des Problemlösens ein. Allerdings passt nicht jede Strategieaufforderung zu jeder Aufgabe oder jedem Thema. Insbesondere gibt es bereichsspezifische Strategien („Bringe x auf die linke Seite.", „Zeichne den Thaleskreis."), die wir hier aufgrund ihrer begrenzten Reichweite aussparen. Stattdessen sollen im Folgenden allgemeine und übertragbare Problemlösestrategien angedeutet werden. Anhand konkreter Aufgaben verdeutlichen wir, wie diese Strategien explizit als Aufforderungen mit Aufgaben verbunden werden können.

Es versteht sich von selbst, dass das Ziel des Unterrichts sein muss, Schüler vom angeleiteten exemplarischen Anwenden konkreter Strategien über die Reflexion dieser Strategien zur selbstständigen Anwendung zu führen.

- **Strategie „Vorwärts arbeiten"**

  Mögliche Strategieaufforderungen sind z. B.
  - Stelle möglichst alle Informationen zusammen, die mit dem Problem zu tun haben könnten.
  - Probiere, von der Ausgangssituation aus erst einmal in alle möglichen Richtung weiterzuarbeiten. Was kann man alles aus der Anfangssituation machen? (berechnen/zeichnen/schließen)
  - Was kann man alles aus den vorausgesetzten Aussagen schließen?

- **Strategie „Rückwärts arbeiten"**

  Strategieaufforderungen, die man an eine Aufgabe anfügen kann, sind z. B.
  - Überlege zuerst: Was ist überhaupt gesucht?
  - Probiere, vom Ergebnis auszugehen. Was braucht man? Was fehlt noch? Was würde helfen, um das Ergebnis/die Lösung zu finden? Wie kann man an diese Informationen gelangen?
  - Aus welcher Voraussetzung könnte man die in Frage stehende Aussage schließen? Gilt diese Voraussetzung hier?

Vorwärts- und Rückwärtsarbeiten sind in der Mathematik allgegenwärtig. Im Unterricht findet sich überwiegend das Vorwärtsarbeiten wieder. Erste Erfahrungen mit dem Rückwärtsarbeiten lassen sich gut bei anschaulichen Problemen machen, d. h. bei solchen, die einen engen Bezug zu einer Realsituation haben:

In welches Glas passt mehr Wasser?

Welche Informationen brauchst du, um die gesuchte Größe zu bestimmen?

Was kannst du aus dem Bild bestimmen?

(Viele weitere solcher Probleme findet man unter den so genannten FERMI-Aufgaben – vgl. Kap. 4.3, S. 165 f.).

Eine wichtige Strategie, die man auch dem Rückwärtsarbeiten zuschlagen kann, ist das Ermitteln von Zwischengrößen, die nicht schon durch die Aufgabenstellung nahe gelegt sind – sonst könnten sie ja durch Vorwärtsarbeiten ermittelt werden. Schüler müssen dann eine Zwischengröße, wie z. B. eine bestimmte Messgröße oder eine Hilfslinie, mit Blick auf die gesuchte Zielgröße auswählen oder einfügen.

Berechne den gesuchten Winkel ε, wenn die beiden Winkel α und β bekannt sind!

Überlege dir dazu, aus welchen Winkeln du ihn direkt berechnen könntest, und versuche, diese zu bestimmen.

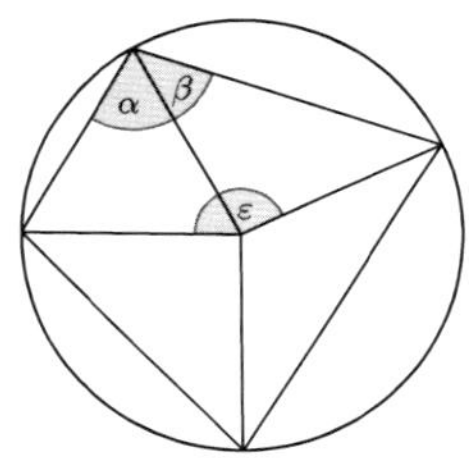

Bei dieser Aufgabe (LEUDERS/STORZ 2015) können Schülerinnen und Schüler im nächsten Schritt auch die Summe $\alpha + \beta$ aus ε berechnen und haben dabei einen Beweis für den Umfangswinkelsatz und den Satz des Thales entdeckt.

Diese Beispielaufgabe verdeutlich ein weiteres Kriterium, an dem man Problemlöseaufgaben erkennen kann: Immer dann, wenn eine nicht auf der Hand liegende Zwischengröße gefunden werden muss, liegt eine Problemlöseaufgabe vor.

Die volle Kraft der Strategie „Rückwärts arbeiten“ bei rein innermathematischen Situationen zeigt die folgende Beispielaufgabe. Hier ist das Vorwärtsarbeiten schon im Aufgabentext so weit wie möglich ausgeführt. Die Strategieaufforderung soll hier gezielt zum Rückwärtsarbeiten anregen:

AB/Dynamisches AB

Die folgende Abbildung zeigt den Grafen der Funktion
$f(x) = \frac{6}{5}(x-1)\cos(x) - \frac{6}{5}\sin(x) + \frac{1}{3}x^3 - \frac{1}{2}x^2$.
Die Suche nach Extremstellen der Funktion führte auf die erste Ableitung
$f'(x) = (x-1)\,(x - \frac{6}{5}\sin(x))$.

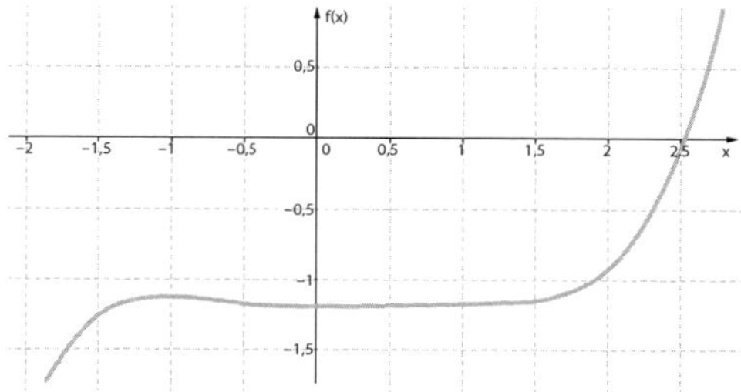

Zwei Nullstellen der Ableitung sind einfach abzulesen: 0 und 1.

Das Vorzeichenwechselkriterium zeigt, dass *f* bei 0 ein lokales Minimum und bei 1 ein lokales Maximum hat.

Die Abbildung lässt zunächst nur zwei Extremstellen vermuten, erst bei hoher Vergrößerung deutet sich an, dass *f* noch zwei weitere Extremstellen besitzt. Auch ein Computer-Algebra-System gibt als Ausdruck für die Nullstellen der ersten Ableitung nur an:

#6: 6 · SIN(x)– 5 · x = 0 ∨ x = 1

Suche nach Aussagen, aus denen du folgern kannst, dass *f* genau vier Extremstellen besitzt!

Bei dieser Aufgabe hat das gewohnte Vorwärtsarbeiten entlang der eingeübten „Kurvendiskussion" – selbst mithilfe eines Computer-Algebra-Systems – kein zufriedenstellendes Ergebnis gebracht. Die Schülerinnen und Schüler müssen nun für den Nachweis, dass f genau vier Extremstellen hat, von dem erwünschten Ergebnis aus zurückgehen. Sie könnten z. B. wie folgt erfolgreich rückwärts argumentieren:

- Um die vier vermuteten Extrema zu bekommen, muss ich zeigen, dass die Ableitung noch zwei weitere Nullstellen hat.
- Da der erste Faktor $(x-1)$ sicher keine Nullstelle mehr hat, muss ich zeigen, dass der zweite außer der 0 noch zwei weitere Nullstellen hat.
- Da x und $\sin x$ punktsymmetrisch bzgl. des Ursprungs sind, reicht es, wenn ich zeige, dass der Faktor genau eine Nullstelle für $x > 0$ hat.
- Der wird 0, wenn $\sin(x) = \frac{6}{5} \cdot x$ gilt. Ich muss also zeigen, dass die Gerade $\frac{6}{5} \cdot x$ den Sinus für $x > 0$ noch genau einmal schneidet.
- Ab $x = \frac{6}{5}$ ist die Gerade oberhalb von 1, kann also nicht mehr schneiden. Also muss ich nur noch zeigen, dass es vorher genau einen Schnittpunkt gibt.
- Dass es einen Schnittpunkt gibt, kann ich daraus folgern, dass zwischen 0 und 1 das Vorzeichen von $x - \frac{6}{5} \cdot \sin(x)$ wechselt. Dass es nur einen Schnittpunkt gibt folgt aus der Tatsache, dass die Steigung von $\sin(x)$ von 0 bis 1,2 monoton sinkt.

Natürlich wird nicht jeder Schüler eine solche „Rückwärtskette“ durchlaufen. Zwischendurch gibt es noch viele Gelegenheiten, anders zu schließen, und manchmal ist vielleicht auch etwas Unterstützung notwendig. Wesentlich an diesem Beispiel ist, dass die Aufgabenstellung selbst einen konkreten Anstoß zum Rückwärtsarbeiten gibt.

■ **Strategie „Beispiele betrachten“ (Spezialisieren)**

Bei dem obigen Trinkgläserbeispiel (S. 40) wird es den Schülerinnen und Schülern zu schaffen machen, dass die tatsächliche Größe der Gläser ohne Maßstabsangaben nicht zu bestimmen ist. Die Schüler, denen die Strategie, in so einem Fall erst einmal ein konkretes Beispiel zu betrachten, geläufig ist, werden das Problem spezialisieren und beispielsweise für eines der Gläser einen plausiblen Durchmesser annehmen. Für die anderen kann eine der folgenden Strategieaufforderungen hilfreich sein:

- Arbeite erst einmal mit einem einfachen Beispiel.

Bei anderen Aufgaben kann es sinnvoll sein, sich anhand mehrerer Beispiele zunächst eine Übersicht zu verschaffen. Als Aufforderungen hierzu könnte man z. B. verwenden:

- Gib einige (weitere/andere) Beispiele an.
- Finde erst einmal einige verschiedene (einfache) Beispiele.
- Versuche, ein besonders einprägsames/typisches Beispiel zu finden.

■ **Strategie „ungerichtetes Probieren“ und „systematisches Probieren“**

So simpel diese Strategien erscheinen, so oft helfen sie aus „brenzligen“ Situationen. Viel öfter, als Schüler dies wahrnehmen und als es dem Lehrer lieb ist, lassen sich Probleme oder Teilprobleme durch Probieren lösen. Schüler sollten also immer auf diese „Rückfallstrategie“ zurückgreifen können und Lehrer ihre Anwendung akzeptieren und honorieren. Wer eine quadratische Gleichung durch „Hinschauen“ löst, darf nicht dafür bestraft werden, dass er sich die umständliche Durchführung eines trainierten Verfahrens erspart hat.

Der wesentliche Unterschied zwischen dem ungerichteten und dem systematischen Probieren liegt im Grad der Reflektiertheit des Prozesses. Beim systematischen Abarbeiten aller Fälle etwa werden Strukturen des Problems offenbar und man gewinnt manchmal sogar deutliche Hinweise für eine allgemeine Lösung:

> Beim Superband-Casting sind noch 16 Teilnehmerinnen übrig geblieben. Aus ihnen sollen die Zuschauer eine Viererband wählen. Wie viele Möglichkeiten gibt es? Zähle systematisch alle Fälle auf.

Die Frauen-Fußballbundesliga hat 12 Mannschaften. Wie viele Paarungen müssen ausgetragen werden und wie viele Spieltage gibt es?

Als systematisches Probieren zählt auch, wenn man aus Probelösungen Rückschlüsse zur Lösungsverbesserung zieht.

Ein Rechteck hat den Umfang 24 cm und den Flächeninhalt 24 cm^2. Wie kann es aussehen? Löse das Problem durch mehrfaches „Raten und Überprüfen".

■ Strategie „Darstellen", „Analogien nutzen" oder „Veranschaulichen"

Konkrete Darstellungen dienen zur Strukturierung bzw. Umstrukturierung eines Problems. Die Frage, wie ein Problem grafisch oder mental repräsentiert wird, ist mitentscheidend für die zu erwartenden Lösungsansätze. Häufig ist die Veranschaulichung einer Situation, der Wechsel der Darstellung oder der Weg über eine analoge Situation der Schlüssel zum Erfolg. Entsprechende Aufforderungen kann man an eine Aufgabenstellung anhängen, z. B.:

- Ordne die gesuchten und gegebenen Daten in einer Tabelle.
- Stelle die Situation in einer Skizze dar, die nur die wesentlichen Informationen enthält.
- Erstelle eine Mindmap über die Situation (offene Fragen, gegebene Daten, deine Kenntnisse, deine Vermutungen).
- Stelle das Problem, wenn möglich, auf verschiedene Weise dar (z. B. als Bild, als Graf, mit Zahlen, mit Variablen, ...).
- Was ist deiner Meinung nach der Kern der Aufgabe?
- Gibt es ähnliche Probleme, die du schon mal gelöst hast?

Rezept 5: **Lösungsbeispiele reflektieren**

Ein anderer Weg, sich dem Problemlösen und seinen Strategien im Unterricht zu nähern, ist das Betrachten gelöster Probleme (s. z. B. Renkl/Schworm/vom Hofe 2001). Die Reflexion über vorliegende Aufgabenbearbeitungen entlastet vom Lösen des mathematischen Problems und gibt damit mehr Raum für das bewusste Nachdenken über Problemlöseprozesse. Im Grunde stellt das rückschauende Bewerten einer Lösung auch eine heuristische Strategie im Prozess des Problemlösens dar. Die zugehörigen Strategieaufforderungen können dann lauten:

- Betrachte das Lösungsbeispiel. Wie wurde vorgegangen?
  Wie bewertest du den Lösungsweg?
- Betrachte das Lösungsbeispiel. Wo steckt der Fehler?
- Betrachte die Lösungsbeispiele. Worin unterscheiden sie sich?
  Welcher Weg ist der günstigere?

Die Verbindungsstrecke zweier nicht benachbarter Eckpunkte eines Vielecks wird Diagonale genannt. Die Figur zeigt ein regelmäßiges Neuneck mit sämtlichen Diagonalen. Anna, Birgit und Hans haben einen eigenen Weg gefunden, um die Zahl der Diagonalen zu berechnen:

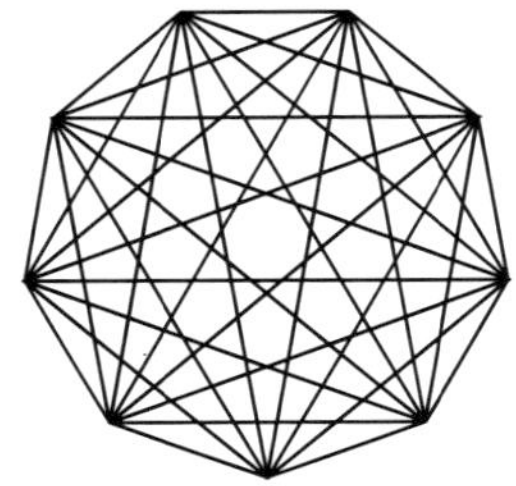

Anna: $8 + 7 + 6 + 5 + 4 + 3 + 2 + 1 - 9 = 27$

Birgit: $6 + 6 + 5 + 4 + 3 + 2 + 1 = 27$

Hans: $6 \cdot 9 : 2 = 27$

Gib zu mindestens einer der von Anna, Birgit und Hans aufgeschriebenen Lösungen eine ausführliche Begründung an.

Bei dieser Aufgabe (vgl. MSJK-NRW 2004) wird nur erwartet, dass Schülerinnen und Schüler eine der Bearbeitungen, die ihnen plausibel erscheint, erklären.

Im Unterricht werden dann die verschiedenen Erklärungsansätze verglichen. Natürlich können auch wesentlich grundlegendere Beispiele zur Reflexion vorgelegt werden, wie etwa ein Vergleich verschiedener Verfahren zur Bestimmung der Nullstellen einer quadratischen Funktion oder eine fehlerhafte Problemlösung.

Ein solches Reflektieren über Lösungsbeispiele ist immer mit Argumentationsprozessen verbunden, ähnliche Beispiele finden sich daher in Kap. 2.3, S. 46 ff.

Problemlösen im Unterricht

Offene und ansprechende Aufgaben allein sind kein Garant dafür, dass Schülerinnen und Schüler wirklich problemlösend denken und arbeiten. Entscheidend ist neben der Auswahl guter Probleme, wie der Lehrer oder die Lehrerin einen Unterricht gestaltet, in dem Probleme ihr Potenzial entfalten können:

- Es muss ausreichend Zeit für die individuelle Beschäftigung mit einem Problem eingeräumt werden. Ein vermeintlich effizientes Problemlösen im fragend-entwickelnden Unterrichtsgespräch verhindert individuelle Problemlösetätigkeit.
- Die Möglichkeit zur Rückfrage und Vergewisserung gibt Sicherheit auf dem Weg zu einer Lösung. Das Argumentieren vor einem „begrenzten Publikum" (also der Klasse oder der Gruppe) schafft Gelegenheiten zum „lauten Denken" und hilft bei der Problemdefinition und Problemlösung.
- Schülerinnen und Schüler müssen die nötigen Vorkenntnisse besitzen oder selbst wieder erarbeiten können – nicht aber durch einfaches Zurückblättern im Heft den Lösungsansatz finden. Der Lehrer kann gestufte Hilfen vorbereiten, die Schülerinnen und Schüler nach Bedarf und eigener Entscheidung hinzuziehen können. Hilfestellungen sollten möglichst auf der strategischen und nicht auf der inhaltlichen Ebene erfolgen (Link 2011).

- Problemlösen sollte unter der Bedingung des Bewertungsaufschubs ablaufen – Leistungsdruck hemmt Kreativität. Schüler müssen sich auch entscheiden dürfen, nur Teilprobleme zu lösen, das Problem umzudefinieren oder abweichende Ideen zu verfolgen.
- Die affektive Komponente des Problemlösens ist nicht zu unterschätzen. Die für den weiteren Lernprozess wichtigen Erfolgserlebnisse (vgl. Kap. 5.3, S. 194) stellen sich dann ein, wenn die richtige Balance aus Anregungsniveau und Lösungshoffnung besteht. Diese ist nicht immer leicht zu finden, Verfahren des Differenzierens (vgl. Kap. 3.3) helfen dabei.
- Für die Entwicklung von Problemlösefähigkeiten ist es entscheidend, die Metakognition anzuregen, d. h. Schülerinnen und Schüler aufzufordern, ihre Lösungswege zu reflektieren. Dazu eignen sich vor allem Probleme, bei denen verschiedenen Lösungen und verschiedene Lösungswege zu erwarten sind, über die in Gruppen oder in der gesamten Klasse diskutiert werden kann.

Das Potenzial von Rezept 4 „Strategieaufforderungen" und Rezept 5 „Lösungsbeispiele" wird schon anhand der hier vorgestellten wenigen Beispiele deutlich. Diese Formulierungen können Sie auf (mindestens) drei Weisen verwenden:
- Hängen Sie bei einzelnen Aufgaben eine oder mehrere Strategieaufforderungen an bzw. überlegen Sie, wie durch eine veränderte Aufgabenstellung expliziter die Verwendung einer Strategie eingefordert wird. Die Schwierigkeit besteht darin, dass die reine Nennung einer Strategiebezeichnung Schülern hier wenig hilft.
- Lassen Sie über längere Zeit die Aufforderungen bei solchen Aufgaben wieder weg, bei denen Sie von den Schülerinnen und Schülern erwarten, dass sie selbstständig die Strategie anwenden. Geben Sie Rückmeldung und Hilfen für Schülerinnen und Schüler, die die Strategien nicht selbstständig zu Rate ziehen.
- Wenn die Lerngruppe einige Strategien hinreichend oft eingesetzt hat, erstellen Sie zusammen mit den Schülern ein Strategierepertoire, z. B. so: Auf Kärtchen werden die Strategiefragen vermerkt, auf der Rückseite Aufgabenbeispiele, bei denen sie eingesetzt wurden, notiert. Die Vorderseiten der Kärtchen können Schüler nun selbstständig nutzen, wenn sie bei einer Problemlöseaufgabe nach einer gangbaren Strategie suchen. (vgl. Leuders 2003, Bruder 2000)

Problemlösestrategien müssen auch in Leistungssituationen Berücksichtigung finden. Das bedeutet, dass man z. B. auch in Klassenarbeiten Strategieaufforderungen stellen und ihre Verwendung mitbewerten sollte. Aber auch die unaufgeforderte Anwendung von Strategien muss honoriert werden. Schüler, die anstelle einer Aufgabe ein einfaches Beispiel untersucht haben, die erst einmal zusätzliche Annahmen gemacht haben oder beschreiben, welche Größe sie bräuchten, um ein Problem zu lösen, müssen für diese heuristischen Leistungen belohnt werden!

Ausführlichere Vorschläge und Hinweise zum Problemlösen im Unterricht finden Sie bei HOLZÄPFEL/LACHER/LEUDERS/ROTT 2015 oder bei BRUDER/COLLET 2011.

2.3 Argumentieren

Das Argumentieren ist eine Tätigkeit, die tief im sozialen Wesen des Menschen verankert ist. Menschliche Kommunikation und Kooperation ist ohne Argumentationsprozesse nicht denkbar. Aber auch die Entscheidungsfindung eines einzelnen Menschen lässt sich als Argumentationsprozess mit einem fiktiven Gegenüber auffassen. Was das Argumentieren vom einfachen Informationsaustausch bzw. dem rein intuitiven Entscheiden abhebt, sind vor allem zwei Aspekte: der Wunsch nach **Stimmigkeit** (als Konsens in einer Gruppe bzw. als Kohärenz beim Individuum) und die Orientierung an Kriterien der **Rationalität**.

Das Argumentieren hat in dieser Hinsicht gerade in der Mathematik eine besondere Stellung, denn mathematische Argumentationen zeichnen sich dadurch aus, dass sie einen höheren Grad an Kohärenz und Rationalität anstreben und erreichen, als das in vielen anderen Bereichen üblich oder möglich ist. Dies lässt sich natürlich darauf zurückführen, dass sich die Mathematik extrem selektiv nur mit solchen Dingen beschäftigt, die einem hochrationalen Diskurs zugänglich sind.

Man darf über dieser Ausnahmestellung der Mathematik aber nicht vergessen, dass mathematische Argumentationen sich nicht prinzipiell von anderen Argumentationen unterscheiden. Man lese etwa die folgende Charakterisierung des Argumentierens einmal aus der Sicht des mathematischen Beweisens, ein zweites Mal als Charakterisierung von juristischer Urteilsfindung, und vielleicht ein drittes Mal als Beschreibung einer Überzeugungsrede vor einem politischen Gremium.

> *Unter Argumentation verstehen wir „eine Rede für oder gegen die Wahrheit einer Aussage … mit dem Ziel, die Zustimmung wirklicher oder fiktiver Gesprächspartner … zu erlangen. Dabei wird schrittweise und möglichst lückenlos auf bereits gemeinsam anerkannte Aussagen … zurückgegriffen. Eine Argumentation heißt schlüssig, wenn niemand, der ihren Ausgangssätzen… zugestimmt hat, irgendeinem dieser Schritte die Zustimmung verweigern kann, ohne sich in Widersprüche zu verwickeln."* (HEFENDEHL 2003, S. 95)

Auch innerhalb des Mathematikunterrichts gilt diese Charakterisierung für viele Abstufungen und Formen des Argumentierens und nicht etwa nur für das formal-deduktive Beweisen. Argumentationsprozesse finden auf ganz unterschiedlichen Ebenen, zu unterschiedlichen Anlässen und mit unterschiedlichen Zielen statt. Das soll im Folgenden – insbesondere aus dem Blickwinkel der Aufgabenkonstruktion – illustriert werden.

Die Form des Argumentierens hängt im Mathematikunterricht stark vom Anwendungsfeld ab: Beim Argumentieren in **außermathematischen Situationen** geht es vor allem um normative und um sinnstiftende Argumentationsprozesse, um das Rechtfertigen von Modellannahmen, das Interpretieren von Ergebnissen, das Bewerten der Gültigkeit oder Nützlichkeit eines Modells als Ganzes und das Treffen von Entscheidungen mit Hilfe des Modells. Beim Argumentieren in **innermathematischen Situationen** spricht man allgemein vom Begründen und je nach Strenge auch vom Beweisen, eine scharfe Grenze gibt es hier nicht. Das Begründen von Aussagen und die kritische Fragehaltung („Ist das wirklich so?", „Warum ist das so?") ist von Anfang an ein maßgeblicher Aspekt der Kommunikation im Mathematikunterricht.

Was ist außermathematisches Argumentieren?

Das außermathematische Argumentieren findet in der Regel im Rahmen von Modellierungsprozessen statt (vgl. Kap. 2.1.). Es unterscheidet sich daher vom innermathematischen Argumentieren vor allem in seinem Verständnis von Schlüssigkeit. Eine Unterscheidung in „richtig" und „falsch" ist weder möglich noch wünschenswert. Der Rückgriff auf die vielgestaltige, komplexe, „schmutzige" Realität und damit die zu treffenden Annahmen und Vereinfachungen beim Übergang zur Mathematik führen zwingend zu einem Verlust an Eindeutigkeit. Es treten viele subjektive, normative Entscheidungen auf, die schlüssig begründet werden müssen. Solche Argumentationsprozesse können z. B. sein

- Vereinfachungen und Annahmen transparent darstellen,
- Entscheidungen mit Erkenntnisabsichten oder Machbarkeit begründen,
- Alternativen andeuten und willkürlich (aber rational) zu treffende Annahmen und Wahlen offen legen,
- Ergebnisse im Lichte der Modellannahmen interpretieren und ihre Gültigkeit darlegen,
- Ergebnisse auf außermathematische Gründe oder auf Modellannahmen zurückführen,
- Die Gültigkeit eines Modells begründen und seine Grenzen beschreiben,
- Modelle miteinander vergleichen und Vor- und Nachteile bewerten.

All diese Tätigkeiten können bei der Bearbeitung einer Aufgabe stattfinden, wenn diese hinreichend viele Spielräume lässt, also offen gegenüber unterschiedlichen Modellierungen ist. Dies verdeutlicht das folgende Beispiel für eine solche offene, Modellierungen anregende Aufgabe (LEUDERS 2005):

AB/Dynamisches AB

Die Firma Siebenkraut hat einen neuen Markt in Asien aufgetan. Bislang hatte die Firma nur innerhalb Europas Handelsbeziehungen. Durch persönliche Kontakte des Juniorchefs nach Japan eröffnen sich nun neue Märkte.

Siebenkraut beauftragt eine Überseespedition mit der Kalkulation des Sauerkrauttransportes. Das Sauerkraut soll in Weißblechdosen verpackt und auf genormten Europaletten (800 mm x 1200 mm) im Container verschifft werden. Der Leiter der Verpackungsabteilung gibt an, dass er zylinderförmige Dosen in beliebiger Größe in Auftrag geben kann.

Fertigen Sie für die Firma ein Gutachten an, aus dem hervorgeht:

- welche Stapelmöglichkeiten es für die Dosen auf der Europaletten gibt,
- welche Dosenformate möglich sind,
- wie Verpackungspreis und transportierbare Sauerkrautmenge vom Dosenformat abhängen und
- mit welchem Verpackungsgewicht und -volumen für den Containertransport zu rechnen ist.

Solche **Gutachtenaufgaben** lassen sich zu vielen Anwendungskontexten formulieren. Sie stoßen Argumentationsprozesse vor allem deshalb an, weil sie vielfältige Entscheidungen und deren schlüssige Begründung gegenüber einem fiktiven Auftraggeber verlangen. Die Sauerkrautaufgabe hat zudem noch den Vorzug, dass sie von Schülerinnen und Schülern auf unterschiedlichen Niveaus bearbeitet werden kann (sie ist „selbstdifferenzierend", vgl. Kap. 3.3) und dass durch sie mathematische Fähigkeiten aus einer Vielzahl von Bereichen integriert werden (sie fördert „vernetzendes Üben", vgl. Kap. 4.3).

Neben dem Argumentieren in schriftlicher Form können Schüler ihre Argumente auch in Form einer Präsentation vortragen und sich kritischen Rückfragen eines echten Gegenübers (anstelle eines fiktiven Auftraggebers) stellen. Hier zwei Plakate, die Schüler einer 11. Klasse für eine solche Präsentation erstellt haben:

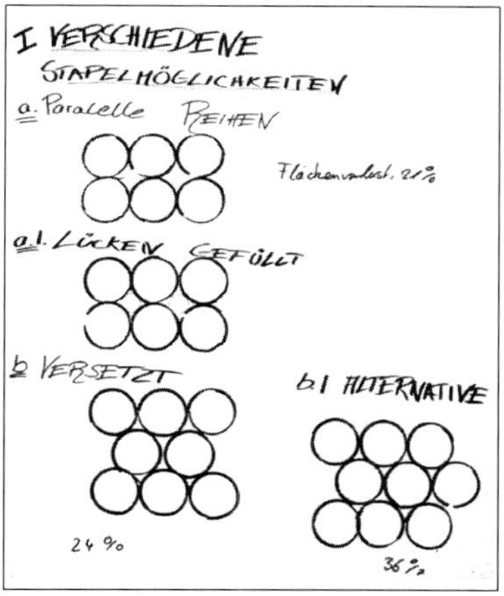

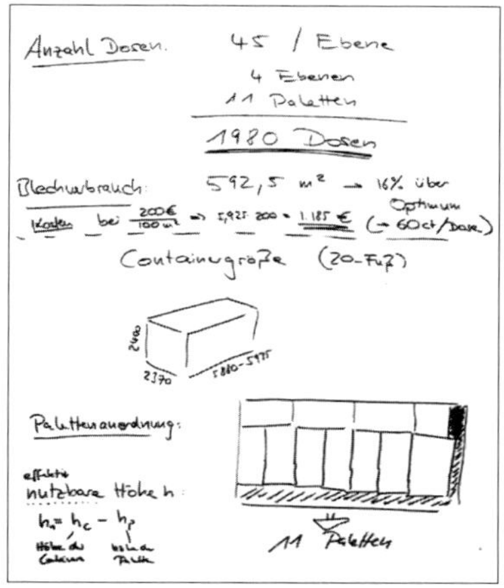

Probleme, die sich für eine solche Bearbeitung lohnen, sind u. a.:
Optimierungsprobleme in komplexen realistischen Situationen:

- Wie findet man den kürzesten Weg für einen Postboten? (Lutz-Westphal 2005)
- Wie verteilt man am besten den Werbeaufwand für eine Fußballweltmeisterschaft (Westphal 2008)
- Wie sieht eine (realistische) optimale Verpackung unter bestimmten Randbedingungen aus? (Böer 1993)
- Wie verteilt man Workshopteilnehmer auf möglichst wenige Termine? (Leuders 2005)
- Bei welcher Geschwindigkeit fließt der Verkehr auf einer Autobahn am besten? (Böer 1994)
- Wie muss man Objekte verteilen, um möglichst viele Stellen einzusehen? (z. B. Kameras im Museum, Satelliten im Orbit, vgl. Haubrock 2000, Roth-Sonnen 2005 a)
- Wie kann man mit beschränktem Material ein möglichst optimales Produkt anfertigen (tragfähige Brücke, flugfähiges Papierflugzeug)?

Normative Modelle (vgl. vor allem Kap. 4.1, S. 129)

- Wie bewertet man eine zusammengesetzte Leistung gerecht (z. B. Skispringen, Bogenschießen, Mehrkampf, …)
- Welche Einkommensteuerprogression ist vernünftig? (Böer 2004)

Viele weitere Beispiele für Modellierungsaufgaben, bei denen diese Form des Argumentierens in den Vordergrund rückt, finden sich bei den niederländischen „A-lympiade"-Aufgaben (LfS 2005).

Die hier vorgestellten umfangreichen und offenen Modellierungsaufgaben verlangen vielfache und mitunter komplexe Argumentationen. Daneben lassen sich aber auch besser überschaubare, kleinere Aufgaben erstellen, bei denen lediglich einzelne und beschränkte Argumentationen eingefordert werden. Damit lassen sich Kompetenzen des Argumentierens in außermathematischen Situationen auch in weniger offenen Aufgabenformaten überprüfen. Um solche Aufgaben zu erstellen, kann man sich bei einem Anwendungskontext auf einzelne Modellierungsaspekte, wie etwa das Vereinfachen, Interpretieren oder Validieren, konzentrieren. Beispiele für solche „Modellierungsargumentationen im Kleinen" stellen die Teilaufgaben in Kap. 2.1, S. 24 (Kasten I), dar.

Was ist innermathematisches Argumentieren?

Das Argumentieren in innermathematischen Situationen ist ein, wenn nicht gar das charakteristische Merkmal der Mathematik als Wissenschaft. Es stellt damit fraglos einen wesentlichen allgemeinbildenden Aspekt des Mathematikunterrichts dar (Hanna 1997). Die für die Mathematik wohl charakteristischste Form des Argumentierens ist das *Führen von Beweisen*. Die Diskussion um die Bedeutung des Beweisens im Mathematikunterricht leidet allerdings darunter, dass als Beweis oft nur ein streng formal geführtes Argumentieren angesehen wird. Gerade solche, meist symbolisch notierten, anschauungsfernen Begründungsformen haben aber den Nachteil, dass sie dem Verstehen nur wenig zu träglich sind. Tatsächlich ist das Spektrum der Begründungsformen in der Mathematik und im Mathematikunterricht viel weiter (Hefendehl/Hußmann 2003, Beckmann 1997). Aus diesem Grunde verwenden wir an dieser Stelle die Bezeichnung Begründung anstelle von Beweis, wohl wissend, dass beides eigentlich dasselbe bezeichnet, nämlich eine schlüssige Argumentation.

Neben der symbolischen gibt es eine Vielzahl anderer Formen der Begründung, die man oft in Abgrenzung von formalen Begründungen als „inhaltlichanschauliche Begründungen" bezeichnet findet (Müller/Wittmann 1988). Die folgende Übersicht zeigt am Beispiel eines einfachen arithmetischen Sachverhalts, wie unterschiedlich schlüssige Begründungen aussehen können.

Zeige, dass die Summe von drei aufeinander folgenden Zahlen immer durch drei teilbar ist.

Symbolische Begründung	„Induktive“ Begründung
$n + (n + 1) + (n + 2) = 3 \cdot n + 3 = 3 \cdot (n + 1)$	Wenn ich zu allen drei Zahlen eins dazu zähle, wird das Ergebnis um drei größer und $0 + 1 + 2 = 3$ ist durch drei teilbar.
Verbale Begründung	**Zeichnerische Begründung**
Wenn man die erste Zahl durch drei teilt, bleibt z. B. ein Rest 1. Für die nächsten Zahlen ist der Rest dann 2 und 0. Also kommt insgesamt immer der Rest 0, 1 und 2 zusammen. Zusammen ist das 3 und beim Teilen durch 3 bleibt nichts übrig.	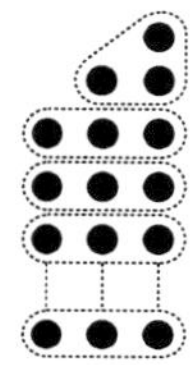
Operative Begründung	**Kontextbegründung**
Wenn man von der größten Zahl eins wegnimmt und der kleinsten gibt, haben alle drei gleich viel. Dann ist die Gesamtzahl schon durch drei geteilt.	Drei Brüder sind jeweils ein Jahr auseinander geboren und feiern zusammen Geburtstag. Steckt man eine Kerze vom Kuchen des ältesten auf den Kuchen des jüngsten, sind die Kerzen auf die drei Kuchen gleich verteilt.

Die dargestellten Begründungstypen sind nur unscharf definierte Kategorien, die zudem überlappen können: In diesem Beispiel sind die operative, die „induktive“ und die Kontextbegründung verbal wiedergegeben, sie könnten aber ebenso ikonisch oder symbolisch dargestellt werden.

Von der informellen, wenig strengen Erscheinungsweise der nicht-symbolischen Begründungsformen darf nicht zurückgeschlossen werden auf einen geringeren Grad an Gültigkeit. Im Gegenteil: In solchen inhaltlichen Begründungen findet sich oft der Kerngedanke eines strengeren Beweises und dieser kann nach Belieben in eine strengere oder formalere Form gebracht werden. Die hier wiedergegebene (noch unvollständige) induktive Begründung enthält beispielsweise den Grundgedanken einer formalen vollständigen Induktion. Aus diesem Grunde werden solche Begründungen auch „präformale Beweise“ (Blum/Kirsch 1992) genannt.

Inhaltliche Begründungen haben oft ein höheres Maß an globaler Schlüssigkeit, während formal-deduktive Begründungen auf die lokale Schlüssigkeit, d. h. die Korrektheit jedes einzelnen Ableitungsschrittes achten. Die Professionalität von Mathematikern besteht nicht darin, auf inhaltliche Argumente zu verzichten, sondern nach Bedarf die Argumente auch in symbolische Form bringen und einer formalen Prüfung unterziehen zu können. Um auch im Mathematikunterricht eine differenzierte Begründungskultur aufzubauen, sollte den inhaltlichen Begründungsformen ein breiter Raum gegeben werden. Sie müssen im Unterricht eine hohe Wertschätzung erfahren und in Aufgaben regelmäßig angeregt, eingefordert und honoriert werden. Im Folgenden wird an Beispielen veranschaulicht, wie man solche Aufgaben konstruieren kann.

Verbale Begründungen

Der wohl einfachste Weg, verbale Begründungen einzufordern, ist das Ergänzen einer Aufgabe um eine **Begründungsaufforderung**: „Warum ist das so?", „Warum geht das so?" Eine solche Frage ist natürlich nicht immer sinnvoll. Das probeweise Anhängen einer Begründungsaufforderung an eine Aufgabenstellung verrät jedoch viel über deren Qualität. Sicherlich soll es auch Aufgabenstellungen geben, die nur die Ausführung eines Verfahrens erfordern. Wenn sie aber im Unterricht nicht um Aufgaben ergänzt werden, bei denen Schülerinnen und Schüler auch die Wahl oder das Funktionieren des Verfahrens begründen müssen, so ist dies ein Indiz dafür, dass kein Wert auf das Verstehen des Verfahrens gelegt wird.

Begründungsaufforderungen eignen sich (unter anderem) bei solchen Aufgaben, bei denen es um eines der folgenden Ziele geht:

- Entscheidung für ein Ergebnis/Verfahren aus mehreren Möglichkeiten
- Bestimmung eines Optimums
- Aufstellen einer Vermutung, Behauptung ihrer Allgemeingültigkeit
- Frage nach der Existenz einer Eigenschaft/eines Beispiels
- Finden aller Repräsentanten einer Klasse (Vollständigkeit).

Die Bedeutung von Begründungsaufforderungen ist zunächst nicht an den inhaltlichen Anspruch gebunden. Auch bei ganz elementaren, z. B. arithmetischen Problemen, können und sollen Begründungsaufforderungen gegeben werden, denn sie erhöhen das Reflexionsniveau einer Aufgabe. Das zeigt das folgende Beispiel:

AB/Dynamisches AB

Schreibe eine Subtraktionsaufgabe und benutze die Ziffern 1, 2, 3, 4, 5, 6 jeweils genau einmal.

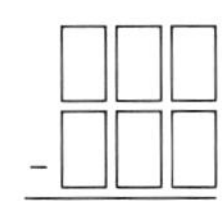

a) Wie lautet das größte Ergebnis, das du so erreichen kannst? Warum ist es das Größte?

b) Wie lautet das kleinste Ergebnis, das du so erreichen kannst? Warum ist es das Kleinste?

Bei dieser Aufgabe können schon Grundschüler verbale Begründungen abgeben: „Oben braucht man eine möglichst große Zahl und unten möchte man eine möglichst kleine Zahl abziehen" und „eine 6 vorne ist mehr wert, als wenn sie weiter hinten steht." Eine symbolische Begründung wäre ungleich schwieriger und trägt wenig zum Verstehen bei. Wie sähe eine operative oder eine ikonische Begründung wohl aus?

Auch die Kerzenaufgabe (Kap. 2.1, S. 18) ist ein Beispiel, das im Wesentlichen verbal zu lösen ist: „Die lange Kerze brennt 2 cm pro Stunde schneller ab als die kurze. Sie hat einen Vorsprung von 26 cm. Der ist nach 13 Stunden aufgebraucht, die Kerze ist aber schon nach 12 Stunden heruntergebrannt."

Zeichnerische Begründungen

Diese Begründungsform wird zuweilen und je nach fachlichem Kontext auch als **ikonische, diagrammatische oder grafische** bezeichnet. Bei Aufgaben, bei denen sie möglich ist, sollte man sie immer wieder auch explizit einfordern. Hier einige Beispiele:

- **aus der Arithmetik**

> Das Quadrat einer ungeraden Zahl ist immer ungerade.
>
> Begründe durch eine Zeichnung.

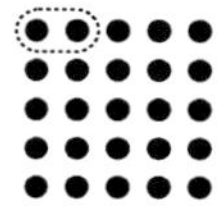

Diese Aufgabe kann z. B. durch geeignetes Bündeln von Paaren gelöst werden. Weitere Beispiele findet man u. a. bei Wittmann 1988 und Wittmann/Ziegenbalg 2004.

- **aus dem Bereich der funktionalen Zusammenhänge** (bis hin zur Analysis)

> Kevins Eltern möchten mit ihm einen Ausflug zu einer Burgruine unternehmen. Die Ruine liegt ca. 30 km von ihrem Haus entfernt, die letzten 5 km kann man nur zu Fuß oder mit dem Rad zurücklegen. Kevins Eltern möchten mit dem Auto fahren und den Rest wandern, Kevin mit dem Fahrrad fahren.
>
> Kann er eher dort sein?
> Begründe durch eine Zeichnung.

Diese Aufgabe gehört zu dem wohlbekannten Typus der Bewegungsaufgaben, setzt sich aber von den klassischen Varianten in zweierlei Hinsicht ab:

Erstens sind nicht alle Daten, wie z. B. die Geschwindigkeiten vorgegeben. Es können und müssen plausible Modellannahmen gemacht werden. Zum Zweiten geht es nicht um das Berechnen einer eindeutig lösbaren Problemaufgabe, sondern um das Verstehen eines zusammengesetzten Bewegungsvorgangs. Dieser Aspekt rückt durch die Begründungsaufforderung und die zeichnerische Exploration ins Zentrum. Eine numerische und symbolische Exploration der Geschwindigkeitsverhältnisse, die die gefragte Situation ermöglichen, kann sich danach anschließen.

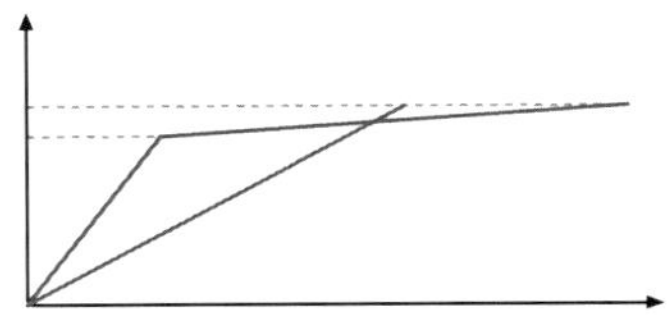

Einer der wesentlichen Vorzüge des ikonischen Argumentierens ist die visuelle Darstellungsform, die dem Augentier Mensch entgegenkommt. Der Zusammenhang wird oft unmittelbar „augenscheinlich", er „springt ins Auge". Ikonische Begründungen haben aber auch einen Nachteil: Jede Zeichnung stellt zunächst einen konkreten Einzelfall dar. Der durch die Zeichnung belegte Zusammenhang könnte bei der Wahl einer etwas anderen Zeichnungsvariante schon in sich zusammenfallen, der „Schein kann trügen". Daher ist es wesentlich, dass Schüler (über viele Jahre hinweg) lernen, jede Zeichnung skeptisch darauf zu prüfen, ob sie wirklich den generischen Fall darstellt oder nur einen Spezialfall.

Operative und „induktive" Begründungen

Operationen sind – vereinfacht gesagt – sukzessive verinnerlichte Handlungen (mehr dazu in Kap. 4.3). Wer operativ argumentiert, beschreibt mentale Operationen, mit denen man von einem Ausgangszustand zu einem gesuchten Zielzustand gelangt. Weniger abstrakt ausgedrückt lautet die operative Argumentationsfigur: „Wenn man das so macht, dann ...". Operative Begründungen greifen meist auf verbale Beschreibungen oder ikonische Darstellungen von Handlungen zurück und sind daher von diesen Begründungskategorien nicht scharf zu trennen. Operative Begründungen findet man z. B.

- **in der Arithmetik**

> Wähle eine dreistellige Zahl aus drei verschiedenen Ziffern. Erzeuge eine andere Zahl, indem du die Ziffernreihenfolge umdrehst. Dann ziehe die kleine von der großen Zahl ab.
>
> Welche Ergebnisse kommen heraus, wenn man dies mit verschiedenen Ausgangszahlen macht? Beschreibe den Vorgang mit Legeplättchen in der Stellenwerttafel und begründe das Ergebnis.

In dieser Aufgabe wird die operative Erkundung des Prozesses vorgeschrieben. Dadurch wird die Entdeckung einer operativen Begründung erleichtert: Das Umdrehen der Zahl entspricht dem Verlegen von Plättchen aus dem Hunderter- ins Einerfeld, wobei sich der Wert der Zahl für jedes Plättchen um 99 vermindert.

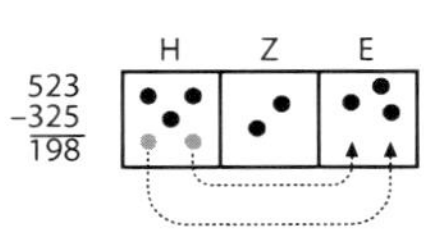

■ in der Geometrie

Typische Argumente mit operativem Charakter sind hier abbildungsgeometrische („Wenn man … spiegelt, dann … “) oder Zerlegungsargumente („Wenn man beim Parallelogramm rechts ein Dreieck abtrennt und links anfügt, …“). Operative Argumente arbeiten manchmal mit der Feststellung einer Invarianz, wie z. B. der Invarianz der Fläche oder des Volumens bei Scherung. Hier ein Beispiel, das zeigt, wie einfach und einsichtsvermittelnd operative Argumente sind. Eine symbolische Ermittlung der Ellipsenfläche mittels Integralrechnung wäre ungleich komplexer und kaum verständnisfördernd.

Der Flächeninhalt des Quadrates beträgt $4 \cdot a \cdot a$.
Der Flächeninhalt des Kreises beträgt $\pi \cdot a \cdot a$.
Was ändert sich, wenn man die Figur in die Breite zieht?

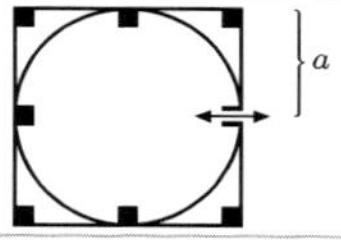

„Induktive“ Begründungen kann man als Spezialfall operativer Begründungen auffassen. Die mentale Handlung ist der Induktionsschritt. Das Attribut „induktiv“ ist hier in Anführungsstriche gesetzt, weil der Induktionsschritt nicht formal, sondern inhaltlich vollzogen wird. Anstelle einer formalen Überprüfung der Induktionsverankerung tritt die Überprüfung des Zusammenhangs an einigen einfachen Beispielen. Außerdem sollte der Begriff „induktiv“ hier nicht verwechselt werden mit dem des (unvollständigen) „induktiven Schließens“ als Schließen von Einzelfällen auf das Allgemeine.

Zu den wohl schönsten induktiven Begründungen, die Schüler finden und führen können, zählt der Beweis für die EULER'sche Polyederformel

(Eckenzahl – Kantenzahl + Flächenzahl = 2).

Wenn Schüler diesen Zusammenhang an einigen Beispielen induktiv entdeckt haben, kann die Aufgabe, die sie zum „induktiven“ Begründen anregt, lauten:

Finde eine Begründung für die EULER'sche Formel, indem du eine Landkarte nimmst, Kanten hinzufügst und beobachtest, was passiert.

In den seltensten Fällen ist das operative Argumentieren die einzig mögliche Begründungsform. Oft liegen gleichzeitig andere Ansätze nahe, verschiedene Schüler bevorzugen häufig unterschiedliche Sichtweisen. Es ist daher im Einzelfall immer zu prüfen, ob das operative oder induktive Begründen explizit eingefordert werden sollte.

Kontextbegründungen

Diese Form von Begründungen basiert noch stärker als die vorhergehenden auf einer inhaltlich-anschaulichen Sicht auf die Dinge. Das Grundprinzip von Kontextbegründungen lautet:

> Wenn du eine Aussage hast, die du begründen sollst, so frage dich:
> *„Was bedeuten die einzelnen Teile in der Aussage?*
> *Wie kann man sie sich vorstellen? Wie kann man sie anschaulich darstellen?"*

Wenn man diese Fragen beantworten kann, so lässt sich meist auch die Aussage als konkrete Situation vorstellen und bekommt eine verständliche Bedeutung. Mitunter wird dabei auch schon eine Lösung des Problems oder eine Begründung gefunden.

BIERMANN/BLUM (2002) nennen solche Begründungsprozesse „realitätsbezogene Beweise" und zeigen auf, dass man hier den üblichen Weg des Modellierens (vgl. Kap. 2.1) auf eine ungewöhnliche Weise durchschreitet: Man geht hier nicht von der Realität aus, sondern von einem mathematischen Problem und überträgt dieses in eine anschauliche Realsituation. Dann nutzt man die in der Realität offenbar werdenden Zusammenhänge für die Lösung oder Begründung des innermathematischen Problems.

Man kann Schülerinnen und Schüler in Aufgaben zu diesem „Begründen durch Veranschaulichen" anregen, indem man fragt: „Was kannst du dir bei dieser Aufgabe vorstellen?", oder auffordert: „Begründe anschaulich ...".

Begründe anschaulich, warum $\binom{n}{m} = \binom{n}{n-m}$.

In diesem Beispiel kann man sich vorstellen, m Objekte aus n verschiedenen auszuwählen, dann bleiben $n - m$ übrig. Also geht das auf genauso viele Möglichkeiten, wie $n - m$ auszuwählen und dann beiseite zu legen.

Auch geometrische Veranschaulichungen für algebraische Zusammenhänge gehören in diese Kategorie.

Welcher der beiden Terme ist größer: $a + b$ oder $\sqrt{a^2 + b^2}$? Begründe anschaulich.

Anstelle einer algebraischen Umformung, die letztlich zwar den vermuteten Zusammenhang nachweisen kann, aber nicht klärt, warum er gilt, gibt die Interpretation der Terme als Seiten im rechtwinkligen Dreieck sofort Einsicht in die Zusammenhänge. Der „Kontext", der die algebraische Aussage interpretiert, ist hier also kein realistischer, sondern ein geometrischer. Kontextbegründung und zeichnerische Begründung fallen hier zusammen.

Gründe für das innermathematische Argumentieren

Das Begründen einer mathematischen Aussage kann das Ziel haben, **sich einer Sache zu vergewissern**, seine Vermutungen und Annahmen abzusichern. Den Prozess mathematischen Erkenntnisgewinns kann man sich „grob vereinfachend" vorstellen als das immer abwechselnde Generieren von Aussagen (Vermutung) und das Validieren derselben (Beweisen). Die Stärke eines Begründungsbedürfnisses steht dabei im Zusammenhang mit der Evidenz einer Aussage und der skeptischen Grundhaltung des Einzelnen. Der Aufbau einer angemessenen Begründungshaltung ist vor allem Sache der Unterrichtskultur, kann aber auch durch Aufgaben, wie z. B. durch die beiden folgenden Typen, beeinflusst werden:

- **Aufgaben, bei denen man sich vergewissern muss, ob man fertig ist**

> Wenn es Lollis für 10 Cent, 20 Cent und 25 Cent das Stück gibt, wie viele verschiedene Möglichkeiten gibt es, 1 Euro auszugeben? Begründe, warum du sicher bist, alle Möglichkeiten gefunden zu haben.

- **Aufgaben, die explizit einen Fehler, eine Verunsicherung, einen Widerspruch enthalten**

Um solche Aufgaben zu erstellen, kann man sich gängiger Fehlvorstellungen bedienen und versuchen, diese in plausible Darstellungen einzubauen.

> Peter hat bei den letzten 5 Würfen kein einziges Mal eine Sechs gewürfelt.
>
> Jürgen meint: Bei einem Wurf ist die Chance für eine 6 gleich $\frac{1}{6}$, bei 5 Würfen $\frac{5}{6}$, das sind über 80 %. Der Würfel ist gezinkt!
>
> Maria sagt: Das ist aber sehr unwahrscheinlich, und rechnet vor: Die Wahrscheinlichkeit für „keine Sechs" bei einem Wurf ist $\frac{5}{6}$. Bei 6 Würfen ist sie schon $\left(\frac{5}{6}\right)^6 = 40{,}2\,\%$. Also hast du jetzt eine Chance von ca. 60 % auf eine Sechs.
>
> Was denkst du über die Argumente der beiden?

Auch die Berechnung der Winkelsumme eines Fünfecks aus der Einführung (S. 8 ff.) erzeugt eine solche **produktive Verunsicherung**. Eine ganze Sammlung von „Fehler-Beschwörern" hat FURDEK (2002) angelegt und für den Unterricht nutzbringend kommentiert. Solche Aufgaben schärfen den Blick für fehlerhafte Argumentationen, „auch für eigene Fehler" und können dazu beitragen, Übergeneralisierungen zu vermeiden, indem sie die beschränkte Geltung von Begriffen und Verfahren aufzeigen (vgl. Kap. 2.4).

Die voranstehenden Aufgaben sollten darlegen, dass es in Aufgaben durchaus Anlässe für Schüler gibt, sich selbst zu vergewissern. Im Unterricht sieht ein typischer Selbstvergewisserungsansatz wohl so aus: Ein Zusammenhang ist entdeckt, eine Vermutung ist gefunden und nun stellt der Lehrer die Frage: „Ist das immer richtig?“. Dieser Vergewisserungsauftrag entspricht oft nicht dem Selbstvergewisserungs**bedürfnis** der Schüler: Wieso muss der Satz über die Winkelsumme im Dreieck oder der Satz des Thales noch begründet werden, wenn er über viele Beispiele bereits belegt wurde und jede unvermutete Abweichung eher unplausibel erscheint? Diese Situation tritt bei der Verwendung von vermutungsgenerierender Dynamische-Geometrie-Software sogar noch verschärft auf: Die Rechtwinkligkeit des Thaleswinkels ist nun nicht nur durch Einzelbeispiele, sondern vermeintlich unendlich viele bzw. sogar alle Fälle belegt. Winter (1983) warnt vor dem Versuch, Schülerinnen und Schülern in solchen Situationen ein Begründungsbedürfnis „aufzwingen“ zu wollen, und rät dazu, einen anderen Aspekt des Beweisens, einen anderen Grund für das Begründen im Unterricht in den Vordergrund zu stellen.

Ein vielleicht bedeutsamerer Grund für das Argumentieren ist, **einen Zusammenhang besser zu verstehen** (vgl. Hanna 1989). Aufgaben fragen dann also nicht „Ist das wahr oder falsch?“ sondern „Warum ist das so?“. Man kann versuchen, bei Aufgabenformulierungen diesen Aspekt deutlicher hervorzukehren. Hier ein Beispiel aus einem Schulbuch:

a) Aus einer quadratischen Platte mit der Seitenlänge a wird eine Kreisscheibe wie in Fig. 3 herausgeschnitten. Wie viel Prozent beträgt der Abfall?

b) Aus einer quadratischen Platte werden wie in Fig. 4 vier (neun, n^2) gleich große Kreisscheiben herausgeschnitten. Wie viel Prozent beträgt der Abfall? Was fällt auf?

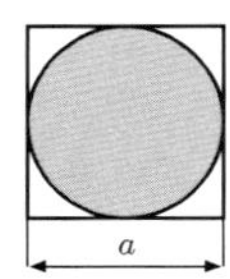

Fig. 3

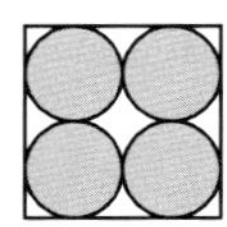
Fig. 4

Aus: Lambacher/Schweizer, Gymnasium, NRW, 10. Klasse, 2000, S. 93

In dieser Aufgabe werden den Schülerinnen und Schülern durch die Aufgabenstellung die Möglichkeiten zur Entdeckung und zur Begründung geradezu vorenthalten. Sie sollen lediglich ein zuvor eingeführtes Berechnungsverfahren (Bestimmung der Kreisfläche) mehrfach durchführen und die numerischen Ergebnisse als gleich feststellen.

Mit den gleichen Figuren als Ausgangspunkt und einer veränderten Aufgabenstellung können die Schülerinnen und Schüler eine Begründung für die Gleichheit der Abfallanteile in beiden Figuren suchen und dabei den Sachverhalt der Ähnlichkeitsinvarianz von Flächenverhältnissen anwenden oder entdecken.

Begründe, warum in den beiden abgebildeten Quadraten die weißen Flächenanteile gleich groß sind!

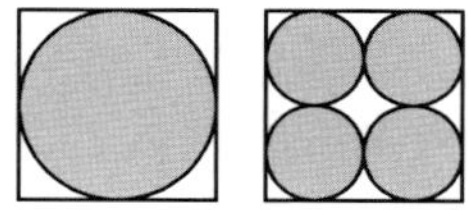

Eine weitere Öffnung und Kontextualisierung dieser Aufgabe stellt die oben vorgestellte Sauerkrautaufgabe dar (vgl. S. 48).

Alle im ersten Teil beschriebenen inhaltlichen Beweise sind solche Begründungen, die dem Prinzip folgen: „Erklären ist Begründen, um zu verstehen."

Ein dritter Grund für das Begründen trägt schließlich der Tatsache Rechnung, dass Erkenntnisgewinn in der Mathematik auch auf sozialen Aushandlungsprozessen beruht. Das Bild des Mathematikers, der sich auf den Dachboden zurückzieht und dort Vermutungen aufstellt und beweist, ist populär, aber trifft die Sache nicht ganz. Wie sich mathematische Erkenntnisse entwickeln und durchsetzen, hängt auch davon ab, dass und wie Mathematiker untereinander kommunizieren und einander überzeugen (Heinz 2000).

Begründungen haben also auch einen kommunikativen Zweck, nämlich **andere zu überzeugen**. Diese Funktion entfaltet sich am besten im Unterricht, sie kann aber bereits in den Aufgabenstellungen ins Auge gefasst werden. Hier ein besonderer, für den Mathematikunterricht eher ungewöhnlicher Aufgabentyp (nach Lambacher/Schweizer, Gymnasium, 5. Klasse, NRW, 2005).

Eine Diskussion über das Runden

„Mir ist beim Runden etwas aufgefallen, was ich nicht verstehe."

„Erzähl doch."

„Ich sollte 847 auf Hunderter runden und … "

„Ist doch ganz einfach: Das gibt 800."

„Stimmt. Aber pass auf: Ich habe aus Versehen zuerst auf Zehner gerundet, das gibt 850. Dann habe ich diese Zahl auf Hunderter gerundet, das gibt 900. Was sagst du nun?"

„Eigenartig. Ich probiere mal mit einer anderen Zahl, zum Beispiel 837. Auf Hunderter gerundet gibt das 800. Wenn man zuerst auf Zehner rundet, kommt man auf 840 und dann beim Runden auf Hunderter auf 800. Hier stimmen die Ergebnisse überein."

„Aber welches Ergebnis nehme ich, wenn sie nicht übereinstimmen?"

Wie könnte die Diskussion weitergehen? Schreibt einen Vorschlag für die Fortführung des Dialogs auf und führt ihn vor der Klasse auf.

Solche Dialogaufgaben lassen sich zu vielen Themen konstruieren. Sie haben den Vorzug, dass Schülerinnen und Schülern der Einstieg in eine Problemsituation erleichtert wird, dass alle Schüler einer Klasse zugleich angeregt werden, eine Argumentation zu führen, dass Schüler durch die Verschriftlichung über die Schlüssigkeit ihrer Argumentationslinien nachdenken und schließlich, dass beim Zusammentragen unterschiedliche Argumentationen für einen Vergleich und eine Bewertung zur Verfügung stehen.

Nachtrag: Die Macht der Beispiele

Vor allem bei Erkundungsaufgaben (vgl. Kap. 4.1) treten Argumentationsprozesse auf, die bisher noch nicht zur Sprache kamen:

Vermutungen auf konkrete Beispiele gründen: Die Einsicht in allgemeine Zusammenhänge beginnt meistens mit der Erkundung einiger Beispiele. Solche Beispiele können dann zur Konstruktion einer generischen Situation dienen, wie etwa die konkreten quadratischen Punktfiguren, an denen man die Ungeradheit der Quadrate ungerader Zahlen überprüft (S. 53). Es kann aber auch sein, dass die Beispiele zwar eine Vermutung nahe legen, aber keine Einsicht dafür vermitteln, warum diese Vermutung richtig sein sollte. Die folgende Aufgabe zeigt die produktive Macht, die Beispiele in diesen Situationen entfalten können.

Nimm einmal an, die Zahl $\sqrt{2}$ wäre rational und man könnte sie als Bruch schreiben. Quadriere die Gleichung $\sqrt{2} = \frac{p}{q}$ und überlege an einem Beispiel für p und q, aus welchen und wie vielen Primzahlen Zähler und Nenner der rechten Seite bestehen. Versuche deine Beobachtung allgemein zu formulieren.

Wer hier bemängelt, dass diese Argumentation für die Irrationalität von $\sqrt{2}$ nicht allgemeingültig genug ist, sollte nicht übersehen, dass bei dieser Begründung Schülerinnen und Schüler mehr Einsicht in den Grund für die Irrationalität bekommen als bei Euklids wohlbekanntem, aber logisch verschachtelten Widerspruchsbeweis.

Gegenbeispiele geben: In einer Begründungssituation kann es in jedem Fall hilfreich sein, sich auf die Suche nach Gegenbeispielen zu machen. Findet man ein Gegenbeispiel, so ist die Arbeit nämlich nicht beendet, sondern man kann sich die Frage stellen, wie man die Vermutung vielleicht verändern und so retten kann. Findet man keines, so tun sich bei der vergeblichen Suche vielleicht Ideen auf, wie eine Begründung aussehen könnte.

Stimmt die folgende Aussage:
Eine Gleichung dritten Grades $x^3 + a \cdot x^2 + b \cdot x + c = 0$ hat immer entweder eine oder drei Lösungen?

Peter behauptet:
Ich kann zu vier Punkten immer einen Kreis zeichnen, der durch alle vier Punkte geht.

Die Argumentationsprozesse „Vermutungen auf Beispiele gründen“ und „Gegenbeispiele geben“ müssen von den zuvor beschriebenen Begründungsprozessen insofern abgesetzt werden, als sie zwar die Qualität von Vermutungen verändern, aber nicht mit deren schlüssiger Begründung gleichsetzen. Schüler, die mit diesen Begründungsstrategien arbeiten, müssen wissen bzw. lernen:

- Beispiele geben Hinweise auf mögliche Vermutungen, sie können diese aber nicht allgemein begründen.
- Auch wenn ein Beispiel die Plausibilität erhöht, so fehlt immer noch eine schlüssige Begründung, dass die Vermutung allgemein gilt.
- Ein Gegenbeispiel reicht aus, um zu zeigen, dass eine Vermutung falsch ist. Nur weil man nach langer Suche noch kein Gegenbeispiel finden kann, muss die Vermutung nicht richtig sein. Es sei denn, man kann schlüssig begründen, dass es keine Gegenbeispiele geben kann!

Beispiele sind also der Nährboden für Vermutungen und die anschaulichen Anker für allgemeine mathematische Erkenntnisse. Das Arbeiten mit Beispielen sollte man hoch schätzen und konsequent bei Argumentationsaufgaben nutzen.

2.4 Begriffe bilden

Was ist Begriffsbilden?

Die in den voranstehenden Kapiteln beschriebenen mathematischen Prozesse „Modellieren“, „Argumentieren“ und „Problemlösen“ benennen spezifische mathematische Tätigkeiten. In diesem Kapitel tritt nun ein vierter Prozess hinzu, der als der umfassenste angesehen werden kann: das Begriffsbilden. In der Mathematik als Wissenschaft steht das Begriffsbilden für den Erkenntnisgewinn schlechthin, in der Schule kann man den individuellen Erwerb mathematischer Begriffe als Synonym für das Lernen auffassen. Problemlösen, Argumentieren und Modellieren besteht dann einerseits aus der Anwendung von Begriffen und mündet andererseits wieder in neue Begriffsbildungen.

Große Verwirrung in Diskussionen über die Rolle von Begriffen beim Mathematiklernen stiftet die Tatsache, dass das Wort „Begriff“ in unterschiedlichen Bedeutungen verwendet wird. Die Grafik deutet an, dass der Begriff „Begriff“ eine große Vielzahl von Aspekten enthält.

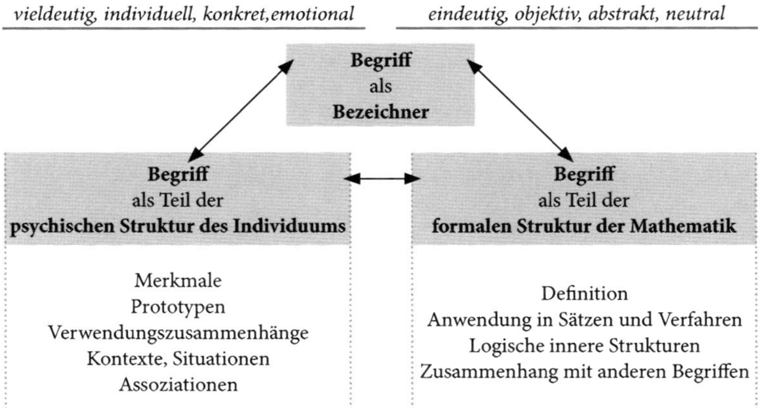

Begriff als Bezeichner

„Bei den Rechenoperationen lege ich viel Wert auf die Verwendung der richtigen Begriffe." Mit dieser Aussage ist offensichtlich gemeint, dass die fachsprachlich festgelegten Bezeichner „Addition", „Subtraktion" und nicht etwa „Plusrechnen" oder „Abziehen" usw. verwendet werden sollen. Mit „Begriff" ist hier also „Name" oder „Wort" gemeint, d. h. der konventionelle Bezeichner. Solche Bezeichner sind zunächst einmal willkürlich, sie haben keine physische Ähnlichkeit mit dem, was sie bezeichnen, ihre Nennung lässt keine sicheren Rückschlüsse darauf zu, ob das, was der Verwender meint und der Zuhörer oder Leser versteht, dasselbe ist.

Wenn man im Unterricht einen „Begriff einführt", dann kann man also rechterdings nur meinen, dass man den „Bezeichner nennt", das „konventionelle Zeichen in den Klassenraum trägt".

Bei der Konstruktion einer Aufgabe zur Leistungsüberprüfung muss man immer fragen, ob Schüler eine Leistung nicht schon durch die schiere Namensnennung erbringen, wie z. B. hier:

Mit welchem Verfahren würdest du die Größe des Baums bestimmen?

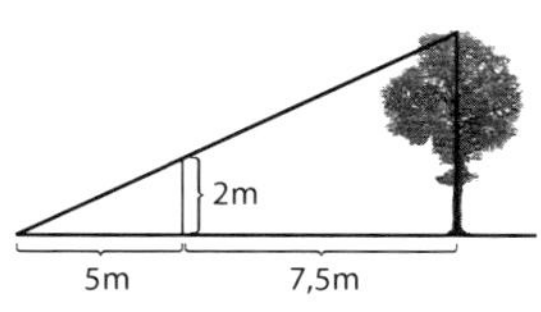

Schüler, die die Aufgabe mit dem Wort „Strahlensatz“ beantworten, zeigen, dass sie gelernt haben, das Wort mit Situationen wie der vorgelegten zu assoziieren. Solches deklaratives Wissen kann man auswendig lernen und durch häufige Wiederholungen einschleifen. Das regelgemäße Beherrschen von Worten und Symbolen bedeutet jedoch nicht, dass Schüler die Bedeutung ihrer Äußerungen oder Tätigkeiten verstehen.

■ **Begriff als Teil der formalen Struktur in der Mathematik**

Oft wird der Begriff „mathematischer Begriff“ mit „Definition“ gleichgesetzt. In einer Definition wird ein Begriff in Beziehung zu anderen Begriffen gesetzt und zugleich von wieder anderen Begriffen durch gewisse Merkmale abgegrenzt (lat.: „*definere*“). In Mathematikbüchern (auch in Schulbüchern) treten uns Definitionen in einer streng kodifizierten Sprache entgegen. Sie erwecken dabei den Eindruck, als wären sie Dinge, die außerhalb von uns existieren und von uns nur entdeckt, untersucht und abgegrenzt werden müssen. Bei dieser Sicht kommen andere Aspekte mathematischer Definitionen zu kurz:

- Mathematische Begriffe sind immer auch das, was man mit ihnen macht.
- Die formale Definition ist der Endpunkt, das Produkt von mitunter weit verzweigten Begriffsbildungsprozessen und nicht naturnotwendige Wahrheit.

Am Entstehen mathematischer Begriffe sind nämlich Personen beteiligt, und hier tritt eine dritte Bedeutung von „Begriff“ auf den Plan, die wohl für das Lernen wichtigste:

■ **Begriff als Teil der psychischen Struktur des Individuums**

Nun könnte man der Auffassung sein, beim Begriffserwerb gehe es darum, mathematische Begriffe (in der zuvor beschriebenen Bedeutung) gleich einer Substanz auf den Lernenden zu übertragen. Ein solches naives Verständnis vom Begriffslernen ist nicht selten anzutreffen. Begriffserwerb ist jedoch ein zutiefst individueller, aktiver und konstruktiver Prozess. Um einen Begriff muss gerungen werden, ein Begriff ist untrennbar verbunden mit individuellen Erfahrungen und Vorstellungen, mit einem Begriff muss gearbeitet werden, ein Begriff muss mit anderen vernetzt werden. Begriffserwerb ist aber auch ein sozialer Prozess. Begriffe müssen kommuniziert werden und, um kommunizierbar zu sein, miteinander abgeglichen und ausgehandelt werden. Die objektiven Begriffe der Mathematik kann man als Produkte dieses Aushandlungsprozesses auffassen, ihren objektiven Charakter verdanken sie der bei diesem Prozess errungenen Intersubjektivität.

Das Ergebnis, der Begriff, den ein Individuum gebildet hat, kann viele Gestalten haben. Ein Begriff ist

- eingebunden in ein mentales Netz von Begriffen und Vorstellungen,
- alles, was man mit ihm machen kann,
- manchmal repräsentiert durch einen Prototyp, ein typisches Beispiel,
- verbunden mit Erlebnissen, Situationen und Emotionen und
- umgeben von einer Wolke von Assoziationen.

Begriffsbildung sollte dementsprechend im Unterricht in der Auseinandersetzung mit reichhaltigen Situationen stattfinden, in Lernumgebungen, in denen der Einzelne Gelegenheit zum Erkunden und Ausprobieren, zum Vermuten und Überprüfen, zum Konstruieren, zum Anwenden und zum Erforschen der Konsequenzen hat. Solche Umgebungen werden in Kap. 4.1 vorgestellt. Die Rolle des Lehrers besteht darin, diese Prozesse zu moderieren und produktiv werden zu lassen und den Anschluss der individuellen Begriffsbildungen an die konventionellen Begriffe, die in der Mathematik bereits bestehen, zu gewährleisten. Im Umgang mit Begriffen im Mathematikunterricht gilt also ungebrochen das WINTER'sche Postulat (WINTER 1983):

> *„Begriffe müssen entdeckt, Definitionen nacherfunden werden."*

Der feine Unterschied, den Winter hier zwischen Definitionen und Begriffen macht, ist bemerkenswert: Begriffe scheinen für ihn einem platonischen Ideenreich anzugehören, sie existieren außerhalb der menschlichen Betrachtung und werden entdeckt. Definitionen sind für ihn hingegen offensichtlich Produkte menschlicher Denkarbeit, sie werden erfunden, und da Schüler hierin (in der Regel) nicht die ersten sind, werden sie nacherfunden. Diese Einstellung muss man keineswegs teilen: Aus konstruktivistischer Sichtweise sind alle mathematischen Begriffe Erfindungen des menschlichen Geistes. Diese Sicht auf das Mathematiklernen verleiht der Aktivität und den Ideen des einzelnen Lernenden eine höhere Würde und ist vielleicht die pädagogisch tragfähigere.

Die hier vorgestellte Dreiheit des Begriffs „Begriff" ist nicht als letztgültige Beschreibung der Dinge, wie sie sind, zu verstehen, sondern als analytisches und konstruktives Instrument. Als Ausgangspunkt für die unterrichtliche Behandlung eines Begriffs kann es hilfreich sein, die verschiedenen psychischen und mathematischen Aspekte in Form eines Struktogramms wie auf S. 62 zu sammeln, um auf diese Weise Entscheidungen für die Unterrichtsplanung und Aufgabenkonstruktion vorzubereiten.

Aufgaben für das Begriffsbilden

Das Begriffsbilden ist ein aspektreicher und vielstufiger Prozess (Winter 1983, Freudenthal 1976, Vollrath 1984, Lambert 2004). Er vollzieht sich von der Erkundung einer Situation, vom Entdecken und ersten begrifflichen Erfassen von Zusammenhängen, über das Strukturieren dieser Erfahrungsbereiche, bis hin zum Ausschärfen und Abgrenzen („Definieren") eines konkreten Begriffs. Danach ist die Begriffsbildung aber noch lange nicht abgeschlossen, sondern tritt in eine Phase des Anwendens und Vernetzens ein.

Im besten Falle vollziehen Schülerinnen und Schüler diese Prozesse selbstständig und nur unter moderierender Unterstützung des Lehrers. Hierfür benötigt man u. a. reichhaltige Probleme, die der Begriffsbildung den Weg bereiten. Man kann den Prozess des Begriffebildens aber auch in kleinere, für Lehrer und Schüler besser überschaubare Einheiten strukturieren, in denen Aufgaben die Rolle übernehmen, spezifische Teilprozesse des Begriffsbildens anzustoßen. Anhand solcher Aufgaben werden im Folgenden Phasen und Aspekte des Begriffsbildens vorgestellt.

Erfahrungen machen

Mathematische Begriffe, die aus Abstraktions- oder Klassifikationsprozessen entstehen, müssen auf den Nährboden konkreter Erfahrungen zurückgreifen. Geeignete Aufgaben müssen Schülerinnen und Schülern die Gelegenheit und den Anstoß geben, aktiv solche Erfahrungen zu machen und ihre Primärerfahrungen einzubringen. Solche „Erkundungsaufgaben" sollten somit u. a. folgende Kriterien erfüllen (Sie werden diesen Kriterien in allgemeinerer Form in Kap. 4.1 wieder begegnen):

- **Offenheit:** reichhaltige, divergierende Erfahrungen ermöglichen
- **Zugänglichkeit:** Vorerfahrungen einschließen
- **Herausforderung:** Anlass für selbstständiges Arbeiten bieten
- **Bedeutsamkeit:** den Boden für die Begriffsbildung bereiten

Das folgenden Beispiel skizziert einen Aufgabensatz (aus Platzgründen nur angedeutet), der Erfahrungen für den Begriff „Achsensymmetrie“ vorbereitet:

AB/Dynamisches AB

Nimm einen Taschenspiegel zur Hand und untersuche diese Bilder.

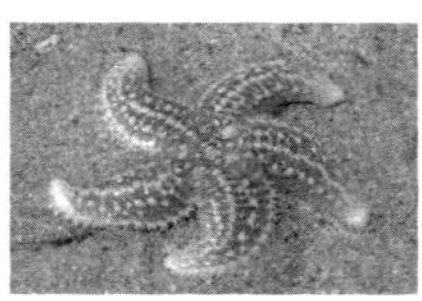

Untersuche die Buchstaben des Alphabets:

A B C D E F G H I J K L M N O P Q R S T U V W X Y Z

Aufgaben wie diese sorgen für die erfahrungsmäßige Grundlegung eines Begriffs und sind vor allem dann wichtig, wenn man davon ausgehen kann, dass nicht alle Schülerinnen und Schüler bereits ausreichende Primärerfahrungen gemacht haben.

Strukturieren

Bei vielen Erkundungen ergibt sich für die Schüler schon von selbst das Bedürfnis, die entdeckte Vielfalt – zumindest unbewusst – zu strukturieren. Die Aufgabenstellung kann hier durch konkrete Aufforderungen unterstützend wirken:

- Fertige eine Übersicht über deine Ergebnisse an.
- Stelle deine Ergebnisse übersichtlich dar, so dass du sie vor der Klasse präsentieren kannst.
- Wähle die besten Beispiele/typischen Beispiele aus.
- Sortiere deine Ergebnisse bzw. fasse sie in Gruppen zusammen.

Durch die strukturierte Darstellung ergibt sich eine erste Begriffsübersicht: Die Aufteilung der Objekte in Gruppen erfordert Entscheidungen und Argumentationen. Dabei werden vorhandene Begriffe versuchsweise auf die Situation angewendet und in ihrer Funktionalität getestet (z. B. „eckig", „rund", „stehend", „liegend" oder „quer"). Die Aufteilung in Gruppen ist bereits die Grundlage für einen neuen Begriff. Jede Gruppe umfasst eine Zahl von Objekten, die vielleicht einen neuen, sinnvollen Begriff, der noch keinen Namen besitzt, konstituieren. Diese Art der Begriffsbeschreibung durch den **Begriffsumfang**, d. h. durch den Umfang seiner Gültigkeit, nennt man auch **extensional**.

Die Wahl von prototypischen Vertretern, die besondere Merkmale der Gruppe tragen, ist ein weiterer Schritt in der Begriffsbildung. Es ist heute Konsens unter Psychologen, dass solche Prototypen eine wesentliche Rolle bei vielen kognitiven Prozessen spielen. Auch viele Mathematiker gestehen ein, dass sie über fundamentale Begriffe ihres Gebiets eher mittels typischer Beispiele als durch abstrakte Definitionen geistig verfügen.

Das Ergebnis des Strukturierens der obigen Spiegelexploration bei Buchstaben könnte z. B. sein:

> Ich habe drei Gruppen gebildet und gefragt: „Was passiert, wenn ich einen Buchstaben halbiere?"
> Buchstaben, die der Spiegel repariert: **A**
> Buchstaben, die der Spiegel zu anderen Buchstaben macht: **J → U**
> Buchstaben, die kaputtgehen: **S**

In dieser Klassifikation ist der dem Lehrer bekannte mathematische Begriff der Achsensymmetrie bereits angelegt, wenngleich nicht formal und allgemeingültig. Dafür ist sie aber das organische und authentische Ergebnis der Begriffsbildungsarbeit der Schülerin oder des Schülers und in jedem Fall anschlussfähig für weitere mathematische Begriffsschärfungen.

Die Phasen der Erfahrung und Strukturierung hängen eng miteinander zusammen, weshalb es nicht immer möglich oder sinnvoll ist, sie künstlich zu trennen. Zudem sollen Schülerinnen und Schüler sukzessive lernen, solche Strukturierungen aus eigenem Antrieb vorzunehmen.

Das folgende zweite Beispiel für eine Begriffsbildungsaufgabe „Differenzierbarkeit“ soll zeigen, dass die beschriebene Form der Begriffsbildung auch mit abstrakten, nicht der unmittelbaren Anschauung entstammenden Objekten vollzogen werden kann.

Bei den folgenden Funktionen soll an der markierten Stelle eine Gerade „möglichst gut“ an den Funktionsgrafen angelegt werden.

Probiere aus, was geschieht, und sortiere die Grafen in Gruppen.

Zeichne weitere Grafen, die in diese Gruppen gehören.

Wähle für jede Gruppe einen besonders typischen Grafen aus.

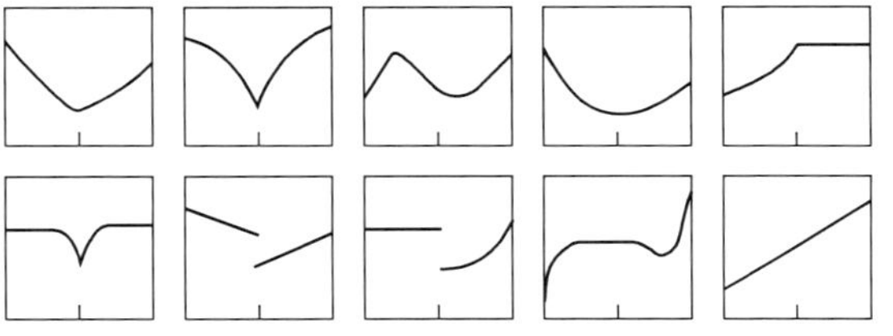

Diese Beispielaufgabe kann sicherlich nicht zu einem vollständigen Differenzierbarkeitsbegriff führen. Sie kann aber Erfahrungen mit der Vielzahl von Phänomenen bieten, die die Bildung des Begriffs motivieren, und so – in Verbindung mit anderen Zugängen, den Boden für eine weitere Präzisierung des Begriffs bereiten.

Abgrenzen, Definieren

Ein extensional verstandener Begriff, der unendlich viele Fälle umfasst, kann nie vollständig aufgezählt werden. Bei einem prototypisch repräsentierten Begriff ist man sich oft nicht sicher, wie gut man bei neuen Beispielen anhand des Prototyps entscheiden kann, ob sie dem Begriff zugeordnet werden können oder nicht.

Diese Nachteile einer ersten Begriffsbildung können auch Schüler verspüren, so dass sie von selbst das Bedürfnis einer Begriffsschärfung verspüren. Zu diesem Zweck kann man mit Blick auf die ersten Zwischenstationen des Begriffsbildens konkrete Aufgaben konstruieren. Hat man im Spiegelbeispiel erkannt, dass Schüler die Spiegelachse ausschließlich in senkrechter Lage identifizieren oder dass sie die genaue Identifikation beider Seiten nicht für erheblich halten, so kann man ihnen z. B. die folgende Aufgabe anbieten:

Wann genau wird
ein Buchstabe repariert?

Wie solche Verfeinerungs- oder Kontrastaufgaben aussehen, hängt von der Art des in Frage stehenden Begriffs ab. Ziel einer mathematischen Präzisierung ist es schließlich, von der extensionalen und prototypischen Charakterisierung eines Begriffs zu einer so genannten intensionalen vorzustoßen. Eine **intensionale** Begriffsbeschreibung spezifiziert, welche **Merkmale** dafür verantwortlich sind, dass ein Objekt unter einen Begriff fällt. Diese Art, einen Begriff zu erfassen, ist typisch für mathematische Definitionen. Dabei muss eine Definition keineswegs streng formal oder in mathematischer Symbolsprache abgefasst sein. Zunächst reichen Aufforderungen wie diese, um Definitionen („Abgrenzungen") vorzubereiten:

- Beschreibe mit Worten, was alle Dinge in einer Gruppe gemeinsam haben.
- Woran erkennt man, ob ein Ding zu dieser Gruppe gehört.
- Gib einen Weg an, wie man unmissverständlich entscheiden kann, ob ein Ding in diese Gruppe gehört.

Die zu diesem Zweck formulierten vorläufigen Definitionen müssen nun auf ihre Tauglichkeit und Verständlichkeit überprüft und gegebenenfalls präzisiert werden. Hat man eine verbale Charakterisierung gefunden, nach der jeder eindeutig entscheiden kann und bei der die Entscheidungen aller unabhängigen Betrachter übereinstimmen, so kann man dies bereits als saubere mathematische Definition für einen Begriff werten.

Bislang wurde die Begriffsbildung als Prozess fortschreitenden Abstrahierens beschrieben: Man löst sich in jeder Aufgabe immer ein wenig mehr von unwesentlichen Merkmalen und klassifiziert nach ausgewählten Merkmalen, die man als entscheidend erachtet. Nicht immer verläuft Begriffsbildung auf diesem Weg. Im Folgenden ist für einige andere Wege angedeutet, wie Begriffsbildungsaufgaben noch aussehen können.

Alternative 1: **Idealisieren**

Zuweilen entsteht ein Begriff nicht durch Abstrahieren einer wesentlichen Eigenschaft, sondern durch Hineinsehen einer Eigenschaft in eine Gruppe von Objekten, von denen keines diese Eigenschaft tatsächlich in voller Reinheit besitzt. Klassisches Beispiel sind geometrische Formen, wie z. B. ein Dreieck oder Kreis. Der ideale Begriff des Kreises fußt in unserer Anschauung, obwohl in unserer Umwelt nirgends echte Kreise vorzufinden sind. Solche Prozesse kann man auch in Aufgaben anstoßen, wie z. B. bei der folgenden, die durch Idealisierung auf den mathematischen Begriff des „Gitters" führt.

Welche Gemeinsamkeit steckt in allen diesen Bildern? Wie würdest du sie genauer beschreiben?

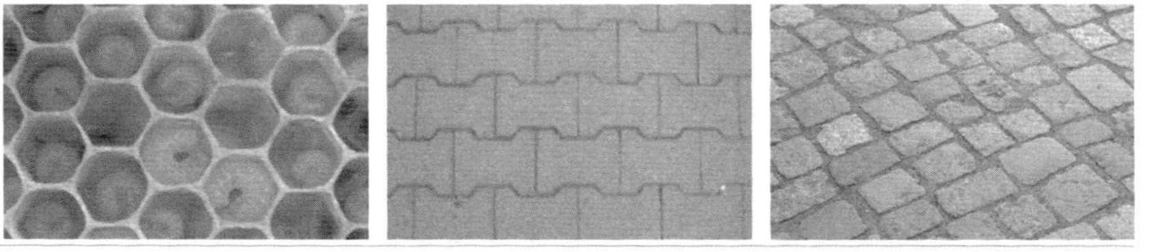

Hier gelangt man aus der phänomenologischen Fülle zu einem vorläufigen und noch auf seine Tragfähigkeit zu prüfenden Begriff. Der entstandene Begriff ist dann gleichsam Modell für alle Objekte, in die man ihn hineinsieht. Viele mathematische Begriffe, vielleicht letztlich alle, haben auf diese Weise ihre Verankerung in der Anschauung.

Alternative 2: **Primäre Intuitionen präzisieren**

Viele Begriffe haben sich bei Schülerinnen und Schülern schon durch ihre Alltagserfahrungen gebildet. Einer Idealisierung steht hier oft im Wege, dass die Begriffe den Schülern unmittelbar evident erscheinen und sie kaum spontan bereit und in der Lage sind, sie mathematisch zu abstrahieren. Man kann dennoch die intuitiven Begriffe zum Ausgangspunkt eines Präzisierungsprozesses machen. Will man solche Präzisierungen in Aufgabenstellungen konkretisieren, so ist es sinnvoll, nicht zu offen vorzugehen („Was könnte ‚glatte Kurve' in der Mathematik bedeuten"), sondern einen Erkundungsauftrag zu stellen, der zu echtem Problemlösen anregt:

Setze aus zwei gleichen Dreiecken möglichst viele verschiedene Vierecke zusammen. Untersuche dann, welches von ihnen man als „schmalstes", welches als „breitestes" und welches als „längstes" bezeichnen kann.

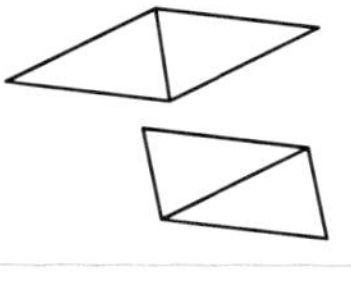

Solche Erkundungen sind besonders ergiebig und interessant, wenn es mehrere sinnvolle Möglichkeiten der Begriffsbildung oder noch keine durch Konventionen normierten Begriffe gibt. Dies funktioniert beispielsweise auch für so vertraute Begriffe wie „Mittelwert“ oder exotische, wenngleich in der Schule ohne weiteres behandelbare wie „Hyperpyramide“ (vierdimensionale Pyramide).

Solche alternativ definierbaren Begriffe sind zunächst alle plausibel, solange sie an allgemeine Vorstellungen zu den intuitiven Begriffen gekoppelt sind. Werden sie später verwendet, um konkrete Probleme zu lösen, kann es sich herausstellen, dass sie unterschiedlich nützlich sind: Welcher mathematische Begriff von „schmal“ günstig ist, hängt z. B. davon ab, ob man mit dem Objekt durch einen Gang oder eine Tür gehen möchte.

Den Charme dieser Anknüpfung von Begriffsbildung an alltägliche Vorstellungen und Begriffe besitzen auch die Begriffsvariationen, die in Kap. 4.1 auf S. 134 vorgestellt werden.

Alternative 3: **Begriffe beim Lösen von Problemen entwickeln**

Begriffe, die beim Lösen von Problemen entwickelt werden, kommen sofort mit einem Sinn ausgestattet zur Welt. Sie sind von Beginn an vernetzt mit einer Situation, in der sie sich als nützlich erweisen. Der Lehrer muss nun nicht mehr erklären, wozu ein bestimmter Begriff (irgendwann einmal) gebraucht wird. Das Entwickeln eines Begriffs ist mit der Problemlösung allerdings nicht beendet. Hier müssen Prozesse der Anwendung, der Vernetzung und der Systematisierung des Begriffs erfolgen. Eine ausführliche Darstellung dieses **problemorientierten Vorgehens** befindet sich in Kap. 2.2, S. 32 f.

Damit kommen wir zurück zu den Teilprozessen, die sich den soeben beschriebenen ersten Schritten im Begriffserwerb anschließen.

Einordnen, Vernetzen, Systematisieren

Wie auch immer ein Begriff errungen wurde, die Begriffsbildung endet nicht mit einer mehr oder weniger strengen Definition. Nun gilt es, den Begriff in unterschiedlichen Situationen anzuwenden, seine Reichweite und Nützlichkeit auf die Probe zu stellen und ihn mit anderen Begriffen zu vernetzen. Diesen Prozess bezeichnet WINTER als „Theoriebildung“, hier wird die schulische Beschäftigung mit Mathematik zu einem echten Mathematiktreiben.

Einige Aufgabenbeispiele für solche **Begriffsexplorationen** folgen:

■ **Welche Objekte lassen sich mit dem Begriff erfassen?**

- Erfinde eine Schrift, in der jeder Buchstabe nur aus Achtecken besteht. Konstruiere zunächst alle Buchstaben, die achsensymmetrisch sein können.
- Du kannst auf diese Weise auch eine Schrift erfinden, bei der jeder Buchstabe nur aus Quadraten besteht oder nur aus Strecken gleicher Länge.

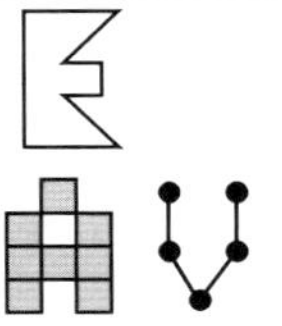

Hast du noch eine andere Idee für eine Schrift?

■ **Wie steht der Begriff in Beziehung zu anderen, verwandten Begriffen? Schließen sie sich aus, folgen sie auseinander?**

Gibt es Buchstaben (oder andere Figuren), die punktsymmetrisch und achsensymmetrisch sind?

Gibt es Buchstaben (oder andere Figuren), die punktsymmetrisch, aber nicht achsensymmetrisch sind?

Gibt es Buchstaben (oder andere Figuren), die achsensymmetrisch, aber nicht punktsymmetrisch sind?

Untersuche drehsymmetrische Figuren auf Punkt- und auf Achsensymmetrie.

■ **Wie lässt sich der Begriff verallgemeinern oder spezialisieren?**

Einige Beispiele für solche Begriffsvariationen finden sich in Kapitel 4.1 auf S. 131 f.

■ **Welche Probleme lassen sich mit dem Begriff lösen oder nicht lösen?**

Während es bei der problemorientierten Begriffsentwicklung (Kap. 2.2, S. 32 f.) darum ging, ausgezeichnete Probleme zu finden, bei deren Lösung Schüler einen neuen Begriff entwickeln können, soll bei diesem Aufgabentyp die Begriffsreichweite ausgelotet werden. Beispiele für diese Form der Begriffsanwendung finden sich im Kapitel 4.3 zum Üben (ab S. 152).

Die hier beschriebenen Aufgaben sind Entdeckungsaufgaben und zugleich lassen sie sich als Übungsaufgaben verstehen. Gerade das Üben ist eine Situation, in der Schülerinnen und Schüler vielfältige Beispiele durcharbeiten. Wie schade wäre es, wenn diese Energie nur in das Trainieren von Fertigkeiten verschwendet würde. Wie erfreulich, wenn beim Üben neue Erkenntnisse entstehen, Vernetzungen gestiftet werden, etwa indem die vielfältigen Beispiele Anlass zur Entdeckung neuer Zusammenhänge geben. Bespiele dafür finden Sie in Kap. 4.3.

Übertragen, Reflektieren

Mathematische Begriffe zeichnen sich gegenüber Alltagsbegriffen durch ein hohes Maß an Objektivität und Unzweideutigkeit aus. Das können Schüler bei der intensiven Arbeit mit ihnen, wie sie in den vorstehenden Aufgaben zum Ausdruck kam, erfahren. Diese impliziten Erfahrungen sollten im Laufe des Mathematikunterrichts immer wieder explizit gemacht werden. Schülerinnen und Schüler können und sollen bewusst über ihre Begriffsbildungen reflektieren. Das können sie z. B. tun, indem sie die Breite eines Begriffs in dem gesamten von ihnen bereits erschlossenen mathematischen Feld ausloten:

> Untersuche, inwieweit die Begriffe „Achsensymmetrie" und „Punktsymmetrie" angewendet werden können auf: ebene Figuren, Körper, reelle Funktionen, Zahlenfolgen, Gleichungen, Funktionsterme, Terme, Häufigkeitsverteilungen, ...

Auch junge Schüler sind zu Begriffsreflexionen fähig. In Kap. 4.2 (S. 140) wird in einem Beispiel dargestellt, wie Schülerinnen und Schüler der Klasse 5 über die Charakteristika und die Reichweite der erarbeiteten Zahlensysteme reflektieren.

Begriffe „wirklich" entdecken und erfinden

Den voranstehend beschriebenen Aufgabentypen lag die Perspektive zu Grunde, dass Schüler einen bestimmten, zuvor vom Lehrer ins Auge gefassten Begriff erwerben sollen. Es gibt aber auch noch andere Szenarien, bei denen Schülerinnen und Schüler Gelegenheit gegeben wird, Erfahrungen zu machen und diese dann sukzessive zu strukturieren und zu Begriffen zu formen, bei denen aber relativ offen ist, welche Begriffe daraus resultieren. Hierzu gehören z. B.

- ergebnisoffene Erkundungen (open ended approach) (Kap. 4.1, S. 135 ff.),
- Begriffsvariationen, bei denen vertraute Definitionen systematisch variiert werden (Kap. 4.1, S. 131 ff.),
- Problemlöseaufgaben, bei denen unterschiedliche Begriffe zur Lösung verwendet werden können (Kap. 2.2).

Solche Aufgaben regen Schülerinnen und Schüler zu kreativen Leistungen an und bieten dem Lehrer immer wieder neue Erfahrungen und Erlebnisse, da die Vielfalt von Ideen, die Schüler hier entwickeln, nie vorherzusehen und kaum zu überblicken ist.

3 Aufgabenmerkmale

Das vorige Kapitel hat Aufgaben aus der Perspektive der mathematischen Tätigkeiten von Schülerinnen und Schülern betrachtet. Dabei spielten auch immer wieder übergreifende Merkmale mit einem jeweils spezifischen Beitrag zur Aufgabenqualität eine Rolle. Die drei wichtigsten Merkmale, die hier weiterverfolgt werden sollen, sind

- die **Authentizität** einer Aufgabe,
- die **Offenheit** einer Aufgabe und
- das **Differenzierungsvermögen** einer Aufgabe.

Jede Aufgabe lässt sich anhand eines jeden dieser Merkmale einordnen, ihre Charakteristika und Qualität lassen sich hiermit besser verstehen. Auf den ersten Blick scheint jedes der drei Merkmale erstrebenswert, jedoch sei betont: Weder kann jede Aufgabe alle diese Merkmale tragen, noch sollen Aufgaben grundsätzlich alle diese Merkmale besitzen. In diesem Kapitel wird dargestellt, in welchem Wechselverhältnis die Merkmale zu den Funktionen von Aufgaben und den von ihnen angestoßenen Prozessen stehen. Für die Offenheit und das Differenzierungsvermögen können wir zusätzlich konkrete Techniken angeben, wie man diese Merkmale stärken kann.

3.1 Authentizität

Wann ist eine Mathematikaufgabe eigentlich „authentisch"? Dieser Frage nähert man sich am einfachsten, wenn man betrachtet, welche Aufgaben man als „unauthentisch", als „gekünstelt" empfindet. Die folgende Aufgabe stammt aus einem (nicht zentralen) Abitur[3]:

Im Außenbereich eines Kindergartens steht ein Stangengerüst als Kletterturm mit Rutsche [...]

b) Vertikal (d. h. in x_3-Richtung) über dem Mittelpunkt der Rutschfläche soll eine Lampe angebracht werden. Sie soll 2,50 m über dem Mittelpunkt hängen. Bestimme die Koordinaten der (punktförmig g edachten) Lampe. Aus Sicherheitsgründen muss die Lampe

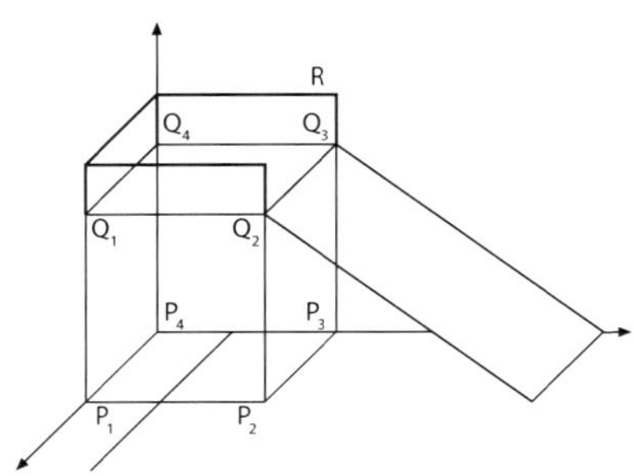

[3] Einer der beiden Autoren hat diese Aufgabe noch im letzten Jahrtausend in bester Absicht gleichlautend gestellt!

c) Ein Kind sitzt an der Kante Q_3R (Kopfhöhe genau 1 m). Eine Aufsicht, die zu nahe am Gerüst steht, kann das Kind nicht sehen. Wie weit von der Kante P_1P_2 muss eine Aufsichtsperson entlang der Geraden g von dem Gerüst entfernt stehen, damit sie das Kind sehen kann? g geht von der Mitte von P_1P_2 in x_1-Richtung. Die Augenhöhe der Aufsichtsperson sei 1,50 m.

Hier wurde offensichtlich versucht, die Routineaufgaben der linearen analytischen Geometrie in einen plausiblen Verwendungskontext zu stellen. Dieser ist jedoch gänzlich irreal (oder eher „surreal“?) geraten: Wo rutschen Kinder eigentlich mit dem Oberkörper senkrecht zu einer beleuchteten Rutschbahn? Schülerinnen und Schüler sind beim Anblick von solchen artifiziellen Produkten, die nur in der Schule ihr Biotop finden, keineswegs verwundert, denn sie begegnen ihnen schon seit dem ersten Schuljahr (s. Abb.).

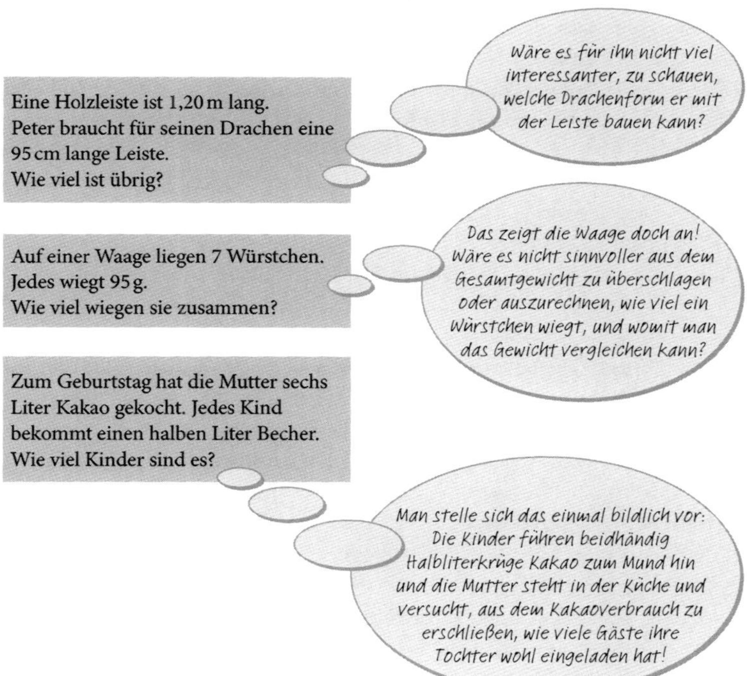

Aufgaben nach: Spiegel/Selter: Kinder & Mathematik. Was Erwachsene wissen sollten, 5. Auflage 2008, ©2003 Friedrich Verlag GmbH, Seelze

Man spricht bei solchen Aufgaben oft von „Einkleidungen" oder weniger euphemistisch von „Pseudokontexten", die eigens für den Mathematikunterricht erfunden wurden. Das Einkleiden geschieht dabei aus durchaus ehrenhaften Beweggründen: Ein Kontext macht ein mathematisches Problem anschaulicher und griffiger. Er kann zusätzliche Hilfe beim Verstehen und Lösen der Aufgabe bieten. Er kann aber dem mathematischen Problem auch künstlich aufgezwungen sein und als Teil einer eingespielten Routine von Lernenden nicht ernst, ja nicht einmal wahrgenommen werden. Gewinnen solche unechten, eigens für das Biotop schulischen Mathematiklernens konstruierten Aufgaben im Unterricht die Oberhand, so entwickeln Schülerinnen und Schüler über kurz oder lang ein verzerrtes Bild von Mathematik, das sie aus der Schule heraustragen und mit in ihr Leben nehmen. Das Lösen von Mathematikaufgaben gerät zu einem künstlichen und irrelevanten Spiel, dessen Regeln gelernt, aber nicht verstanden werden müssen. Die versteckte Botschaft: Mathematiklernen ist Selbstzweck und findet nur in der und für die Schule statt.

Die Aufgabenbeispiele deuten an, dass es bei der Authentizität von Aufgaben nicht nur um den oberflächlichen Realismus des Kontextes geht, sondern vor allem um die folgenden Aspekte:

- Welches Bild von Mathematik entsteht bei der Arbeit mit Aufgaben?
- In welchem Verhältnis stehen Aufgaben zu den Bildungszielen des Mathematikunterrichts?
- Welche Qualität haben die mathematischen Tätigkeiten, zu denen Aufgaben anregen?

Bei den Darstellungen in den vorigen Kapiteln wurde – durch die Brille von Aufgaben – Mathematik als Prozess betrachtet. Da die Qualität des Mathematiklernens offenbar stark von der Qualität dieser Prozesse abhängt, liegt es nahe, die Authentizität von Aufgaben hinsichtlich dieser Prozesse einzuschätzen.

Authentisches Modellieren

Schülerinnen und Schüler sollen Modellierungskompetenzen erwerben, die Wirkungsweise des Erkenntnis- und Gestaltungswerkzeugs Mathematik erleben und die Mathematikhaltigkeit unserer Welt erkennen. Authentische Modellierungsaufgaben müssen daher echte, sowohl einfache als auch komplexe Anwendungsbezüge von Mathematik aufzeigen. Sie müssen vor allem (nicht jede aber alle zusammen) die Teilprozesse des Modellierens berücksichtigen:

- in Realsituationen eigene Fragen stellen,
- beim Mathematisieren über Vereinfachungen entscheiden, Modellannahmen machen, zwischen Modellen wählen,

- im Modell arbeiten (und dabei ggf. der Realsituation Hinweise für die Lösung entnehmen),
- Ergebnisse kritisch hinterfragen und das gesamte Modell bewerten,
- die Fragestellung oder das Modell revidieren und erneut mit dem Modellieren beginnen.

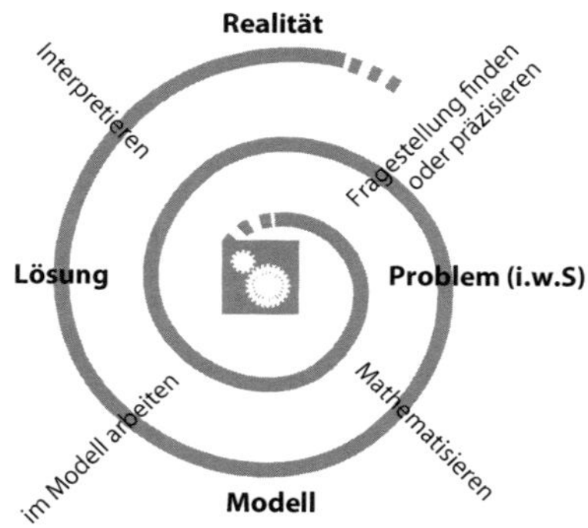

Das Bild einer solchen „Modellierungsspirale" ist natürlich selbst ein Modell, das seine Grenzen hat: Beispielsweise findet das Arbeiten tatsächlich nicht ausschließlich „im Modell" statt – nicht selten wird bei der mathematischen Bearbeitung auf die Realsituation geblickt, um daraus Lösungshilfen zu gewinnen. In der Literatur findet man fast ausschließlich den „Modellbildungskreislauf" (vgl. POLLAK 1979, SCHUPP 1988, BLUM 1996) als Modell vom Modellieren. Dies ist dann plausibel, wenn man nur die Prozesse des Modellierens sieht, die sich ja tatsächlich wiederholen. Betrachtet man jedoch auch die Inhalte und Begriffe, so hat man nach einem Umlauf ein neues, erweitertes Verständnis der Realsituation und auch das Modell ist beim weiteren Durchlauf revidiert, also modifiziert oder verfeinert. Das soll die Spirale andeuten.

Was sollten Modellierungsaufgaben unbedingt vermeiden?

- Einkleidungen, die nur dazu dienen, ein mathematisches Verfahren in einen gefälligen, aber künstlichen Kontext zu betten.
- Mathematisierungsschritte anregen, die ohne echten Blick auf die Realsituation und nur oberflächlich-assoziativ ablaufen.
- Ergebnisse hervorbringen, die nicht wieder in Bezug zur Realsituation gebracht werden.

Eine authentische Modellierungsaufgabe

Für den ersten Erkundungsschritt („Fragestellung finden") eignet sich ein orientierender, aber offener Auftrag zur Suche mit mathematischer Brille (vgl. Kap. 2.1, S. 26 f.), wie etwa dieser:

> Sucht bis zur nächsten Stunde in eurer Umgebung spiralförmige Dinge.
> Überlegt euch, was ihr über diese Dinge herausfinden möchtet und bei welchen Fragen euch die Mathematik helfen kann.

Vermutlich werden die Schülerinnen und Schüler ganz unterschiedliche Dinge nennen oder mitbringen: Schrauben, Schallplatten (noch kennt man sie!), Wendeltreppen, Lakritzschnecken usw. Dabei werden je nach Gegenstand ganz unterschiedliche Fragen interessant erscheinen. Bei allen Objekten ist es aber durchaus nahe liegend, auch nach der Länge der jeweiligen Spirale zu fragen.

> Wie lang ist eine Schallplattenrille?

Bei dieser Frage werden Schülerinnen und Schüler verschiedene Wege einschlagen. Einige werden die Frage geometrisch modellierend mit konzentrischen Kreisen angehen, andere vielleicht die Analogie zur Lakritzschnecke sehen, diese abrollen und messen. Es taucht die Frage auf, ob man die Länge der Schallplattenrille ausmessen kann. In der Regel wird ein Vergleich der Ergebnisse dieser Modellierungen in der Klasse dazu führen, dass einige Modelle verworfen, andere verfeinert werden, in jedem Fall aber kann nach der gegenseitigen Validierung eine erneute Modellierung stattfinden.

Sehr reichhaltig ist auch die verwandte Modellierung einer Kabeltrommel, die Förster und Herget (2002) detailliert dargestellt haben. Für die nachwachsende Generation eignet sich vielleicht eher die Modellierung einer CD (MSJK 2001).

Authentisches Problemlösen

Schülerinnen und Schüler sollen Problemlösekompetenzen – insbesondere flexible Problemlösestrategien und eine angemessene Problemlösehaltung – aufbauen. Dabei sollen sie das mathematische Problemlösen in seiner spezifischen Art und Reichweite erleben. Authentische Problemlöseaufgaben sollten daher herausfordernde Probleme auf jedem Anforderungsniveau anbieten. Sie müssen hinreichend offen sein, um divergentes und variantenreiches Arbeiten zu ermöglichen, und sollten wesentliche Teilprozesse des Problemlösens berücksichtigen:

- beim Erkunden von innermathematischen Situationen eigene Probleme finden oder gegebene Probleme variieren,
- echte Entscheidungen über verschiedene Ansätze treffen,
- verschiedene Strategien einsetzen,
- im gemachten Ansatz (mit Blick auf das Problem) weiterarbeiten,
- nach der Problemlösung weiterfragen und Anschlussprobleme suchen.
  Auch hier ist die „Problemlösespirale“ nur ein Modell und darf nicht streng interpretiert werden: Gerade während des Bearbeitens eines Ansatzes ergeben sich meist neue Probleme, für die man dann gleichsam in eine eigene „Unterspirale“ eintritt.

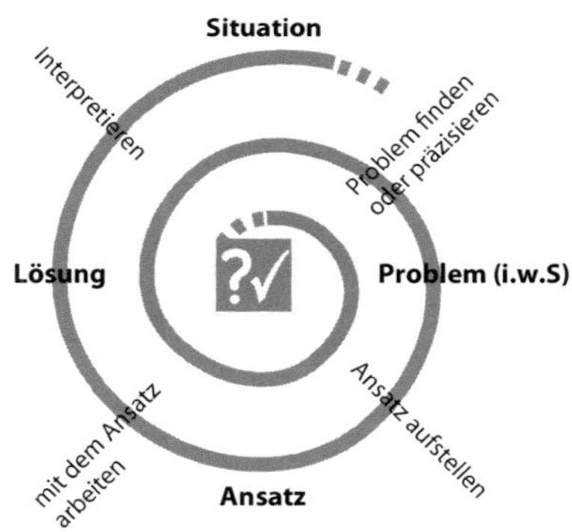

Was sollten Problemlöseaufgaben unbedingt vermeiden?
- Pseudoeinkleidungen in reale Kontexte als echte Anwendungen ausgeben. Hingegen kann die Einbettung in eine einfache Situation das Problem zugänglicher machen und Schülern ein Vokabular zur Kommunikation über das Problem zur Verfügung stellen.
- Nur scheinoffen sein, d. h. Schülern nur einen Weg zu einem vom Lehrer vorbestimmten Ziel ermöglichen.
- Knobeleien begrenzter Reichweite, d. h. Aufgaben, zu deren Lösung eine ganz besondere, (fast) nur für diese Aufgabe einsetzbare Strategie benötigt wird.

Eine authentische Problemlöseaufgabe

In Kap. 2.2. (S. 32) wurde die „Schafe-und-Brunnen“-Aufgabe vorgestellt. Bei diesem Problem ging es um die Aufteilung eines Gebietes in Teilgebiete, die jeweils einem Punkt am nächsten waren. Es zeigte sich, dass sich dieses Problem gut dazu eignete, die Bildung des Mittelsenkrechtenbegriffes vorzubereiten. Natürlich lässt sich das Problem auch nach der Einführung der Mittelsenkrechten stellen und dient dann zur Anwendung des Begriffs. Ausgehend von der Problemlösung lässt sich ein weiterer Umlauf in der Problemlösespirale initiieren und ein Erkundungsauftrag stellen, der – nach dem Prinzip der Aufgabenvariation (vgl. Kap 4.1, S. 131 f.) – neue Probleme generiert. Die Einkleidung der eigentlich rein innermathematischen Aufgabe diente der Zugänglichkeit und kann bei darauf aufbauenden Problemlöseprozessen entfallen.

Bei der Aufteilung des Gebietes in Teilgebiete in der Aufgabe „Schafe und Brunnen" (S. 32) war das Prinzip: Für jeden Punkt eines Teilgebietes soll der „Mittelpunkt" des jeweiligen Teilgebietes der nächste sein.

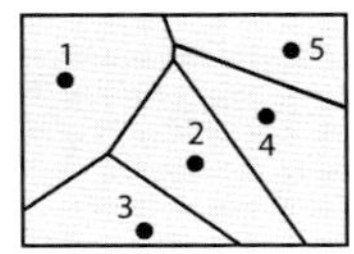

Finde nun neue Probleme, indem du statt der Mittelpunkte andere geometrische Figuren in der Ebene verteilst.

Die Schülerinnen und Schüler werden wenige oder viele Quadrate, Dreiecke oder Kreise an speziellen oder allgemeinen Stellen platzieren. Die Probleme, die sie dabei finden, werden von sehr unterschiedlichem Schwierigkeitsgrad sein. Hier gilt es zunächst solche auszuwählen, die – zumindest auf den ersten Blick – lösbar scheinen, wie z. B. diese:

Wie kann man die Rechteckfläche so in vier Gebiete aufteilen, dass für jeden Punkt aus einem Gebiet der nächstgelegene Kreis zu diesem Gebiet gehört?

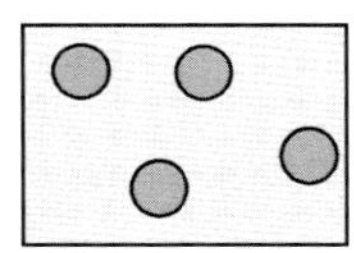

Komplexere Aufgaben zur Gebietseinteilung haben ihren festen Platz im niederländischen Curriculum. Dort dienen sie als Ausgangspunkte für Beweisprozesse in der euklidischen Geometrie. Hier liegt der Fokus eher auf dem ergebnisorientierten Problemlösen als dem geometrisch-strengen Argumentieren. Zugleich finden bei solchen authentischen Problemlöseprozessen immer auch Begriffsvertiefungen und Begriffsbildungen statt, hier z. B. aus der Frage „Was ist eigentlich ein ‚Abstand' von einer ausgedehnten Figur?".

Authentisches Argumentieren

Schülerinnen und Schüler sollen bei der Beschäftigung mit Mathematik Argumentationskompetenzen entwickeln. Dazu gehört der Aufbau einer rationalen Begründungskultur ebenso wie ein angemessener Umgang mit Fehlern. Authentische Argumentationsaufgaben sollten daher in spezifische Begründungsweisen der Mathematik einführen, aber auch die Verbindung zu alltäglicher Sprache und Argumentation herstellen und dabei wesentliche Teilprozesse des Argumentierens berücksichtigen:

- beim Explorieren von Zusammenhängen eigene Vermutungen finden,
- Vermutungen präzisieren und damit einer Begründung zugänglich machen,
- die Behauptungen schlüssig begründen,
- eine Begründung durch Interpretation und Darstellung verstehen,
- Vermutungen verwerfen und modifizieren, neue Vermutungen aufstellen.
  Auch die Argumentationsspirale beschreibt wieder nur idealtypisch, welche Teilprozesse am Argumentieren beteiligt sein können, ein strenges lineares Durchlaufen findet in der Regel nicht statt.

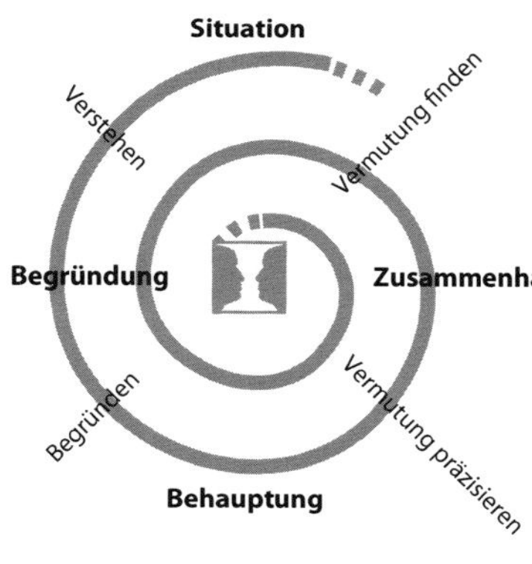

Was sollten Argumentationsaufgaben unbedingt vermeiden?

- den Wert einer Begründung an ihrer formalen Ausdrucksweise messen,
- routinemäßigen Begründungsphrasen Vorschub leisten,
- die Anwendung der bewiesenen Behauptung auf die Ausgangssituation übergehen.

Eine authentische Argumentationsaufgabe

Damit Schüler in einem ersten Schritt Vermutungen finden können, benötigen sie eine hinreichend allgemeine, aber dennoch zugängliche Explorationssituation. Diese Möglichkeit bietet z. B. ein dynamisches Geometriesystem (DGS) und der Auftrag:

> Konstruiere Dreiecke, Vierecke oder andere Figuren und lass jeweils einen Eckpunkt auf speziellen Kurven laufen, z. B. auf Geraden oder Kreisen. Beobachte, wie sich Umfang, Fläche, bestimmte Winkel oder andere Größen dieser Figur verändern. Stelle Vermutungen auf und versuche, diese zu begründen.

Für das Auffinden der „Extrempunkte" stehen die Messwerkzeuge des DGS zur Verfügung. Vermutungen über die besondere Lage können durch Hilfslinien generiert werden. Nicht jede der Vermutungen lässt sich elementar begründen. Hier kann der Lehrer mithelfen, eine Auswahl zu treffen, er kann es aber auch Schülern überlassen, schwierige und leichte Begründungen im Laufe ihrer Begründungsversuche zu unterscheiden. Eine der gefundenen Vermutungen könnte etwa diese sein:

Der Punkt D läuft entlang der Kreislinie. An welcher Stelle hat das Dreieck die kleinste Fläche?

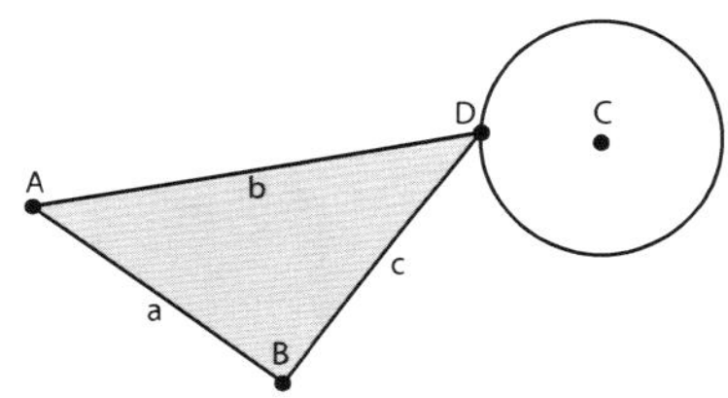

Vermutung: Wenn D am nächsten an der (verlängerten) Geraden a liegt.

Die allgemeinen Ausführungen zum Argumentieren sowie die Beispielaufgabe zeigen, wie eng vor allem Argumentationsprozesse und Problemlöseprozesse miteinander verbunden sind. Das Finden einer schlüssigen Begründung kann man durchaus auffassen als Problemlöseprozess – in diesem Sinne bewegen sich die Beispiele aus POLYAS klassischen Ausführungen zum Problemlösen (POLYA 1945) oft im Gebiet des Begründens und Beweisens. Umgekehrt wird man beim Problemlösen häufig auch gefundene Lösungen argumentativ absichern. Wenn man auf dieser globalen Ebene dennoch Problemlösen und Argumentieren voneinander unterscheiden möchte, dann vielleicht an diesem Kriterium:

- Beim Problemlösen geht es eher um ein ergebnisorientiertes Suchen nach einer konstruktiven Lösung. Dabei reichen während des Problemlöseprozesses auch inhaltlich-anschauliche Begründungen (vgl. Kap 2.3), ja sogar Plausibilitätsbetrachtungen und Beispiele aus.

- Beim Argumentieren geht es eher um das Absichern einer Vermutung zu einem mathematischen Zusammenhang. Ist ein bestimmtes Problem einmal gelöst, so lässt es sich im Nachhinein in einem Argumentationsprozess absichern – man kann aber auch guten Gewissens zu einem weiteren Problem übergehen.

Authentisches Begriffsbilden

Schülerinnen und Schüler sollen aktiv am Prozess der mathematischen Begriffsbildung beteiligt sein. Sie sollen mit mathematischen Begriffen Zusammenhänge erfassen und ein vernetztes mathematisches Wissen aufbauen. Dabei sollen sie auch das Entstehen mathematischer Begriffe aus der Anschauung und aus dem Problemlösen erleben. Der authentische Charakter solcher Begriffsbildungsprozesse hat dabei eine sinnstiftende Funktion (LEUDERS ET AL. 2011): Man lernt nicht nur neue Mathematik, sondern gleich mit dazu, zu welchem Zweck sie überhaupt erfunden wird, welchen Sinn sie hat. Mathematische Begriffe entstehen eben nie aus Selbstzweck, sondern aus dem Bedürfnis, eine Situation zu strukturieren oder ein Problem zu lösen. Diesen Ansatz verfolgen die Vertreter des so genannten „Realistischen Mathematikunterrichts" in der Nachfolge von Hans Freudenthal konsequent. Dabei ist das Attribut „realistisch" nicht auf die Echtheit des Anwendungskontextes zu beziehen, sondern auf die Verständlichkeit und Schlüssigkeit der Ausgangsituation und die Authentizität der Begriffsbildungsprozesse. Eine solche Form der Begriffsbildung wird auch als „problemgenetisches Lernen" bezeichnet und in Abschnitt 2.2 noch einmal näher beschrieben.

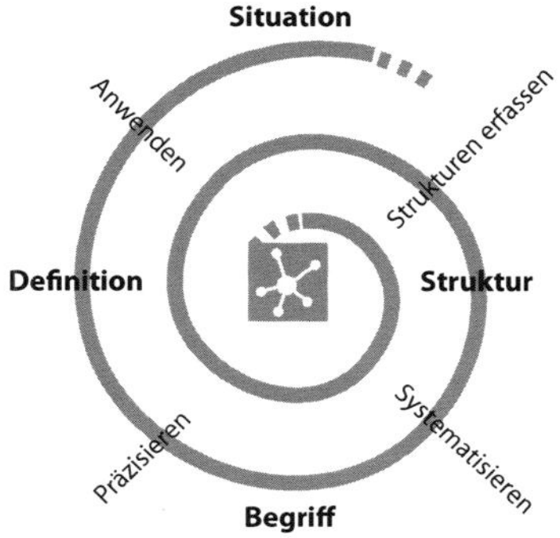

Authentische Begriffsbildungsaufgaben lassen Raum für Entscheidungsprozesse und Aushandlungen in der Gruppe. Sie sollten an die Vorerfahrungen und intuitiven Begriffe der Schülerinnen und Schüler anschließen und neue Vernetzungen anbahnen. Insbesondere sollten sie die Teilprozesse des Begriffsbildens ernst nehmen:

- zunächst Erfahrungen machen und diese selbstständig strukturieren,
- eigene, vorläufige Begriffe erfinden und zu Definitionen präzisieren,
- durch das Anwenden von Begriffen ihre Angemessenheit und Breite ausloten und ggf. sich daraus ergebende, veränderte oder neue Begriffe bilden.

Die hier dargestellte Spirale des Begriffbildens löst Teilprozesse des Begriffsbildens analytisch aus einem Gesamtzusammenhang. Die umfangreicheren Beispiele in diesem Buch belegen die enge Verbindung des Begriffsbildens mit den anderen Prozessen: Problemlösen bahnt Begriffsbildungen an, umgekehrt erfordert jede Begriffsbildung auch ein Problemlösen. Die Kraft der Begriffe zeigt sich wiederum in Argumentationsprozessen.

Was sollten Begriffsbildungsaufgaben unbedingt vermeiden?

- Fertige mathematische Begriffe in Form von „Begriffseinkleidungen" vorgeben (vgl. Kap. 2.4, S. 61 ff.),
- Begriffe durch Mitteilen von Definitionen „vermitteln",
- die Differenz von mathematischen und Alltagsbegriffen vernachlässigen,
- die Exploration und Anwendung neuer Begriffe vernachlässigen.

Eine authentische Begriffsbildungaufgabe
(vgl. Becker/Shimada 1997, S. 25):

Drei Schüler werfen mit Murmeln und haben vereinbart: Es gewinnt derjenige, dessen fünf Murmeln am wenigsten weit auseinander liegen bleiben. Immer wieder streiten sie sich darüber, wer gewonnen hat.
Wie kann man den Grad, wie stark die Murmeln streuen, messen oder berechnen?
Erfinde ein „Maß für die Streuung".

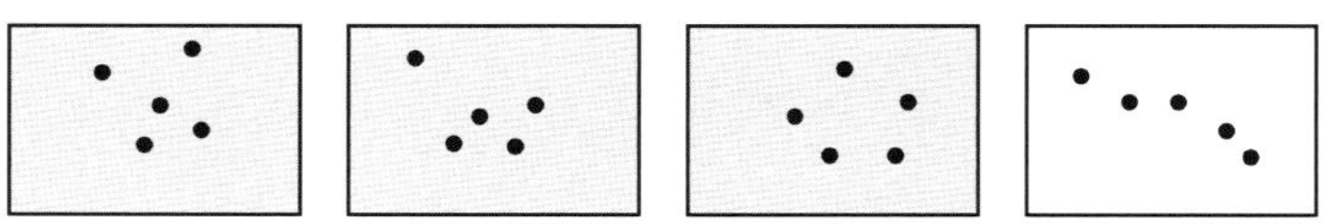

a) b) c) d)

In den Abbildungen a), b) und c) siehst du ein Wurfergebnis von jedem der drei Schüler.
Entscheide mit deinem Maß, wer gewonnen hat!

Die Schülerinnen und Schüler können hier – ohne dass ihre mathematischen Vorkenntnisse normierend wirken – eine Vielzahl von Begriffen zur Beschreibung dieser zweidimensionalen Streuung entwickeln, z. B.:

- Sternabstand: „Man nimmt eine Murmel, die etwa in der Mitte liegt, und zählt die Abstände der vier anderen Murmeln zu dieser Murmel zusammen."
- Umkreisdurchmesser: „Ich mache einen möglichst kleinen Kreis, in den alle fünf Murmeln hineinpassen. Sein Durchmesser ist das Maß."
- Polyederfläche: „Ich verbinde die außen liegenden Punkte miteinander; dabei kann ein Dreieck, Viereck oder Fünfeck entstehen. Dann berechne ich die Fläche oder den Umfang hiervon."
- Summe der Abstände von der Mitte: „Ich zeichne alle möglichen Verbindungen von den Murmeln zur Mitte der Murmeln. Die Summe dieser Verbindungen ist dann das Maß."

Ganz offensichtlich gibt es hier unterschiedlich nahe liegende und unterschiedlich sinnvolle Ansätze, die Streuung zu quantifizieren (weitere finden Sie in Becker/Shimada 1997, S. 25 f.). Einige Ansätze führen direkt auf weitere Begriffsbildungen oder Probleme: Gibt es für den „Sternabstand" einen ausgezeichneten Punkt, von dem aus gemessen werden soll? Was ist der „Umkreis" hier, wie finde ich einen? Gibt es vielleicht sogar immer einen eindeutig bestimmten? Wie bestimme ich den Flächeninhalt des entstehenden Vielecks? Wo ist die „Mitte" von fünf Punkten?

Zur Begriffsbildung gehört immer auch das Ausloten der Angemessenheit und Breite der Begriffe. Dazu könnte die folgende Anschlussaufgabe dienen:

> Wende dein gefundenes Maß für die Streuung auf die Situation in Abbildung d) an. Überlege dir weitere Möglichkeiten, wie die fünf Murmeln auf ungewöhnliche Weise zu liegen kommen können, und wende dein Maß an. Liefert dein Maß zufrieden stellende Ergebnisse oder möchtest du es verändern?

Fast immer ergeben sich aus entwickelten Begriffen Anlässe, neue Begriffe zu bilden. Dies kann durch Aufgaben zur „Begriffsvariation" gezielt unterstützt werden (vgl. Kap. 4.1, S. 134):

> Finde andere Situationen, in denen es sinnvoll sein kann, die Streuung von Dingen zu betrachten. Kannst du dort mit deinem Maß für die Streuung weiterarbeiten oder musst du neue erfinden? Denke dabei auch an Situationen, bei denen die Objekte nicht auf einer Fläche verteilt liegen, sondern z. B. im Raum verteilt sind!

Diese Form der Begriffsbildung verläuft anders als die Aufgabenfolge „Achsensymmetrie" in Kap. 2.4, S. 66 ff. Dort wurde der Begriff aus einer Sammlung von Beispielen über eine Definition von Merkmalen sukzessive abstrahiert. Bei der „Murmelaufgabe" hingegen muss ein Begriff konstruiert werden, um ein Problem zu lösen. Beide Formen der Begriffsbildung lassen sich aber mit der Prozessbeschreibung, wie sie die Spirale zeigt, verstehen: Anschauungen strukturieren, systematisieren und zu Definitionen präzisieren.

Authentische Prozesse in der Übersicht

Die vorangehenden Darstellungen der mathematischen Prozesse zeigen einige gemeinsame Aspekte, die für die Authentizität mathematischer Prozesse entscheidend sind:

(1) Schülerinnen und Schüler sollten aktiv am Finden von Fragestellungen, Vermutungen und Begriffen beteiligt sein. Das ist der jeweils erste Schritt in den Spiralen (von 12 Uhr ausgehend). Aufgaben, die auf die Überprüfung von Leistung zielen, schneiden diesen ersten Schritt aus pragmatischen Gründen meist ab. Daher enthält beispielsweise das PISA-Modell des Aufgabenlösens (vgl. S. 30) nur die drei nachfolgenden Schritte. Im Unterricht hingegen ist es entscheidend, auch diese kreativen und divergenten Prozesse zu berücksichtigen. Das Kapitel 4.1 (Erkunden) gibt Anregungen, wie passende Aufgaben aussehen können.

(2) Alle Prozesse haben gemeinsam, dass sie im Allgemeinen weder linear verlaufen noch mit einer Lösung enden. Eine authentische Modellierung zeichnet sich meist dadurch aus, dass es Sinn macht, zu weiteren, verfeinerten Modellierungen fortzuschreiten. Bei einer authentischen Problemlösung entstehen meist Folgeprobleme oder man fragt danach, wie das Ausgangsproblem abgewandelt oder verallgemeinert werden kann. Ein authentisches Begründen oder Beweisen endet nicht mit der Formulierung, sondern versucht den abgesicherten Zusammenhang tiefer zu verstehen, zu verallgemeinern und mit anderen zu verknüpfen. Beim Begriffsbilden schließlich ergeben sich durch das Ausloten der Anwendbarkeit eines Begriffes immer wieder neue Anlässe für Begriffsbildungen.

Unsere Visualisierungen der Prozesse ähneln nicht ohne Grund der so genannten *hermeneutischen Spirale*, die versinnbildlicht, dass Verstehens- und Erkenntnisprozesse des Individuums immer schon auf Vorverständnis aufbauen und nach einer Phase der aktiven Auseinandersetzung mit einem Text (im allgemeinsten Sinne, also auch: Situation, Kontext, Problem) ein Verstehen auf höherer Stufe zur Folge haben. In diesem müssten die Prozesse nicht als Spiralen, sondern als Schraubenlinien dargestellt werden.

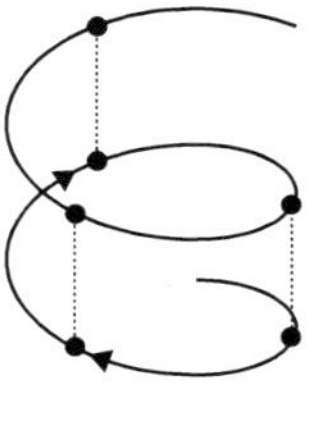

Es sei abschließend noch betont, dass nicht die einzelne Aufgabe, sondern die Arbeit mit Aufgaben insgesamt diesem Aspekt Rechnung tragen sollte. Die meisten Aufgaben in diesem Buch verstehen sich als (lokale) Auslöser für bestimmte Teilprozesse.

Nun erscheint die Ausgangsfrage dieses Kapitels in einem neuen Licht: Wann sind Mathematikaufgaben authentisch? Hier geht es offenbar nicht primär um die Realitätsnähe der Kontexte, sondern um die ablaufenden mathematischen Prozesse:

> Mathematikaufgaben sind authentisch, wenn sie Schülerinnen und Schüler zu mathematischen Tätigkeiten anregen, die typisch für die Entstehung und Anwendung von Mathematik sind.

T. Jahnke führt diesen Gedanken folgendermaßen aus:
„Authentisch **von der Sache her** ist eine Problemstellung, wenn sie inner- oder außermathematisch relevant ist; dies setzt auch voraus, dass es sich tatsächlich um originäres mathematisches Denken – auf welcher Niveaustufe auch immer – handelt und nicht um dessen curriculare Simulation oder formale Imitation, nicht um dessen Verschleifung in Plantagenaufgaben, die ihren mathematischen Sinn längst ausgehaucht haben. Authentisch **von den Lernenden her**, also für die Lernenden, ist eine Problemstellung, wenn diese sich ihrer tatsächlich annehmen, sich auf sie einlassen, wobei dieser zweite Punkt unterrichtlich der entscheidende ist." (Herget/Jahnke/Kroll 2001, S. 7 ff.)

Wird Mathematik im Unterricht auf diese Weise betrieben, so ist er in der Lage, bei Schülerinnen und Schülern ein stimmiges, authentisches Bild von Mathematik aufzubauen.

Ein authentisches Bild von Mathematik

- Mathematik ist ein universelles Werkzeug, um numerisch quantifizierbare und geometrisch darstellbare Strukturen zu erfassen, ob sie nun aus unserer Umwelt stammen oder Produkte des Denkens sind. *(Mathematik als eine Form der Weltaneignung)*
- Die in der Mathematik stattfindenden Prozesse des Argumentierens, des Modellierens oder der Begriffsbildung zeichnen sich durch eine für das Fach charakteristische und objektivierende Klarheit aus. *(Mathematik als eine **besondere** Form der Weltaneignung)*
- In der Mathematik kann sich jeder Mensch individuell bewegen, in dem er oder sie die reale und gedankliche Welt erkundet, nach Strukturen sucht, Fragen stellt und Probleme löst. *(Mathematik als eine Form der **individuellen** Weltaneignung)*

Dieses Verständnis von Mathematik ist gleichermaßen gültig für das schulische Lernen von der Grundschule bis zum Abitur, für das Bild von Mathematik, wie es Bestandteil der Allgemeinbildung jedes Erwachsenen sein sollte und für die wissenschaftliche Tätigkeit von Mathematikern und allen Wissenschaftlern, die sich mathematischer Denk- und Arbeitsweisen bedienen.

Um in einem Text zur Authentizität nicht den Eindruck zu erwecken, eingekleidete Aufgaben seien grundsätzlich zu verdammen, sei hier eine „Ehrenrettung der Einkleidung" angeführt (frei nach T. Jahnke 2005):

- In authentischen **Modellierungsaufgaben** hilft Mathematik, die Welt zu verstehen oder zu bewältigen.
- In (**guten**) **Einkleidungen** hilft die Welt, Mathematik zu verstehen oder zu bewältigen.
- Eine (**schlechte**) **Einkleidung** suggeriert, Mathematik würde tatsächlich so angewendet, dabei hat der Aufgabensteller nur einen Anlass gesucht, um einen bestimmten mathematischen Inhalt zu verpacken.

Sowohl in Modellierungen als auch guten Einkleidungen spielen außermathematische Kontexte eine tragende Rolle, in schlechten Einkleidungen kann man mit vollem Recht von „Pseudokontexten" sprechen.

Ein ausgeprägter Pseudokontext liegt im Beispiel „Rutsche" auf S. 74 vor. Eine hilfreiche Einkleidung ist etwa die „Murmelaufgabe" (S. 84, unten): Versuchen Sie einmal, eine Aufgabe, die denselben inhaltlichen Kern (Maß für zweidimensionale Streuung) trifft, innermathematisch zu formulieren und dabei verständlich zu bleiben! Das Murmelspiel trägt als Teil unserer Alltagsvorstellung offensichtlich erheblich dazu bei, dass wir ein mentales Modell für „zweidimensionale Streuung" entwickeln können.

Grenzen der Authentizität

Die hier dargestellten Überlegungen zur Authentizität dürfen nicht als idealistische Überzeichnungen aufgefasst werden. Davor bewahren aber wohl auch die konkreten Aufgabenbeispiele, die belegen, wie dem Gedanken der Authentizität der Prozesse in der Praxis Rechnung getragen werden kann. Der Abschnitt soll aber nicht enden, ohne auf die schulischen Grenzen der Authentizität hinzuweisen.

Zum ersten: Die hier geäußerten Ansprüche führen zur Forderung eines konsequent genetischen, problemorientierten und schülerzentrierten Unterrichts. Aus lernökonomischen (und auch aus lernpsychologischen) Gründen sind diesem Vorgehen Grenzen gesetzt. Schüler können nicht alle Mathematik nacherfinden. Lehrer müssen aus Normierungsgründen auch einen gewissen Teil fertiger, vorstrukturierter Mathematik in den Unterricht mitbringen. Insofern ist das Plädoyer für „prozessauthentische" Aufgaben als Richtungsorientierung zu verstehen. Hier muss bei der Aufgabenkonstruktion und bei der unterrichtlichen Verwirklichung visionäre Innovationsfreude mit pragmatischer Bescheidenheit verbunden sein.

Zum zweiten kann schulisches Lernen „ schon strukturbedingt" niemals volle Authentizität erlangen. Das in der Schule organisierte Lernen findet immer in einem didaktischen Schonraum statt. Das ist die große Stärke und Schwäche der Institution Schule zugleich (vgl. Baumert 2002). Die Schülerinnen und Schüler können herausgelöst aus den Zwängen des Alltags in der Gegenwart für die Zukunft lernen. Dabei können sie Irrwege beschreiten und aus Fehlern lernen. Bei voller Authentizität, z. B. in einem konsequenten Projektunterricht mit realen Problemen, können wie bei Projekten in der Realität (etwa beim Brückenbau) Fehler spürbar unangenehme Folgen haben. In der Schule hingegen sind Fehler als organischer Teil eines kreativen Lernprozesses zugelassen, ja sogar ausdrücklich erwünscht.

Darüber hinaus übersteigt das Lernpensum, das unsere Kinder und Jugendlichen bis zum Abschluss ihrer Schullaufbahn zu absolvieren haben, qualitativ wie quantitativ die Dinge, die ausschließlich in „echten" Situationen gelernt werden können. Hier müssen sich authentische Lerngelegenheiten auf der einen Seite und didaktisch konzipierte Lernumgebungen und über mehrere Jahre systematisch angelegte Lernprozesse auf der anderen Seite gegenseitig ergänzen.

3.2 Offenheit

Geschlossene Aufgaben – offene Aufgaben

Unter allen Aufgabenmerkmalen, die in den letzten Kapiteln zur Sprache gekommen sind, trat eines prominent hervor: das Merkmal „Offenheit". Viele Ansätze zur Weiterentwicklung der Aufgabenkultur fordern eine größere Offenheit von Aufgaben im Unterricht.

Wer außerhalb von Schule mit Mathematik forscht oder außermathematische Probleme löst, weiß, dass er sich fast immer in einer „offenen" Situation wiederfindet. Das Problem muss erst einmal konkretisiert werden, Lösungswege liegen nicht auf der Hand, das Ergebnis – falls es überhaupt ein eindeutiges gibt – ist zunächst unbekannt. Offenheit ist also ein typisches Merkmal eines authentischen Umgangs mit Mathematik.

In vielen Schulbüchern für den Mathematikunterricht hingegen finden sich noch in der Mehrzahl geschlossen formulierte Aufgaben, bei denen direkt ersichtlich ist, welches Verfahren angewendet werden muss, und die eine eindeutige Lösung haben.

Wenn Mathematik allgemeinbildend unterrichtet werden soll und mithin im Mathematikunterricht nicht nur für die Schule gelernt werden darf, so ist es wesentlich, dass „offene" Mathematikaufgaben hinreichend Berücksichtigung finden.

Wann aber ist eine Aufgabe „offen"? Wie schon zuvor das Merkmal Authentizität, lässt sich Offenheit am einfachsten über die Abgrenzung vom Gegenteil erklären. Die folgenden zwei Beispiele sind typische Aufgaben, die sicherlich in keinem Sinne als offen zu bezeichnen sind:

- Ein Bierdeckel hat einen Durchmesser von 107 mm, wie groß ist sein Umfang?
- Für welche x gilt $x^2 - 2x - 2 = 0$?

Diese geschlossenen Aufgaben unterscheiden sich von den zugehörigen gelösten Aufgaben

$$\pi \cdot 107\,\text{mm} \approx 336\,\text{mm} \qquad \text{bzw.} \qquad x_{1/2} = 1 \pm \sqrt{3}$$

nur dadurch, dass die in der Aufgabenstellung bereits vorgezeichneten Lösungsverfahren eben noch nicht ausgeführt wurden. Sie stehen aber ebenso wie das Ergebnis mit der Aufgabenstellung schon fest, es gibt im Prinzip nur eine gültige Wahl. Die „Aufgabe" des Bearbeiters ist lediglich, dieses Lösungsprogramm durchzuführen. Er muss also nichts anderes tun, als einem wohlbekannten breit ausgetretenen Pfad zu folgen, das richtige Ergebnis folgt dann mit algorithmischer Unerbittlichkeit.

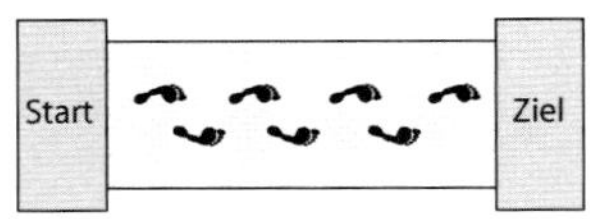

geschlossene Aufgabe

Dominiert dieser geschlossene Aufgabentyp den Mathematikunterricht, so ergeben sich beinahe zwangsläufig unerwünschte Nebenwirkungen:

- Bei Schülern festigt sich der Eindruck, im Mathematikunterricht gehe es allein darum, einen Satz von Verfahren beherrschen zu lernen, mit denen sich ein bestimmter Satz von Aufgaben bearbeiten lässt. Dies führt zu einer Überbetonung der Produktsicht von Mathematik.
- Schüler gewinnen den Eindruck, die Mathematik selbst bestehe aus bestimmten Typen von Aufgaben, die ihnen nur in der Schule begegnen. Ein Einblick in einen authentischen Umgang mit Mathematik bleibt ihnen verwehrt.
- Das Bearbeiten von Aufgaben kann dann zu einem willkürlichen und unreflektierten Ausprobieren kurz zuvor eingeübter Verfahren degenerieren. Schüler fragen sich nicht mehr, ob oder warum sie auf eine bestimmte Weise vorgehen.

Die Bevorzugung geschlossener Formate lässt sich keineswegs darauf zurückführen, dass sie etwa grundsätzlich leichter zu lösen sind. Vielmehr kann man die Schwierigkeit von solchen Aufgaben nahezu beliebig in die Höhe treiben, indem man z. B. schwierigere Zahlen oder Rechenausdrücke verwendet oder zusätzliche Zwischenschritte einbaut:

- Ein Bierdeckel hat einen Flächeninhalt von 8992 mm^2, wie groß ist sein Umfang?
- Für welche x gilt $2{,}4 \cdot x^2 - 4{,}9 \cdot x - 11{,}1 = -2{,}7 + 2{,}5 \cdot x + 1{,}3 \cdot x^2$?

Auf diese Weise sind die Aufgaben anspruchsvoller geworden, die Lösungswege sind mehrschrittig, Schüler müssen ein Zwischenergebnis ermitteln, das nicht explizit gefordert wird. Offener ist die Aufgabe jedoch keineswegs. Immer noch führt nur ein einziger Weg zu einem eindeutigen Ziel, das allenfalls zu Beginn des Weges noch nicht sichtbar ist.

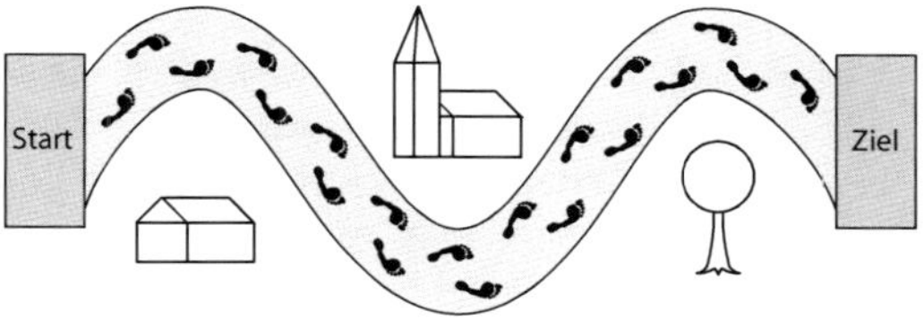

mehrschrittige geschlossene Aufgabe

In Deutschland wird seit den Analysen der TIMS-Studie wieder intensiv über die – im Übrigen seit langem bekannten – Defizite eines vom Kalkül dominierten Mathematikunterrichts diskutiert (vgl. BAUMERT U. A. 1997, BLUM/NEUBRAND 1998, FLADE/HERGET 2000 oder HENN 1999). Die Analyse von Schülerleistungen hat gezeigt, dass deutsche Schülerinnen und Schüler vor allem dort Schwierigkeiten haben, wo Aufgaben keinen geschlossenen, bereits einmal „durchgenommenen“ und in der Aufgabenstellung suggerierten Lösungsweg besitzen.

Als kennzeichnend für diese Situation kann folgende PISA-Aufgabe angesehen werden (vgl. OECD 2000, S. 6):

Hier siehst du eine Karte der Antarktis.

Schätze die Fläche der Antarktis, indem du den Maßstab der Karte benutzt. Schreibe deine Rechnung auf und erkläre, wie du zu deiner Schätzung gekommen bist. (Du kannst in der Karte zeichnen, wenn dir das bei deiner Schätzung hilft.)

Diese Aufgabe stellt ein offenes Pendant zur geschlossenen Bierdeckelaufgabe (s. S. 90) dar. Es gibt keinen vorgezeichneten Lösungsweg und die Schülerinnen und Schüler haben keine „Antarktisformel" zur Hand, mit der sie das Ergebnis kalkülmäßig hervorbringen können. Diese Aufgabe kommt jedoch dem Typ von Problemen nahe, wie sie im späteren Leben den Schülerinnen und Schülern einmal entgegentreten können: Das Erinnern an eine Jahre zuvor gelernte Formel ist weder möglich noch hilfreich, eine eindeutige, „richtige" Lösung ist nicht zu erwarten und auch nicht erforderlich. Der Weg zur Lösung ist gänzlich offen: Man kann die Fläche durch Kreise, Rechtecke oder kompliziertere zusammengesetzte Figuren annähern, man kann Ausschöpfen, Überdecken und entsprechend nach oben oder unten abschätzen. Am elegantesten ist es vielleicht sogar, den Kontinent nur teilweise mit einer passenden und zugleich einfach zu berechnenden Figur so zu überdecken, dass überstehende und zu viel überdeckte Teile sich nach Augenmaß aufheben.

Stellt man bei dieser Aufgabe die Lösungswahrscheinlichkeiten verschiedener vergleichbarer Nationen gegenüber, so scheint es, dass niederländische Schülerinnen und Schüler mit solchen offenen Problemen besonders flexibel umgehen können. Mit 62,2 % ganz oder teilweise richtigen Lösungen liegen sie weit über dem internationalen Schnitt von 37,5 %. Deutschland liegt mit 39,8 % noch knapp darüber, Italien mit 20,2 % deutlich darunter.

Noch interessanter ist es, zu schauen, welcher Anteil mit dieser Aufgabe gar nichts anzufangen wusste. Während hier international 41,3 % der Schülerinnen und Schüler aufgaben, bevor sie auch nur einen Ansatz notierten, lag dieser Anteil in Italien bei über 69,2 %, in Deutschland bei 39,6 % und in den Niederlanden bei nur 10,0 %.

Diese Befunde deuten auf sehr nationenspezifische Aufgaben und Unterrichtskulturen hin. So wurde für die deutschen Schülerinnen und Schüler parallel zu den Schwierigkeiten im Umgang mit offenen Aufgaben gleichzeitig eine relative Stärke bei den geschlossenen Aufgaben festgestellt (vgl. BAUMERT/ LEHMANN u. a. 1997). Dies ist für die Aufgaben- und Unterrichtsentwicklung durchaus ermutigend, lässt es sich doch so interpretieren, dass die Stärken von Schülerinnen und Schülern durch die vorherrschenden Aufgabentypen beeinflusst werden können. Vor diesem Hintergrund liegt ein einfacher Ansatz zur Unterrichtsentwicklung auf der Hand: „Mehr offene Aufgaben in den Unterricht!"

Ein Klassifikationsschema für Offenheit

Natürlich kann man den Schülerinnen und Schülern nicht von heute auf morgen und nicht ausschließlich offene Aufgaben vorsetzen und hoffen, alles werde sich zum Guten wenden. Vielmehr kann der Weg nur über den wohlüberlegten und systematisch gesteigerten Einsatz offener Aufgaben führen. Doch woher soll man gute offene Aufgaben nehmen? Die bekannten Beispiele offener Aufgaben reichen alleine nicht aus. Zum Glück ist es nicht schwierig, ganz gewöhnliche geschlossene Aufgaben systematisch in offene Aufgaben zu verwandeln. Wir stellen im Folgenden entsprechende Techniken zur Öffnung vorhandener Aufgaben dar und nutzen dazu eine einfache Kategorisierung von Aufgaben (in Anlehnung an BRUDER 2000, S. 70).

In der Tabelle werden Aufgabentypen danach unterschieden, wie offen sie sind bezüglich

- der Informationen über die Ausgangssituation (**Start**),
- der Methode bzw. des Lösungsverfahrens (**Weg**) und
- ihrer Lösung bzw. ihres Ergebnisses (**Ziel**).

Ein „x" in der Tabelle bedeutet jeweils, dass dieser Teil mit der Aufgabenstellung (vollständig) bekannt ist, ein „—", dass dieser Teil (vollständig) unbekannt ist. Rein kombinatorisch ergeben sich die acht Aufgabentypen, die in der Tabelle dargestellt sind und die für die Unterrichtspraxis alle eine Rolle spielen können.

Start Situation, Information	Weg Methode, Verfahren	Ziel Ergebnis, Lösung	Aufgabentyp
×	×	×	Beispielaufgabe
×	×	—	geschlossene Aufgabe
×	—	×	Begründungsaufgabe
×	—	—	Problemaufgabe
—	—	—	offene Situation
—	×	×	Umkehraufgabe
—		×	Problemumkehr
—	—	—	Anwendungssuche

authentische Aufgaben: Begründungsaufgabe, Problemaufgabe, offene Situation
offene Aufgaben: Begründungsaufgabe bis Anwendungssuche

Die ersten beiden Aufgabentypen sind klassische Formate des Mathematikunterrichts. Wer ein (traditionelles) Schulbuch aufschlägt, findet häufig direkt nach dem Einstieg in ein neues Thema gelöste Beispielaufgaben (× × ×), die das gewünschte Verfahren vorexerzieren und dann dazu eine Reihe von geschlossenen Aufgaben (× × —), an denen das Verfahren nachvollzogen und eingeschliffen werden soll. Nicht der reflektierte Umgang mit dem Verfahren, sondern vielmehr dessen Automatisierung steht im Vordergrund (Alternativen finden sich in Kap. 4.3 unter „reflektierendes Üben").

Beispiel: Bestimme den Mittelwert und runde das Ergebnis auf eine Nachkommastelle. 1,22 m; 1,2 m; 1,19 m; 1,2 m; 1,35 m

Der Mittelwert beträgt gerundet 1,2 m.

Aufgabe: Die vier 6. Klassen haben 26, 27, 28 und 29 Schüler. Bestimme den Mittelwert der Schülerzahlen.

Aus: Lambacher/Schweizer, Gymnasium, Klasse 10, NRW, 2000, S. 206 f.

Wenn solche geschlossenen Formate überwiegen, verstellen sie den Blick auf einen authentischen Umgang mit Mathematik. Bei authentischen Aufgaben (ob nun innermathematisch problemlösend oder außermathematisch modellierend) ist zumindest der Lösungsweg zunächst unklar. Zu den authentischen Aufgaben zählen die drei in der Tabelle fett gedruckten Aufgabentypen.

Begründungsaufgaben (× — ×) entstehen beispielsweise, wenn man das Ziel in Form einer Vermutung schon vor Augen hat. Sie gehören zum täglichen Brot des beweisenden Mathematikers, sind aber auch unabdingbar für schulisches Mathematiktreiben. In der Praxis überwiegen **Problemaufgaben** (× — —), zu denen in dieser Kategorisierung auch Modellierungsaufgaben zählen, und gänzlich **offene Situationen** (— — —), bei denen auch die Ausgangssituation nicht vollständig definiert ist.

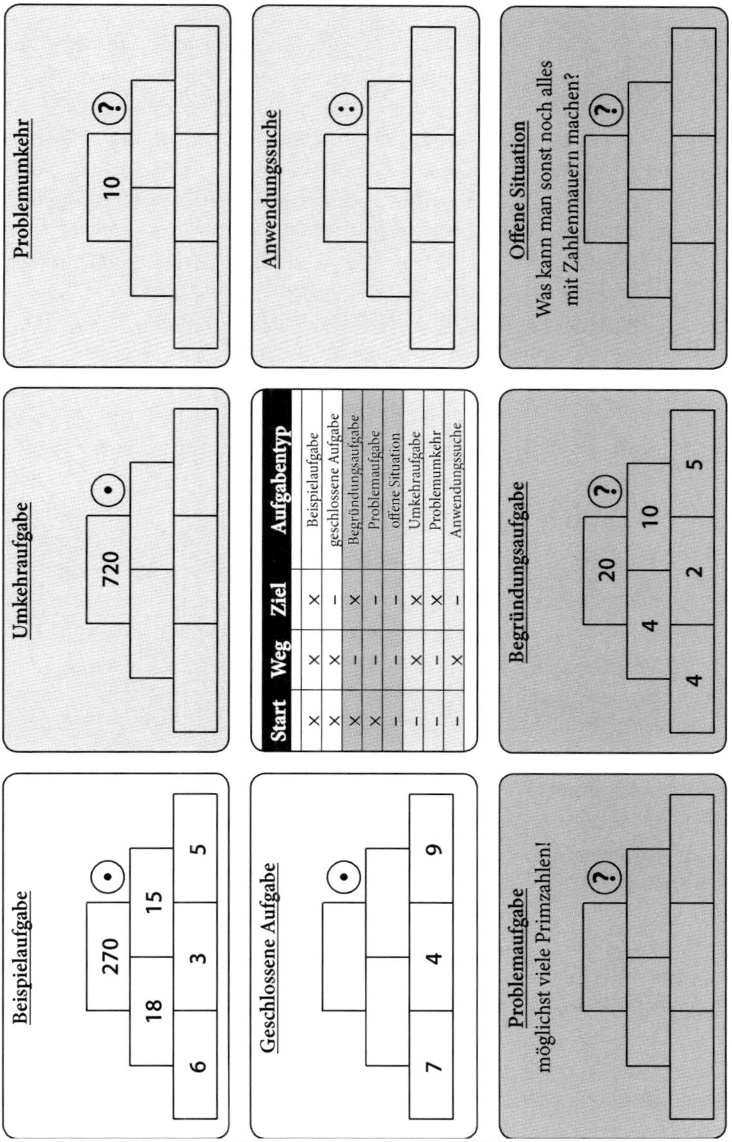

Start	Weg	Ziel	Aufgabentyp
X	X	X	Beispielaufgabe
X	X	–	geschlossene Aufgabe
X	–	X	Begründungsaufgabe
X	–	–	Problemaufgabe
–	–	–	offene Situation
–	X	X	Umkehraufgabe
–	–	X	Problemumkehr
–	X	–	Anwendungssuche

Bei den dargestellten Zahlenmauern wird rechts neben dem obersten Stein jeweils die Verknüpfung vorgegeben. Bei einem „?“ kann diese frei gewählt werden bzw. ist sie gesucht.

Bei den drei unteren, in der Tabelle hellgrau unterlegten Aufgabentypen, der **Umkehraufgabe** (– × ×), der **Problemumkehr** (— — ×) und der **Anwendungssuche** (— × —) handelt es sich um Aufgaben, die eher nicht typisch für das authentische Mathematiktreiben sind, sondern eigens für das schulische Lernen konstruierte **„didaktische Inversionen"**. Sie entstehen aus geschlossenen Aufgaben durch „Umkehren" und gewinnen dadurch Offenheit. Durch die Umkehrung der Fragerichtung und das entgegengesetzte Durchlaufen von Verfahren eignen sich diese Aufgaben vor allem zum verständnisorientierten Üben (vgl. Kap. 4.3) und für die Diagnose echten Verstehens (Kap. 5.1).

Die acht Zahlenmauern aus der Übersichtstafel (s. S. 95) illustrieren die Aufgabentypen aus der Tabelle noch einmal an einem einzigen Kontext.

Aufgaben öffnen

Wie erhält man offene Aufgaben? Das Verfahren lässt sich leicht auf eine Formel bringen:

> Öffne die Grundformen „Beispielaufgabe" oder „geschlossene Aufgabe" durch Umkehrung, durch Variation oder durch Weglassen.

Auf diesem Weg lassen sich nicht nur Zahlenmauern wie auf S. 95 öffnen, sondern fast alle vorliegenden geschlossenen Aufgaben, insbesondere auch Schulbuchaufgaben. Wir werden dies im Folgenden mit Beispielen für alle sechs offenen Aufgabentypen zeigen.

Begründungsaufgaben (× — ×) erhält man aus geschlossenen Aufgaben, indem man neben der Ausgangssituation auch das Ergebnis angibt und nach dem Lösungsweg oder einer Begründung für den Lösungsweg fragt. Zur Verdeutlichung haben wir eine übliche Schulbuchaufgabe zum Thema Winkelsumme ausgewählt.

Die Winkelsumme in einem n-Eck beträgt: (n – 2) · 180°.
Insbesondere beträgt die Winkelsumme in einem Viereck 360°.
Aufgabe: *Berechne die Winkelsumme in einem a) 5-Eck, b) 11-Eck, c) 37-Eck.*

Aus: LAMBACHER/SCHWEIZER, Gymnasium, Klasse 7, NRW, 2000, S. 120 f.

Nach der Darbietung der Formel soll diese trainiert werden, damit sie sich „einschleift". Die Ausgangsdaten und das Verfahren sind eindeutig festgelegt, es kommt nur noch darauf an, das n richtig einzusetzen. Auch wenn ein Schüler alle drei Teilaufgaben richtig löst, ist nicht klar, ob er den zugrunde liegenden geometrischen Zusammenhang verstanden hat oder ob er einfach ein guter Formelanwender ist. Neue Einsichten lassen sich im Abarbeiten der drei Teilaufgaben ebenfalls nicht gewinnen.

Eine Variante der Öffnung dieser Aufgabe zu einer Begründungsaufgabe haben wir in der Einführung dieses Buches präsentiert:

> Begründe mithilfe einer Zeichnung, warum die Winkelsumme in einem Achteck 1080° beträgt.

Diese Aufgabe zielte dort auf die Überprüfung, ob ein Schüler das zugrunde liegende Verfahren verstanden hat. Diese verständnisorientierte Öffnung wird auch dadurch unterstützt, dass die Zeichnung zum Medium der Auseinandersetzung vorgegebenen wird.

Eine Begründungsaufgabe kann aber auch zur Entdeckung dieses Verfahrens und somit zum entdeckenden Lernen genutzt werden. Das induktive Entdecken der Vermutung durch Zeichnen und Messen nach Auftrag ist hier nämlich weniger interessant als die Entdeckung einer Begründung. So hätte man auch direkt die folgende Aufgabe stellen können:

> Finde eine Begründung dafür, dass die Winkelsumme in einem Fünfeck immer 540° beträgt.

Diese Frage nach der Begründung führt aber nur zu einer Öffnung, wenn sie nicht durch das Abspulen eines Algorithmus beantwortet werden kann. Wenn die Formel für die Winkelsumme bekannt ist, würde die Aufforderung: „Begründe, warum die Winkelsumme in einem Achteck 1080° beträgt", vermutlich nur zum „Aufsagen" der Formel führen.

An diesen Beispielen lässt sich gut zeigen, dass die Offenheit einer Begründungsaufgabe auch von den vorhandenen Kompetenzen der Schülerinnen und Schüler und damit von der Platzierung der Aufgaben im Unterricht abhängt. Denn auch die an einer Zeichnung orientierte Begründung kann zum Abspulen eines Verfahrens führen, wenn die Begründung zunächst am 4-Eck, dann am 5-Eck, am 6-Eck und am 7-Eck trainiert wurde und schließlich nur auf das 8-Eck übertragen werden soll.

Eine Begründungsaufgabe ist also dann offen, wenn der Unterrichtskontext keinen Lösungsweg besonders nahe legt oder wenn zunächst nicht klar ist, wie ein bekannter Lösungsweg in der Ausgangssituation angewendet werden kann.

Problemaufgaben (× — —) zeichnen sich dadurch aus, dass zwar Klarheit über die Ausgangssituation herrscht, aber noch nicht absehbar ist, wie die Lösung aussieht und welcher Weg dorthin führt. Man erhält sie aus geschlossenen Aufgaben, indem die Aufgabenstellung so variiert wird, dass kein Standardverfahren zur Lösung mehr nahe liegt. Dies gelingt z. B. durch Weglassen von Angaben, die die Abarbeitung eines bestimmten Verfahrens andeuten. Aus der Aufgabe:

> *Ein Kinobesitzer will am ruhigen Montag Kunden anlocken. Daher bietet er an diesem Tag alle Karten zu 3 € statt zu 8 € an. Statt der üblichen 30 Besucher kommen 50. Hat sich die Aktion gelohnt?*

wird durch Weglassen:

> Ein Kinobesitzer will am ruhigen Montag seine Auslastung verbessern.
> Üblicherweise kommen nur ca. 30 Besucher. Seine Konkurrenz lockt die Besucher montags mit niedrigeren Preisen, das möchte er nun auch machen. Wann genau lohnt sich seine Aktion?

Eine Öffnung der „Kreisflächenaufgabe“ aus Kap. 2.3 auf S. 58 bezüglich des Weges und damit auch des Ergebnisses könnte so aussehen:

> Schneide aus einem gegebenen Quadrat Kreise mit gleichem Radius aus. Dabei soll vom Quadrat möglichst wenig übrig bleiben.

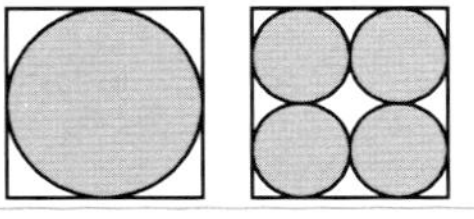

Eine andere Öffnung dieser Aufgabe durch Hinzufügen eines Kontexts und die Aufforderung, Entscheidungen zu treffen, finden Sie in der „Sauerkrautaufgabe“ (Kap. 2.3, S. 48)

Aufgaben, die geschlossen sind, weil ein Standardverfahren zur Lösung nahe liegt, werden für eine Lerngruppe auch dann offen, wenn diese das Standardverfahren noch nicht kennt. Wenn zum Beispiel Schülerinnen und Schüler keine Formel für das Volumen einer Kugel zur Verfügung haben, dann müssen sie andere Wege entdecken, um diese Volumen näherungsweise zu bestimmen. Auf dieselbe Weise kann man die „Bierdeckelaufgabe“ von S. 90 öffnen.

Schülerinnen und Schülern, denen das Standardverfahren der Kreisberechnung bereits bekannt ist, kann man die „Antarktisaufgabe“ (S. 92) vorlegen und schon sind Ziel und Weg wieder offen.

Die Einstiegsaufgabe in dieses Kapitel: Für welche x gilt $x^2 - 2x - 2 = 0$? wird eine Problemaufgabe, wenn Verfahren wie die quadratische Ergänzung oder eine geschlossene Lösungsformel noch nicht bekannt sind. In einer Klasse 6 kann man z. B. leicht abgewandelt fragen:

Für welche x ist $x \cdot x$ genauso groß wie $2x + 2$?

Weitere Beispiele für Aufgaben zum Problemlösen und deren Konstruktion finden sich in Kapitel 2.2.

Eine **offene Situation** (— — —) lässt sich meist aus einer geschlossenen Aufgabe dadurch gewinnen, dass Informationen oder Vorgaben weggelassen werden. Oft wird schon dadurch die Lösung unklar und es drängt sich auch kein bekanntes Verfahren auf. Solche Aufgaben können zum Beispiel darin bestehen, ein **Verfahren zu entdecken**. Anstelle der obigen geschlossenen Aufgabe zu quadratischen Gleichungen kann man vor Behandlung eines allgemeinen Lösungsverfahrens auch fragen:

Finde einen Weg, wie man ein oder mehrere Werte für x finden kann, für die die Gleichung $x^2 - 2 \cdot x - 2 = 0$ gilt. Prüfe, ob das Verfahren bei ähnlichen Gleichungen, wie z. B. $x^2 + 8 \cdot x - 1 = 4$ funktioniert.

Andere Beispiele für offene Situationen, die nicht auf ein Lösungsverfahren, sondern auf ein Ergebnis zielen, sind die **FERMI-Aufgaben** (vgl. Kap. 4.3). Sie zeichnen sich durch eine Fragestellung aus, zu der zunächst kaum Daten vorliegen. Aus der geschlossenen Schulbuchaufgabe kann man einfach durch Weglassen von Informationen, die hier den Lösungsweg schon vorstrukturieren und einengen, eine FERMI-Aufgabe machen:

Weltweit wurden 1992 etwa 5,6 · 1011 Hühnereier produziert.
Wie viel km hoch ist der Stapel, wenn man sie sich in die üblichen 10er-Packungen (Höhe 6 cm) abgepackt und diese aufeinander geschichtet denkt?

Aus: LAMBACHER/SCHWEIZER, Gymnasium, Klasse 10, NRW, 2000, S. 27

Wie hoch wäre ein Turm aus allen Hühnereiern, die weltweit in einem Jahr gelegt werden?

In Kap. 4.3 gehen wir intensiver auf FERMI-Aufgaben ein, da ihnen viel Potenzial zur Unterrichtsentwicklung innewohnt.

Als genereller Weg für die Erzeugung offener Situationen hat sich, wie schon die Symbolisierung (— — —) nahe legt, das *Weglassen* herausgestellt.

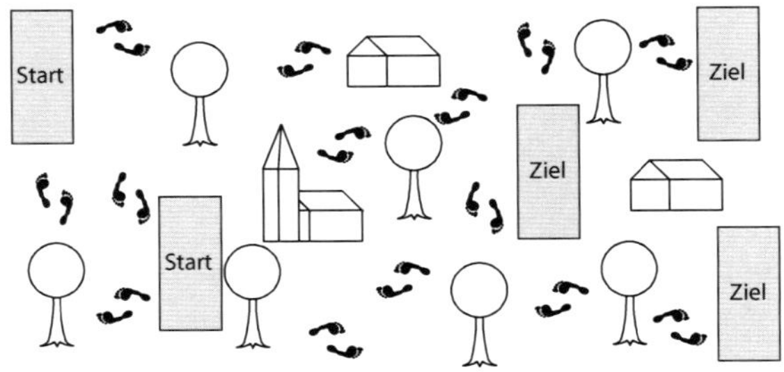

offene Situation

Von den Aufgabentypen **Umkehraufgabe** (— × ×), **Problemumkehr** (— — ×) und **Anwendungssuche** (— × —) haben wir behauptet, hierbei handele es sich nicht um authentische Aufgaben, sondern um „didaktische Inversionen". Sollte man solche Aufgaben also überhaupt stellen?

Diese drei Aufgabentypen ähneln etwas einer Schatzsuche, die Eltern für einen Kindergeburtstag vorbereiten. Eigentlich existiert kein echter Schatz, von dem wirklich niemand weiß, wo er liegt. Die Eltern verstecken vielmehr einen Ersatzschatz in bester pädagogischer Absicht und die Kinder haben ihren Spaß beim Suchen. Niemand käme auf den Gedanken, die Schatzsuche als „unauthentisch" zu verbannen: Spiele gewinnen ihren Wert nicht aus objektiver Authentizität, sondern aus ihrem aktivierenden Charakter. Für die Kinder ist es eine „echte" Suche, denn sie wissen nicht, wo der Schatz steckt, und es ist ein „echter" Schatz, den zu finden für sie ein lohnenswertes Ziel darstellt.

Ähnlich ist es bei den genannten Aufgabentypen, bei denen geschlossene Aufgaben durch eine Ziel- oder Perspektivenumkehr geöffnet werden. Dadurch entstehen zwar keine authentischen Aufgaben, aber Aufgaben, die ein besseres Verständnis von Verfahren ermöglichen als geschlossene Aufgaben. Eine durchweg anwendbare Technik ist die **Zielumkehr**. Statt den Flächeninhalt eines Dreiecks mit der Flächeninhaltsformel ausrechnen zu lassen, können Sie auch die folgende Aufgabe stellen:

> Gib mögliche Längen von Grundseite und Höhe eines Dreiecks an, dessen Flächeninhalt $72\,cm^2$ beträgt.

Während konkrete Ausgangswerte nur zu einem Ergebnis führen, trifft ein vorgegebenes Ergebnis für beliebig viele Ausgangswerte für Grundseite und Höhe zu. Diese Situation ist typisch: Wann immer viele Ausgangsdaten auf ein Ergebnis führen, bringt eine Zielumkehr zwangsläufig ein Informationsdefizit und damit eine Öffnung mit sich.

Darüber hinaus muss oft mit dem Lösungsweg anders und flexibler umgegangen werden. Hier zeigt sich dies darin, dass nicht mehr in die Flächeninhaltsformel eingesetzt werden kann, sondern auf eine andere Art operativ mit ihr umgegangen werden muss.

Die geöffnete Aufgabe legt viele gehaltvolle Variationen und Erweiterungen direkt nahe:

- Finde möglichst viele verschiedene Dreiecke, deren Flächeninhalt $72\,cm^2$ beträgt.
- Wie viele ganzzahlige Kombinationen von Länge der Grundseite und Länge der Höhe gibt es dabei?
- Zeichne verschiedene Dreiecke mit der gleichen Grundseite und dem Flächeninhalt $72\,cm^2$.

Die Philosophie einer Umkehraufgabe gibt das folgende Bild gut wieder:

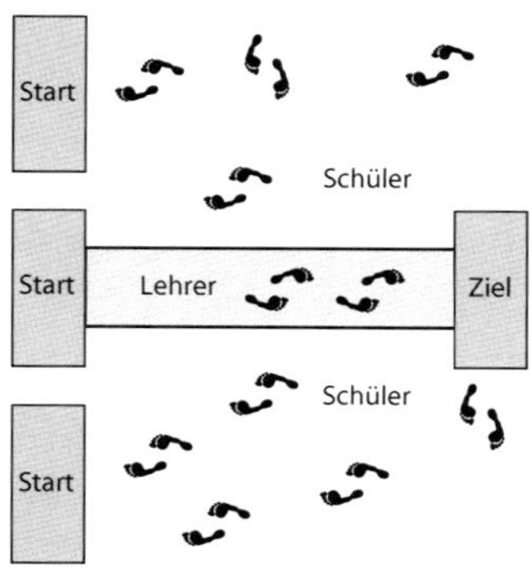

Umkehraufgabe

Diese Situation lässt sich auch handfest als Spiel für den Unterricht inszenieren:

Denke dir die Längen für Grundseite und Höhe eines Dreiecks aus und nenne deinem Partner dessen Flächeninhalt. Lass ihn raten, welche Werte du dir ausgedacht hast.

Umkehraufgaben lassen sich aus (fast) allen geschlossenen Aufgaben entwickeln. Aus der Einstiegsaufgabe mit dem Mittelwert der Klassengrößen auf S. 94 könnte man zum Beispiel die folgenden Aufgaben entwickeln:

In die vier sechsten Klassen einer Schule gehen im Durchschnitt 29,5 Kinder. Finde Möglichkeiten, wie viele Kinder in der 6a, in der 6b, in der 6c und in der 6d sein können.

oder auch

> Kevin, Chantal, Jaqueline und Marvin sind Geschwister. Ihr Durchschnittsalter beträgt 13,75 Jahre. Gib möglichst viele Möglichkeiten dafür an, wer wie alt sein könnte.

Die **Problemumkehr** (— — ×) ist der Umkehraufgabe sehr ähnlich. Wieder geht man von einem Ergebnis aus und lässt die Ausgangssituation bestimmen. Bei der Problemumkehr ist jedoch zusätzlich der Weg, auf dem das Ergebnis erhalten wurde, weder explizit noch implizit offensichtlich. Man kann z. B. Problemumkehr betreiben, indem man wörtlich ein Problem umkehrt. Aus der Kerzenaufgabe in Kapitel 2.1 auf S. 18 wird dann

> Du zündest zwei Kerzen an. Nach sechs Stunden sind sie genau gleich lang. Gib Möglichkeiten an, wie lang sie am Anfang gewesen sein können.

Auch innermathematische Probleme lassen sich gut umkehren. Aus

> Bilde Rechenaufgaben aus den Zahlen 3, 17 und 8, mit möglichst großem (möglichst kleinem/geradem/ungeradem) Ergebnis.

wird zum Beispiel

> Finde verschiedene Rechenaufgaben mit dem Ergebnis 138 nur mit jeweils ganzen Zahlen/mit mindestens einer negativen Zahl/nur mit Zahlen, die größer als null und kleiner als eins sind.

Der letzte Typ Aufgabe mit einer „didaktischen Inversion" ist die **Anwendungssuche** (— × —). Hier wird ein Verfahren oder ein Modell vorgegeben und gefragt, wozu es taugt. Gerade angesichts der Universalität mathematischer Modelle (vgl. Kap. 2.1) ist dieser Aufgabentyp gut geeignet, um Möglichkeiten und Grenzen eines Modells auszuloten. Aus der geschlossenen Aufgabe: „Löse mit dem Dreisatz: 8 Eier kosten 1,76 €. Wie viel kosten 12 Eier?", wird dann

> Gib möglichst unterschiedliche Probleme an, die du mit dem Dreisatz lösen kannst, und löse sie. Gibt es Probleme, die du nicht mit dem Dreisatz lösen kannst?

Auch in anderen Themenbereichen, in denen Modelle eine besondere Rolle spielen, lassen sich solche Anwendungssuchen durchführen, z. B.:

- Geschichten zu Grafen schreiben (vgl. Herget/Malitte/Richter 2000, Bell/Brekke/Swann 1987)
- Probleme zu gegebenen Baumdiagrammen suchen.

Wenn man sich abschließend die entwickelten Öffnungstechniken ansieht, so lassen sich die folgenden Vorgehensweisen erkennen:

Techniken zum Öffnen von Aufgaben
• Aufforderung zur Begründung/zur Strategiefindung
• Variation der Ausgangssituation/der Festlegung auf Darstellungsarten
• Weglassen von Vorgaben oder Informationen
• Vorwegnehmende Platzierung im Unterricht
• Zielumkehr/ Perspektivenumkehr
• Anwendungssuche für Modelle/Verfahren

Diese Techniken sind alle gut geeignet, um Aufgaben zu öffnen. Am naheliegendsten und vor allem am einfachsten ist wohl das Öffnen durch Umkehr, weil unmittelbar abzuschätzen ist, welche Konsequenzen sich für die Aufgabe ergeben. Aber auch für die anderen Techniken gilt: Ihre Anwendung ist nicht von der Genialität des Aufgabenkonstrukteurs abhängig, sondern eine Frage der Übung – nur deshalb verdienen sie die Bezeichnung „Technik"!

3.3 Differenzierungsvermögen

Schülerinnen und Schüler insbesondere nach ihren Fähigkeiten und Leistungen zu differenzieren ist die pädagogische Antwort auf die Individualität der Lernenden. Das Differenzieren über Aufgaben bedeutet insbesondere, alle Schülerinnen und Schüler mit Anforderungen zu konfrontieren, die sie für ihren individuellen Lernprozess jeweils nutzbringend bearbeiten können.

Generell lassen sich zwei schulorganisatorische bzw. didaktische Strategien der Differenzierung unterscheiden: die äußere und die innere Differenzierung. Ein Weg, das Problem der Passung von Schülerinnen und Schüler und Klassenunterricht zu lösen, ist die Homogenisierung von Lerngruppen durch möglichst passgenaue Selektion der Schüler. Dieses auch als äußere Differenzierung bezeichnete Konzept geht auf Johann Amos Comenius (1592–1670) zurück, der u. a. propagierte, alle Schülerinnen und Schüler eines Geburtsjahres in einer Jahrgangsklasse zusammenzufassen. Das mehrgliedrige deutsche Schulsystem folgt dem Gedanken der äußeren Differenzierung noch heute in der Hoffnung, dass Schülerinnen und Schüler in leistungshomogeneren Gruppen besser gefördert werden können. Letztlich folgt dieses Prinzip dem Gedanken, den Schüler an den Unterricht anzupassen. Dabei ist die Gefahr groß, dass schwächere Schüler nicht gefördert, sondern durch Sitzenbleiben oder Schulformwechsel nach unten durchgereicht und dass stärkere Schüler unterfordert werden.

Die homogene Lerngruppe ist trotz aller organisatorischen Bemühungen bis heute Fiktion. Im Schulalltag ist dies offensichtlich: Jede Schülerin und jeder Schüler hat besondere Hintergründe, spezielles Vorwissen, bestimmte Kompetenzen und individuelle Lerngewohnheiten. Ein guter Unterricht muss sich daher mit den individuellen Voraussetzungen und dem unterschiedlichen Leistungspotenzial in einer Klasse auseinandersetzen. In heterogenen Lerngruppen – und wir müssen davon ausgehen, dass dies nicht nur in integrierten Schulsystemen, sondern auch für in Schulformen separierte Klassenverbände gilt – ist daher eine **innere Differenzierung**, d. h. die Anpassung des Unterrichts an die Schülerinnen und Schüler – auch innerhalb einer Lerngruppe – unabdingbar.

In diesem Buch, das die Differenzierung aus der Perspektive der Konstruktion von Aufgaben durch den Lehrer und die Lehrerin betrachtet, geht es allein um innere Differenzierung. Eine Aufgabe für alle Schüler, die nur eine Lösung zulässt, die auf nur einem Weg gefunden werden kann, muss in dieser Hinsicht unweigerlich unproduktiv sein. Richtet man die Anforderungen ausschließlich an einem fiktiven „mittleren Schüler" aus, so ist eine dauerhafte Überforderung des einen und eine Unterforderung des anderen Teils der Lerngruppe die Folge. Der erste Teil hat fortwährend Misserfolgserlebnisse und wendet sich frustriert ab, der zweite kann seine Leistungsfähigkeit nicht entfalten und langweilt sich. Im Sinne einer bestmöglichen Förderung aller Schülerinnen und Schüler erscheint es also nicht nur uneffektiv, sondern ungerecht, an alle die gleiche Anforderung zu stellen. Der Ausweg besteht allein in der Berücksichtigung der Individualität des Lernens durch eine Binnendifferenzierung innerhalb der Klasse.

Eine solche Individualisierung findet im Unterricht allerdings an mehreren Stellen ihre Grenzen:

- Eine passgenaue Ausrichtung jeder einzelnen Aufgabe auf einen Schüler setzt eine perfekte Diagnose durch den Lehrer voraus. Die hierfür notwendige weitgehende Rekonstruktion der individuellen Voraussetzungen ist aber prinzipiell nicht möglich. Zu den Gründen hierfür gehört die begrenzte Mitteilbarkeit und Messbarkeit von Wissen und Fähigkeiten, aber auch die ebenfalls begrenzte Bereitschaft eines Schülers, demjenigen, der ihn bewertet, seinen Entwicklungsstand zu offenbaren.

- Eine individuelle Diagnose und nachfolgende Aufgabenkonstruktion für jeden Einzelschüler ist unter den Rahmenbedingungen der „Organisationsform Schule“ nicht praktikabel.
- Eine konsequente Individualisierung des Lernprozesses würde verkennen, dass soziale Prozesse eine wichtige Rolle beim Mathematiklernen spielen. Gerade für das Begriffsbilden und das Argumentieren ist es notwendig, dass Schülerinnen und Schüler an gemeinsamen Problemen arbeiten und über sie kommunizieren.

Angesichts der in der Einführung dieses Buches (Kap. 1) erläuterten besonderen Bedeutung von Aufgaben bei der Gestaltung von Lernprozessen im Mathematikunterricht liegt es nahe zu fragen: Wie kann man durch Aufgaben eine Differenzierung der Anforderungen erreichen, die an die Voraussetzungen der einzelnen Schüler anknüpft, soziale Prozesse nicht ausblendet, die prinzipiellen diagnostischen Grenzen berücksichtigt und im Schulalltag zu leisten ist? Natürlich gehen die Bemühungen zum Differenzieren im Mathematikunterricht weit darüber hinaus. Zu fragen ist beispielsweise: Welches sind die Aspekte, nach denen sich Lernende unterscheiden? – neben Leistungsunterschieden gibt es beispielsweise Unterschiede in den sprachlichen Voraussetzungen oder in der Arbeitsweise. Welche dieser Unterschiede sind besonders relevant? Welche sollen ausgeglichen werden? Welche unterrichtlichen Strukturen (etwa Förderunterricht) gibt es dazu. Dieser umfassenderen Perspektive des Differenzierens im Mathematikunterricht – auch mit Aufgaben – widmet sich das Praxisbuch „Flexibel differenzieren fokussiert fördern“ von Leuders/Prediger (2015).

Im Folgenden werden anhand konkreter Aufgabenbeispiele und Konstruktionshinweise Anregungen für die Differenzierung mit Aufgaben gegeben. Dabei stellen wir drei Aufgabentypen vor, sortiert nach abnehmender Explizitheit der Differenzierung in den ausformulierten Aufträgen. Je weniger explizit die Differenzierung, z. B. über Teilaufgaben, vorgenommen wird, desto stärker werden Lernende zu Akteuren der Differenzierung.

Aufgaben mit gestuften Anforderungsniveaus

Eine Form der Differenzierung durch Aufgaben, die im Mathematikunterricht gut verankert ist, ist die der gestuften Anforderungen. Hier wird eine Aufgabe derart in Teilaufgaben oder Einzelaufträge zerlegt, dass das Anforderungsniveau kontinuierlich steigt. Aufgaben mit besonders hohem Schwierigkeitsgrad werden für die Schüler oft durch „Sternchen“ gekennzeichnet. Diese Form der expliziten Differenzierung kann jedoch den Nachteil mit sich bringen, dass die „Sternchenaufgaben“ leistungsfähigeren Schülern als Beschäftigungstherapie erscheinen oder als zusätzliche Arbeit, die sie aus Gründen der Gruppenkonformität nur ungern erbringen. Schwache Schüler neigen dazu, solche Aufgaben von vornherein als für sie nicht lösbar auszuklammern. Auf diesem Weg wird bei vielen schwächeren Schülerinnen und Schülern die negative Einschätzung der eigenen Fähigkeiten unerwünscht verstärkt.

Es erscheint daher sinnvoller, Aufgaben mit gestufter Schwierigkeit so anzulegen, dass alle Schülerinnen und Schüler die Bearbeitung möglichst vieler Teilaufgaben prinzipiell ins Auge fassen. Dazu sollten die Aufgaben nicht einfach in ihren technischen Anforderungen schwieriger werden, sondern es sollte sowohl technische als auch verständnisorientierte Aufgaben auf unterschiedlichen Niveaus geben. Bevor wir einige Anregungen geben, wie man eine Aufgabe mit gestuften Anforderungen stellt, zeigen wir an zwei Beispielen, wie es nicht sein sollte:

▶ Beispiel 1: Berechne.

$a \cdot a^4$; $a^3 \cdot a^7$; $a^3 \cdot a^7 \cdot a^5$; $a^{-5} \cdot a^{-2}$;
$a^{-2} \cdot a^7 \cdot a^{-10}$; $a^2 \cdot a^{12} \cdot a^{-1}$; $a^2 \cdot a^{12} \cdot a^{-10} \cdot a^{25} \cdot a^{11} \cdot a^{-7}$

▶ Beispiel 2: Eine kleine Tüte Popcorn kostet 2,50 €, eine große 4 €.

a) Die kleine Tüte ist 15 cm breit, 8 cm tief und 25 cm hoch.
Berechne das Volumen.

b) Die große Tüte ist doppelt so breit, hoch und tief.
Berechne das Volumen.

c) Wie viele kleine Tüten passen in eine große?

d) Vergleiche die Preise.

Bei der ersten Aufgabe werden die Anforderungen allein über die Ausweitung des technischen Aufwands gesteigert. Mit solchen Aufgaben wird man eher die Konzentrationsfähigkeit und Fehleranfälligkeit bei der Abarbeitung einer technischen Routine feststellen. Die zweite Aufgabe ist durch die Zerlegung eines längeren Lösungsweges entstanden. Dabei besteht die Gefahr, dass die Schüler sich bei der Aufgabe an den Teilaufträgen entlanghangeln und diese lösen, ohne den Kontext ernst zu nehmen und ohne den Sinn der Rechnung im Ganzen zu verstehen.

Gestufte Aufgaben müssen aber nicht zwangsläufig so aussehen: Zu einem **Aufgabenkontext** können auch **unabhängige Teilaufgaben** gestellt und diese nach ihrer Anforderung bewertet werden. Der Kontext kann dabei ein innermathematischer oder außermathematischer sein, die Anforderungsart (qualitatives Verständnis, Vernetzung, technische Rechnung usw.) sollte variieren. Nach dem folgenden Schema kann man (grob) das Anforderungsniveau von Teilaufgaben einschätzen.

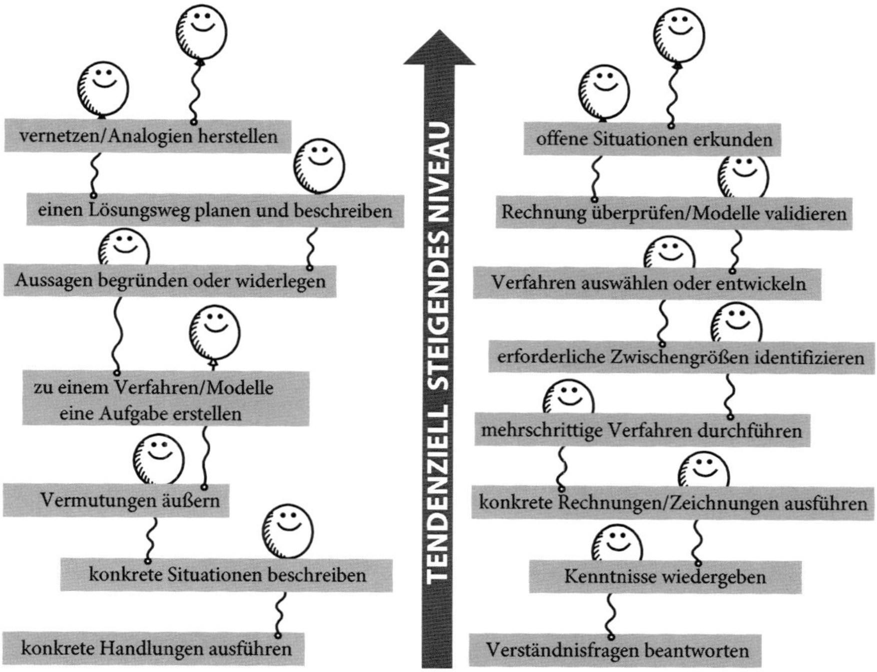

(Ungefähre) Einschätzung von Anforderungsniveaus bestimmter Aufgabentypen

Ähnliche Schemata für Anforderungsniveaus von Aufgaben liegen auch großen Leistungsuntersuchungen (TIMSS, PISA, vgl. NEUBRAND u. a. 2002) oder der Entwicklung von Bildungsstandards (KLIEME u. a. 2003, BLUM ET AL. 2006) zugrunde. Dieses Schema ist natürlich nicht vollständig. Auch die Zuordnung der Aufgaben zu Niveaus ist nur eine ungefähre. Es lassen sich zu jedem Aufgabentyp sehr schwierige und sehr leichte Teilaufgaben konstruieren. Die tatsächliche Schwierigkeit der Teilaufgaben wird nämlich auch durch andere Faktoren, wie z. B. durch den Bearbeitungsaufwand einer Rechnung oder Konstruktion oder schlicht durch den Grad der Vertrautheit mitbestimmt.

Die folgende Aufgabe orientiert sich an diesem Schema und enthält Teilaufgaben, die zu ganz unterschiedlichen Aufgabentypen gehören. Dabei entstehen Anforderungen auf unterschiedlichen Niveaus nicht durch die Steigerung der

Schwierigkeit innerhalb eines Aufgabentyps, sondern durch Variation der Art der Anforderung. Die Teilaufgaben sind einzeln sinnvoll bearbeitbar und ermöglichen jede für sich Einsichten (im Gegensatz zur „Popcornaufgabe", S. 106).

AB/Dynamisches AB

Würfelspiel (Kl. 5; Beispiel)

Du darfst so lange würfeln, bis eine Zahl zum zweiten Mal erscheint: z. B.

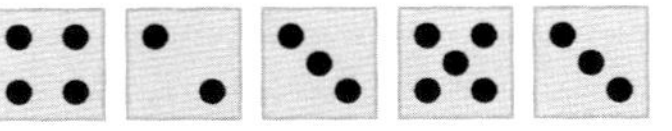

Du darfst dir dann so viele Punkte aufschreiben, wie du zusammen gewürfelt hast, in diesem Beispiel also 17 Punkte.

a) Es liegt folgender Spielverlauf vor: 2 – 1 – 5. Bei welchen Zahlen wäre das Spiel mit dem nächsten Wurf beendet?

b) Führe das Spiel viele Male durch und schreibe die Punktzahl auf.

c) Schreibe einen Spielverlauf auf, bei dem der Spieler 10 Punkte bekommt. Wie viele verschiedene Spielverläufe gibt es, bei denen man 10 Punkte bekommt?

d) Wie viele Punkte kannst du mindestens oder höchstens in einem Spiel erreichen? Warum kann ein Spieler nie 3 Punkte bekommen?

e) Du willst wissen, wie viele Punkte du im Durchschnitt in einem Spiel erhältst. Wie würdest du vorgehen?

f) Erfinde ein ähnliches Spiel mit etwas anderen Regeln und untersuche es.

Aufgaben mit gestuften Anforderungsniveaus zeichnen sich dadurch aus, dass sie Teillösungen anregen und wertschätzen. Daher eignen sie sich besonders zur Diagnose von Schülerleistungen (Kap. 5.2). Zwar können alle Schülerinnen und Schüler im Prinzip beliebig weit vorstoßen, doch ist damit zu rechnen, dass die schwächeren unter ihnen bei der Bearbeitung der anspruchsvollen Teilaufgaben immer wieder ihr Scheitern erleben. Dieses Problem tritt nicht auf, wenn Schülerinnen und Schüler die (Teil-)Aufgaben, die sie bearbeiten, selbst auswählen können, wie die folgenden Beispiele zeigen.

Ein Aufgabenformat, das in die Gruppe der gestuften Aufgaben einzuordnen ist, sind die so genannten **Blütenaufgaben** (vgl. Schupp 2002, Bruder 2010). Bei ihnen ist vor allem das Merkmal der „Offenheit" leitend für die Konstruktion der erhöhten Anforderungen.

Geschlossene Bestimmungsaufgabe	
Einfache Problemaufgabe	(z. B. Umkehrung)
Erhöhte Anforderungen	(z. B. Mehrschrittigkeit, Begründung)
Offene Problemstellung	

Ähnlich wie bei einer Blüte ist die „Stammaufgabe“ zunächst enger und geschlossener, während die hinteren Teile sich gleich einer Blüte für unterschiedliche Bearbeitungswege „öffnen“.

Das folgende Beispiel einer Blütenaufgabe stammt aus BRUDER/REIBOLD (2010):

Mehrstufige Blütenaufgabe zu Prozenten (Kl. 7)

Jörg und seine Freundin Sara fahren zum Sommerschlussverkauf in die Stadt. Im Einkaufszentrum schlendern sie durch die Geschäfte.

a) Sara findet eine Hose, deren ursprünglicher Preis von 50 € auf 40 € gesenkt wurde.
Wie groß ist die Ersparnis?
Entscheide: 5 % 10 % 20 % 30 % 40 %

b) Jörg kauft für Sara eine Sonnenbrille. Ihr Preis wurde um 40 % gesenkt und kostet jetzt nur noch 15 €.
Wie teuer war sie ursprünglich?

c) Jörg möchte eine Mütze kaufen, deren Preis um 30 % reduziert ist. Wegen eines Farbfehlers kann er den Preis um zusätzliche 20 % herunterhandeln.
Wie viel Prozent vom ursprünglichen Preis wird er insgesamt sparen?

d) Sara liest auf einem Werbeplakat ihres Mobilfunkanbieters, dass die Kosten für SMS um ein Drittel gesenkt werden. Sara freut sich: „Jetzt kann ich für denselben Betrag ein Drittel mehr SMS als bislang verschicken!“ Jörg widerspricht: „Das sind sogar zwei Drittel mehr!“
Wer hat Recht? Begründe deine Entscheidung.

Wie bei den paralleldifferenzierenden Aufgaben (s. u.) stellt sich auch bei gestuft differenzierenden Aufgaben wieder die Frage, wie Lernende differenzierend über ihren Bearbeitungsweg entscheiden und wie man ihnen die Differenzierungsstruktur explizit kenntlich macht.

Alle Formen der gestuften Aufgaben gehen davon aus, dass nicht alle Lernenden alle Stufen bearbeiten müssen. Stärkere können beispielsweise über die einfacheren ersten Aufgabenschritte hinwegspringen, ohne dass sie bei der weiteren Bearbeitung Nachteile haben. Langsamere Lernende wissen, dass von ihnen nicht erwartet wird, dass sie zu den hinteren Aufgabenteilen vorstoßen. Daher ist diese Differenzierungsform sehr alltagstauglich.

Differenzieren durch parallele Aufgaben

Die in der gestuften Aufgabe angelegte Differenzierung war explizit und durch den Lehrer angelegt. Alle Teilaufgaben waren für alle Schülerinnen und Schüler verbindlich. Man kann stattdessen auch eine Zahl von parallelen Aufgaben mit ähnlicher Struktur vorgeben, aus denen sie **selbst auswählen** können. Dabei ist es wichtig, dass die einzelnen Aufgaben sich hinsichtlich ihrer Schwierigkeit unterscheiden.

Als ein erster Ausgangspunkt für dieses Verfahren eignen sich manche der so genannten „Aufgabenplantagen" aus Schulbüchern (vgl. Kap. 4.3). In der Praxis ist es oft üblich, dass der Lehrer den Schülerinnen und Schülern die zu lösenden Teilaufgaben vorgibt. Stattdessen können diese aber auch selbst entsprechend ihrer Fähigkeitseinschätzung einfache oder herausfordernde Aufgaben auswählen, die sie bearbeiten wollen. Dabei ist die übliche Anordnung von Plantagenaufgaben nach Bearbeitungsaufwand eine Orientierungshilfe für diese Auswahl. Als konkrete Aufgabenstellung, die einer solchen Aufgabenplantage hinzugefügt werden kann, kann man etwa eine der folgenden wählen:

- Bearbeite aus Aufgabe … mindestens fünf selbst gewählte Teilaufgaben.
- Suche aus Aufgabe … zwei Teilaufgaben heraus, die du sicher lösen kannst, und zwei Aufgaben, die du vermutlich lösen kannst.
- Sortiere die Teilaufgaben aus Aufgabe … in Gruppen ähnlicher Teilaufgaben und löse jeweils eine daraus.

Mit Fragen wie der letzten werden die Schülerinnen und Schüler über die Bearbeitung der Teilaufgaben hinaus zusätzlich zur Reflexion über die Auswahl dieser Teilaufgaben und damit über die mathematischen Charakteristika der Aufgabe angeregt. Viele Beispiele für die Verwendung solcher Aufgaben für Übungsphasen finden sich in Kap. 4.3 ab S. 155.

Will man eigene Aufgabensysteme entwickeln, so stehen auch noch andere Möglichkeiten zur Verfügung, als das Anforderungsniveau nur über den Bearbeitungsaufwand zu variieren: Parallele Aufgaben durch unterschiedliche Zugänge entstehen, wenn man gezielt handelnde Erfahrungen, grafische Darstellungen und das Arbeiten mit Zahlen oder Symbolen zulässt. Dieser Weg kann im Unterricht oft durch ein Aufteilen der Aufgaben auf verschiedene Stationen beschritten werden (vgl. SUNDERMANN/SELTER 2000).

Parallele Aufgaben können auch durch die Einstellung bestimmter Aufgabenparameter einer Aufgabe entstehen, wie, z. B. durch die folgenden (vgl. LEUDERS/PREDIGER 2015):

Mögliche Merkmale bei paralleldifferenzierenden Aufgaben	
Aufgabenspalte auf niedrigerem Anspruchsniveau	*Aufgabenspalte auf höherem Anspruchsniveau*
• auf weniger Vorwissen zurückgreifend	• Voraussetzung von umfassenderem Vorwissen
• Muster erkennen und/oder beschreiben	• Muster verallgemeinern und/oder begründen
• einschrittig, wenige Verknüpfungen	• mehrschrittig, mehrere Verknüpfungen
• eher geschlossen	• eher offener Lösungsweg, über/unterbestimmte Aufgabe
• stärker angeleitet	
• wenig Transfer, vertrauter Kontext	• Transfer auf neue Kontexte
• sprachlich vereinfacht	• höhere sprachliche Anforderungen
• konkrete Beispiele/Veranschaulichungen	• auch formaler, ohne Bezug zu konkretem Beispiel
• mehrfache Wiederholungen	• wenige Wiederholungen

Am Beispiel einer Entdeckungsaufgabe, die zugleich zum Üben des Umfangsbegriffs dient, kann das z. B. so aussehen (LEUDERS ET AL. 2007):

Bilde aus den Quadraten zusammengesetzte Figuren und untersuche:
Welchen Umfang können die zusammengesetzten Figuren haben?

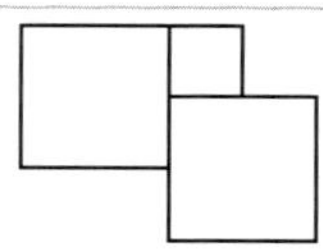

Größere Fülle erhält man hier, wenn mehr Quadrate unterschiedlichen Umfangs, ggf. auch nicht ganzzahlige Umfänge zur Verfügung gestellt werden.

Größere Abstraktion erhält man, in dem man die Seitenlängen mit Variablen a und b bezeichnet. Dann wird zusätzlich Termumformung geübt.

Komplexität steigert man durch Hinzunehmen weiterer Figuren, z. B. Dreiecke oder Rechtecke, auch mit nicht kongruenten Seiten.

Schülerinnen und Schüler können nun aus solchen parallelen Aufgabensätzen selbst auswählen und auch selbstständig wechseln, wenn sie sich über- oder unterfordert fühlen. Aufgabensätze wie diese bieten durch die Erzeugung und den

Vergleich vieler Fälle Schülerinnen und Schülern die Gelegenheit, zu klassifizieren und zu systematisieren und so mathematische Begriffe zu bilden (vgl. Kap. 2.4), in diesem Fall z.B. den Begriff der „kongruenten Seite“ oder der „nach innen gehenden Ecke“. Wie steht es etwa um die Zahl der nach innen und nach außen gehenden Ecken bei solchermaßen erzeugten Figuren?

Diese Vorzüge hat auch das folgende, letzte Beispiel für das Differenzieren durch parallele Aufgaben. Hier arbeiten nicht Schüler oder Schülergruppen unabhängig voneinander an denselben Aufgaben, sie arbeiten vielmehr arbeitsteilig im Klassenverband an einer umfangreichen Gesamterkundung. Die Organisation einer solchen Gruppenexploration (Barzel et al. 2010) illustriert das folgende Beispiel

Rechteckzahlen erforschen

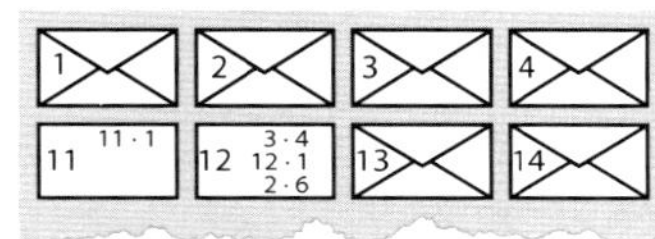

- Organisiert euch in Partnerarbeit.
- Am Pult liegt je ein Briefumschlag für jede Zahl von 1 bis 50. Im Briefumschlag mit der Nummer 39 finden sich z.B. 39 Pappquadrate. Wählt einen Briefumschlag.
- Versucht mit den Quadraten im Briefumschlag ein Rechteck zu legen. Wenn ihr eins gefunden habt, schreibt seine Breite und Höhe auf den Briefumschlag.
- Versucht dann noch andere Rechtecke zu bilden und notiert auch deren Breite und Höhe.
- Wenn ihr glaubt, dass ihr keine mehr findet, legt die Quadrate zurück in den Briefumschlag, legt ihn wieder ins Fünfzigerfeld am Pult und sucht euch einen neuen Umschlag.

Das Explorieren des gesamten Zahlenraumes bis 50 ist für einzelne Schüler oder Schülerpaare kaum zu leisten. Die gemeinsame Exploration hat also einen Mehrwert: Es lassen sich mehr Fälle untersuchen und dadurch eine breitere Grundlage für Entdeckungen schaffen. Dass die Schülerinnen und Schüler und nicht der Lehrer die zu bearbeitenden Zahlen aussuchen, hat gleich mehrere Konsequenzen: Sie fühlen sich als Akteure und erleben die Kraft der Kooperation. Zugleich können sie die Aufgaben nach eigenen Kriterien wählen. Schwache Schüler werden zuerst zu Zahlen greifen, die sie als einfach erachten, und sich dann vielleicht zu den für sie unvorhersehbaren vortasten. Schwache und starke Schüler werden zudem zugleich dazu angeregt, ihre Auswahl nicht zufällig, sondern nach reflektierten Auswahlprinzipien zu treffen, z.B. indem sie entscheiden, erst einmal alle Fünferzahlen durchzuprobieren. Sie müssen außerdem untereinander argumentieren, warum sie welche Zahl in Angriff nehmen wollen.

Trotz der arbeitsteiligen Organisation bleibt die gemeinsame Perspektive aller erhalten, denn jedes Team macht bei den von ihm durchgearbeiteten Beispielen genügend Erfahrungen, um auch die Ergebnisse der anderen zu verstehen. Aus dem zusammengetragenen Ergebnis können sich dann neue Begriffe entwickeln, wie hier z. B. der Begriff der Primzahl oder der Teilermenge.

Derartige Gruppenexplorationen lassen sich auch in vielen anderen Themenbereichen durchführen (vgl auch LENGINK/LEUDERS 2008), z. B.:

- Möglichst alle Dreiecke aus den Seitenlängen 1, 2, 3, 4, 5 konstruieren und in Gruppen ordnen.
- Sammeln und Gruppieren aller umfangsgleichen „Tetris"-Spielsteine (Polyominos), die aus 1, 2, 3, 4 oder 5 Quadraten bestehen.
- Erstellen von Häufigkeitsverteilungen der Augensumme beim Würfeln mit 2 Spielwürfeln, Zusammenführen der Ergebnisse zu einer Häufigkeitsverteilung.
- Möglichst viele Stammbrüche finden, deren Summe wieder ein Stammbruch ist: $\left(\frac{1}{n}\right) + \left(\frac{1}{m}\right) = \left(\frac{1}{k}\right)$.
- Suchen und Beschreiben von Fehlern und Manipulationen in statistischen Darstellungen.
- Möglichst alle Netze eines Würfels, Quaders oder Oktaeders finden.
- Finden aller neunstelligen Zahlen, bei denen die Ziffern 1 bis 9 genau einmal vorkommen und die durch 99 teilbar sind.
- ...

Selbstdifferenzierende Aufgaben

Die vorherigen Beispiele haben gezeigt, wie man eine Differenzierung der Anforderungen durch eine Ausdifferenzierung der Aufgaben erreichen kann.

Aber auch eine einzelne Aufgabenstellung kann unter bestimmten Bedingungen ein differenzierendes Arbeiten ermöglichen. In diesem Fall spricht man von einer „selbstdifferenzierenden" Aufgabe und meint damit – sprachlich etwas ungenau – eine „von selbst differenzierende Aufgabe" (oder auch „natürlich differenzierende Aufgabe", vgl. WITTMANN 1999, S. 159). Vor einer präziseren Charakterisierung des Begriffs zeigen wir ein illustrierendes Beispiel:

1. Schneide die abgebildete Figur sorgfältig aus deinem Karton aus.
2. Versuche aus dieser Figur einen Würfel zu basteln. An den sechs Quadraten sind dafür Klebeflächen vorgesehen.
3. Welche Klebeflächen hättest du nicht gebraucht?
4. Finde zusammen mit einem Mitschüler oder einer Mitschülerin auch noch weitere Figuren, aus denen du Würfel basteln kannst!

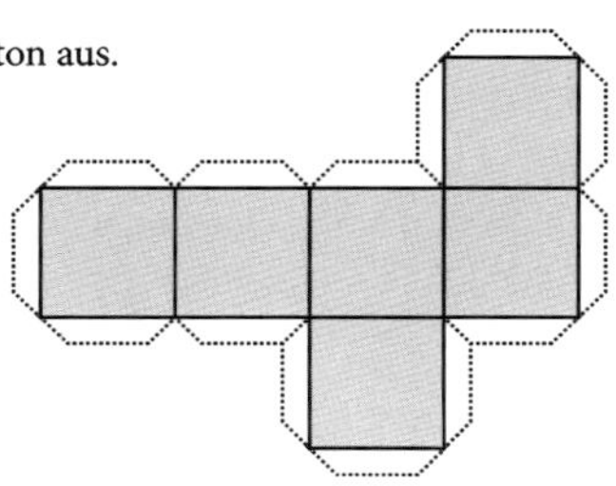

Diese Aufgabe ist bereits in der Grundschule bearbeitbar, aber auch für den Geometrieunterricht in der Sekundarstufe I geeignet. Hier können alle Schülerinnen und Schüler zufriedenstellende Ergebnisse bei allen Teilaufgaben erzielen. Ihre Wahlmöglichkeit bezieht sich dabei vor allem auf das Abstraktionsniveau, auf dem sie arbeiten und argumentieren. Die überflüssigen Klebeflächen und die möglichen alternativen Figuren können durch Handeln oder durch Vorstellen gefunden werden. Diese Aufgabe ist selbstdifferenzierend, weil alle Schülerinnen und Schüler mit unterschiedlichen Fähigkeiten, Zugängen und Arbeitsweisen Ergebnisse erzielen und in den Unterrichtsprozess einbringen können. Die gesamte Lerngruppe kann an einem einzelnen Problem arbeiten, nämlich an der Suche nach allen Würfelnetzen. Dabei führt das Problem von den konkret handelnden Raumerfahrungen bis zu anspruchsvollen Prozessen wie dem Systematisieren, Begriffsbilden und Argumentieren.

Wie konstruiert man solche selbstdifferenzierende Aufgaben? Ein generelles Patentrezept gibt es hier nicht, wohl aber einige plausible Kriterien: Zunächst einmal sind selbstdifferenzierende Aufgaben immer offen, denn sie müssen den Schülerinnen und Schülern die Gelegenheit geben, sie auf verschiedenen Wegen anzugehen. Oft können Schüler verschiedene Abstraktionsniveaus, Zugänge, Lösungswege oder Lösungstiefen selbst wählen.

Solche Situationen liegen z. B. bei folgenden Themen vor:

- Ein funktionaler Zusammenhang kann symbolisch-algebraisch, aber auch numerisch oder grafisch untersucht werden.
- Eine Zählaufgabe kann durch Sammeln und Abzählen, aber auch durch systematisches Gruppieren oder geometrisches Argumentieren gelöst werden.
- Ein geometrisches Problem kann durch intuitives Schätzen, durch beispielhaftes Probieren, durch systematisches Konstruieren oder abstraktes Argumentieren angegangen werden.
- Eine Gleichung kann durch Probieren, durch Anwenden von Lösungsverfahren oder funktionales Argumentieren, aber auch durch systematisches Iterieren näherungsweise gelöst werden.
- Eine stochastische Frage kann durch abstraktes Berechnen von Wahrscheinlichkeiten, durch Darstellen an Wahrscheinlichkeitsbäumen, durch Abzählen von Möglichkeiten oder auch durch Simulation beantwortet werden.

Hierzu noch zwei Beispiele:

> Erzähle eine Geschichte, zu der der nebenstehende Funktionsgraf passt. Lass dir viel Zeit und schildere möglichst viele Details, die sich in der Abbildung wiederfinden lassen.
>
> 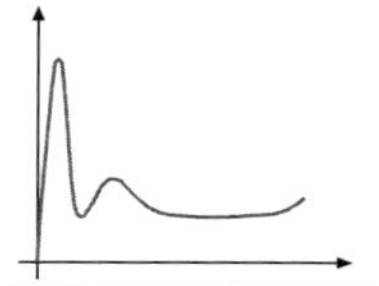

Der selbstdifferenzierende Aspekt dieser Aufgabe liegt darin, dass Schülerinnen und Schüler selbst wählen, wie genau sie die Feinheiten des Grafen berücksichtigen wollen. Vom prinzipiellen Verständnis des funktionalen Zusammenhangs zweier Größen bis zur Interpretation von Größe und Richtung der Steigung lassen sich unterschiedliche Aspekte herauslesen – und das ohne den formalen Apparat der Analysis.

> Sieben Freundinnen und Freunde wollen eine Schnitzeljagd machen. Aber keiner will in der Gruppe sein, die „jagt", alle wollen „flüchten". Also losen die sieben. Dazu reißen sie aus einem Blatt sieben Stücke Papier und kennzeichnen die vier für die Jägergruppe mit einem Kreuz. Nun stehen sie aber vor der Entscheidung: Ist es günstiger als Erster zu ziehen oder vielleicht als Letzter – oder ist es egal, wann man zieht?

Hier können die Schülerinnen und Schüler zunächst die Situation simulieren, sie können ein vollständiges Baumdiagramm zeichnen, zu stärker kombinatorischen Lösungen kommen oder mit einfachen Symmetrieargumenten zeigen, dass die Wahrscheinlichkeit, suchen zu müssen, immer gleich ist.

Bedingungen für den Einsatz selbstdifferenzierender Aufgaben

Selbstdifferenzierende Aufgaben bieten eine Chance für gemeinsames Lernen, für das Nutzen von Vielfalt und für die Kommunikation im Mathematikunterricht. Sie haben aber auch ihre Grenzen, vor allem dann, wenn die Inhalte und Lernziele für verschiedene Lerngruppen weit auseinandergehen – dies gilt vor allem für die höheren Klassen der Mittelstufe: Eine gemeinsame Erarbeitung von Funktionstermen für Parabeln macht beispielsweise keinen Sinn, wenn ein Teil der Lernenden das Thema laut Lehrplan gar nicht behandeln muss.

Oft werden selbstdifferenzierende Aufgaben auch als „automatisch differenzierend" betrachtet. Das suggeriert, dass allein durch die Aufgabenanlage, Lernende im „Blindflug" das für sie günstige Bearbeitungsniveau finden. Das ist natürlich eine starke Behauptung, die weder in der Praxis noch in der Forschung untermauert werden kann (Prediger/Scherres 2012). Man muss davon ausgehen, dass Lernende zum Arbeiten auf einem individuell (jeweils) möglichst hohen

Niveau immer wieder durch geeignete Impulse angeregt werden müssen. Erst mittelfristig entsteht so eine Unterrichtskultur, bei der die Lernenden eine hohe Anstrengungsbereitschaft beim Lernen entwickeln.

Bevor man diese Kritik an dem Aufgabenformat aber als Argument gegen den Einsatz selbstdifferenzierender Aufgaben ins Feld führt, sollte man einen ehrlichen Vergleich zur Wirkung von geschlossenen Differenzierungsformaten in der Praxis anstellen. Auch eine Aufgabe, die Lernenden genaue Vorgaben macht, was auf welchem Niveau zu tun ist, wird nicht „automatisch" den Lernbedürfnissen der Lernenden gerecht. Im Gegenteil: Allzu oft stellen wir Aufgaben für alle, die uns die Illusion der Kontrolle über die Lernprozesse vermittelt, während bei den Lernenden ganz andere Prozesse entstehen. Schwächere sind überfordert, fallen aber nicht auf, weil sie sich die Lösung der Aufgabe durch unverstandene Nachahmung von Regeln (im Buch oder vom Nachbarn) zurechtlegen. Stärkere sind nach wenigen Aufgaben demotiviert, lernen auch nicht mehr dazu und beginnen, – im ungünstigen Fall – sich dem Mathematikunterricht zu verweigern. (der vorangehende Abschnitt ist zitiert nach Leuders/Prediger 2015).

Selbstdifferenzierende Aufgaben scheinen, das wurde aus den Beispielen deutlich, eher Aufgaben für das Lernen als für das Leisten zu sein. Für die Leistungsbewertung stellen sich nämlich zwei Probleme, die nicht unlösbar sind, aber die unbedingt berücksichtigt werden müssen.

- Für die Bewertung ist ein differenziertes Schema erforderlich, das alle möglichen und erwünschten Schülerlösungen berücksichtigt und sinnvoll gegeneinander gewichtet.
- Außerdem muss für die Schülerinnen und Schüler schon in der Aufgabenstellung klar sein, welcher Erwartungshorizont mit dieser Aufgabe verbunden ist. Wenn eine bestimmte Tiefe der Lösung besser bewertet wird als andere, so muss dies fairerweise vorher bekannt sein. Damit werden allerdings andere Lösungen automatisch abqualifiziert.

Aus diesen Gründen bieten sich für das Differenzieren in der Leistungsbewertung eher gestufte Anforderungsniveaus an (s. S. 105 f.).

Das Potenzial selbstdifferenzierender Aufgaben kann sich nur dann entfalten, wenn alle Schülerprodukte ernst genommen und wertgeschätzt werden. Im Mathematikunterricht liegt es aufgrund der Eigenart der Mathematik nahe, abstrakte und allgemeine Lösungen höher einzustufen. Für den einzelnen Schüler und die Diskussion in der Lerngruppe gilt aber, dass die Lösung gut ist, die selbstständig erarbeitet wurde. Abstraktere und allgemeinere Lösungen lassen sich in der Regel sehr gut von konkreten und anschaulichen Lösungen aus entwickeln oder mit ihnen erläutern (vgl. auch Kap. 2.3, S. 60).

Aufgaben zum Lernen

Die Überschrift dieses Kapitels erscheint auf den ersten Blick befremdlich trivial: Natürlich dienen Aufgaben im Mathematikunterricht zuallererst dem Lernen. Wie schon in der Einführung erläutert, wollen wir aber der Tatsache Rechnung tragen, dass es im Unterricht Phasen gibt, die auf das Lernen im engeren Sinne, also den Erwerb von Wissen und Fähigkeiten, ausgerichtet sind, und Phasen, in denen es um das Leisten geht, also um die gezielte Darstellung und Analyse des Wissens. Was also kennzeichnet Aufgaben, die für das Lernen besonders geeignet sind? Und: Wie konstruiert man solche Aufgaben oder entwickelt bestehende weiter? Das ist das Thema dieses Kapitels.

Effektives Lernen in der Schule ist ein strukturierter Prozess, zu dem Aufgaben in ihrer spezifischen Qualität beitragen können. Phasen des divergenten Arbeitens, des Erkundens und Erfindens wechseln sich ab mit Phasen des Zusammentragens, des Sammelns und Sicherns und des Systematisierens. Das Ziel des Lernens ist die Konstruktion von „intelligentem Wissen", das unabhängig vom Kontext, in dem es erworben wurde, auch in anderen Situationen flexibel einsetzbar ist (vgl. Weinert 2001). Das Sichern solchen Wissens wird in der Schule traditionell in Form des Anwendens des Erlernten auf wechselnde Situationen in Phasen des Übens organisiert. „Üben" in diesem Sinne ist also „Aus-Üben". Die drei hier angedeuteten typischen Tätigkeiten: Erkunden, Systematisieren und Üben stellen unterschiedliche Anforderungen an Aufgaben und werden daher in den drei Teilen dieses Kapitels nacheinander behandelt. Allerdings darf nicht das Missverständnis entstehen, hier werde konsequent das Durchlaufen eines Stufenschemas für den Unterricht propagiert. Weder sind Prozesse des Entdeckens und Erfindens und solche des Sammelns und Sicherns tatsächlich strikt voneinander getrennt, noch sollten sie es sein. Jedes Erkunden hat die Anwendung von vorhandenen Fähigkeiten zur Voraussetzung. Das Anwenden und Aus-Üben lässt sich wiederum so produktiv gestalten, dass sich immer wieder Anlässe für neue Entdeckungen, für Horizonterweiterungen, die wieder in divergente Prozesse münden, ergeben.

Da dieses Buch die Perspektive der Aufgabenkonstruktion und des Aufgabeneinsatzes einnimmt, hält es sich mit Aussagen über die methodische Unterrichtsgestaltung eher zurück. Es ist aber schon deutlich geworden, dass die Darstellung dem Leitprinzip einer möglichst hohen (geistigen!) Aktivität von Schülerinnen und Schülern verpflichtet ist. In diesem Sinn sollen auch alle hier vorgeschlagenen Aufgaben verstanden werden. Lernen findet in der aktiven Auseinandersetzung des Einzelnen mit seiner Umwelt (insbesondere repräsentiert in Aufgaben) und mit seinen Mitlernenden statt. Aufgaben, die von Schülerinnen und Schülern entweder in Einzelarbeit oder mit einem Partner bzw. in einer Kleingruppe bearbeitet werden, sind das Instrument der Wahl, wenn es um die Förderung von Eigenaktivität geht. Sie sind die „Kristallisationspunkte des selbsttätigen Lernens" (Neubrand 2002, S. 2). Die im Folgenden dargestellten Aufgaben sollten daher als Anlässe für eine selbstständige und aktive Auseinandersetzung von Lernenden mit mathematisch gehaltvollen Problemen angesehen werden. Weitergehende Überlegungen zu einem Unterricht, der die Qualitäten der verschiedenen Phasen des Lernens berücksichtigt – mit Aufgaben, Methoden, Kommunikations- und Arbeitsstrukturen – findet man bei Leuders/Prediger (2012) oder Prediger et al. (2014).

4.1 Erkunden, Entdecken und Erfinden

> *Nur ist die Entdeckung des Systems […], psychologisch und pädagogisch gesehen, etwas ganz anderes als die Kenntnisnahme (auch die verstehende) der dem Fachmann vorliegenden (nicht dem Anfänger) fertigen Strukturen: mit Hilfe von Denkwerkzeugen, die zu diesem Zweck (dem Schüler nicht erkennbaren Zweck) vorher eingeübt wurden.*
>
> *(Wagenschein 1970, II, S. 71)*

Es gibt gute Gründe, in der Schule Mathematik zu lehren: Mit Mathematik erfasst und verändert der Mensch die Welt, Mathematik durchdringt unseren Alltag, ohne mathematische Grundbildung sind wir kaum in der Lage, den komplexen Anforderungen unserer medialen und beruflichen Umwelt zu begegnen. Wieso aber müssen Schülerinnen und Schüler im Unterricht auch noch Entdeckungen machen? Reicht es nicht, wenn sie lernen, wie Mathematik angewendet werden kann, und wenn sie sich dann im Anwenden in verschiedenen Situationen üben? Entdeckendes Lernen (discovery learning) ist ein fachübergreifendes Lehr-Lern-Modell, das Jerome Bruner (1961) als Gegenmodell zum so genannten „expositorischen Lernen" umrissen hat. Die Diskussion um das entdeckende Lernen, auch im Mathematikunterricht, hat eine lange Tradition und viele Verfechter. Und das hat gute Gründe, auf die wir an dieser Stelle nur überblicksartig eingehen können (Näheres zu den verschiedenen Formen des entdeckenden Lernens bei Winter 1989, Leuders 2014)

Schülerinnen und Schüler sollen im Unterricht ein authentisches Bild von Mathematik erwerben. Wenn man das Wesen der Mathematik eben nicht allein durch ihre Produkte repräsentiert sieht, sondern die Mathematik ganz wesentlich als Prozess auffasst (vgl. Kap. 2, S. 15 f.), so ist es unabdingbar, dass Schülerinnen und Schüler ebendiese Prozesse im Unterricht aktiv erleben, d. h. dass sie selbst Modellieren und Problemlösen und nicht nur Modelle und Problemlösungen anwenden, dass sie selbst Begründungen suchen und nicht nur im fragend-entwickelnden Unterricht Begründungen nachvollziehen. Diese aktive Beteiligung muss sich insbesondere auf die Prozesse der Entstehung von Modellen, Problemen oder Vermutungen erstrecken. Auch hier müssen Schülerinnen und Schüler aktiv werden, Fragen stellen, Probleme finden und Vermutungen äußern. Das ist prinzipiell in jeder Schulstufe möglich, und zwar in einem Unterricht, der, wie WITTMANN (1991, S. 675) schreibt, „von einem lebendigen Bild von Mathematik ausgeht, der individuelle Lernprozesse, Aha-Erlebnisse, Vorgriffe, Sprünge, Brüche, Stillstände, Rückschläge ermöglicht und vom Lehrer daheim im einzelnen nicht planbar ist". Diese Grundhaltung liegt auch dem folgenden Postulat von FREUDENTHAL (1976) zugrunde: „Was dem erwachsenen Mathematiker recht ist – seine eigenen Begriffe zu erfinden [...], Mathematik nicht als einen Sachbestand, sondern als Tätigkeit zu üben – das soll dem Lernenden von Kindesbeinen an billig sein."

Ein zweiter Grund für das aktiv-entdeckende Lernen liegt in der erwünschten Nachhaltigkeit der Lernergebnisse. „Nacherfundene Kenntnisse und Fähigkeiten werden besser verstanden und schärfer eingeprägt als solche, die weniger aktiv erworben sind" (FREUDENTHAL 1976, S. 114). Diese These wird aber zurecht auch in Frage gestellt. Das Hauptargument lautet: Entdeckendes Lernen erzeugt zusätzliche, dem Erreichen der Lernziele abträgliche Belastungen (MAYER 2004). Lernende müssen den Entdeckungsprozess selbstreguliert steuern, also entscheiden, welchen Schritt sie als nächstes gehen, bewerten, wie weit sie schon gekommen sind und alle bisherigen Erkenntnisse im Blick behalten. Sie müssen in der Lage sein, in einem für sie noch unstrukturierten Bereich Vermutungen zu generieren (noch dazu solche, die auf das erwünschte Lernziel hinführen) und diese auf geeignete Weise zu überprüfen. Eine umfassende Metastudie (ALFIERI ET AL 2011) hat die Ergebnisse von über 900 Teilstudien systematisch verglichen und die folgenden Tendenzen herausgearbeitet: Effektive Formen des entdeckenden Lernens zeigen sich in den unterschiedlichsten Bereichen. *Reines* Entdecken lassen (ohne zusätzliche Unterstützung, so genanntes „pure discovery learning") ist allerdings im Mittel weniger effektiv als direkte Instruktion. Die vielen Formen des entdeckenden Lernens mit Unterstützung („guided discovery") sind in der Regel effektiver als die jeweiligen Vergleichsverfahren ohne oder mit nur minimaler Unterstützung.

Schließlich sei als dritter Grund noch genannt, dass es im Mathematikunterricht um mehr als um Mathematikkenntnisse, nämlich auch um allgemeine personale Kompetenzen geht, wie etwa „die Fähigkeit zum produktiven (einfallsreichen) Denken“ und „das kritische Vermögen als sichernde Instanz“ (Wagenschein 1970, II, S. 69 f). Heute findet vor allem der Aspekt der „Selbstregulation“ große Beachtung (Artelt u. a. 2001, S. 291, Leuders 2008). Mathematik lernen ist also immer auch „Lernen lernen“.

Der Lehrer bzw. die Lehrerin haben damit die Aufgaben

a) Lernarrangements zu erstellen, d. h. Aufgaben und Probleme anzubieten und Arbeitsformen zu organisieren, in denen Entdeckungsprozesse stattfinden können, und
b) die Lernenden beim Entdecken zu unterstützen, d. h. Anstöße zu geben (kritische Fragen, heuristische Hilfen), die Dramaturgie bei der Sammlung zu organisieren und den Austausch zwischen Schülerinnen und Schülern zu moderieren.

Während sich Punkt b) auf Kommunikationsprozesse zwischen den Beteiligten bezieht, betont Punkt a) die Bedeutung von Aufgaben für die Konstruktion geeigneter Lernarrangements.

Aufgaben für das Erkunden, Entdecken und Erfinden

Alle Autoren, die Konzepte des entdeckenden Lernens propagieren, haben immer auch mehr oder weniger konkrete Vorstellungen darüber geäußert, welche Rolle den Aufgaben im jeweiligen Konzept zukommt und welche Merkmale sie tragen sollen.

Während **„originale Begegnungen“** (Roth 1957) und **„fruchtbare Momente“** (Copei 1930) als Kristallisationspunkte für entdeckendes Lernen noch vergleichsweise fachunspezifische Konzepte sind, beschreibt Wagenschein (1965) fachliches Lernen anhand von **„bewegenden“**, **„herausfordernden“** und **„weittragenden“ Fragen**: „Es bedeutet, dass man bei einem Problem … ohne ‚bereitgestellte‘ Vorkenntnisse ‚einsteigt‘ … , sofort also eine relativ komplexe, und damit die Spontaneität des Kindes herausfordernde Frage sich vornimmt.“ (S. 302) „Wir steigen also … vom Problem aus hinab ins Elementare, wir suchen das, wonach es zu seiner Erklärung verlangt. Wir häufen also nicht mehr auf Vorrat, sondern suchen, was wir brauchen, wir verfahren also wie in der ursprünglichen Forschung.“ (S. 303)

Winter (im Lehrplan Grundschule NRW 1985) will durch **herausfordernde Situationen** „die Kinder zum Beobachten, Fragen, Vermuten auffordern; die Kinder zu eigenen Lösungsansätzen ermutigen; Hilfen zum Selbstfinden anbieten". Er bezieht, ebenso wie Wittmann aktiv-entdeckendes Lernen bewusst auch auf Übungssituationen. Wittmann (1992a, b) fordert das Aufbrechen des kleinschrittigen Lernens und entwirft dazu **produktive Aufgaben**. Diesen Terminus verwendet auch T. Jahnke (2001, S. 6): „Produktive Aufgaben sind Aufgaben, die die Schülerinnen und Schüler zur Eigentätigkeit anregen, sie sehen und wundern, vermuten und irren, suchen und finden, entdecken und erfahren lassen."

Ruf und Gallin (1998) beschreiben die Auseinandersetzung der Lernenden mit sich selbst, miteinander und mit dem Fach als „dialogisches Lernen an Kernideen". Letztere sind mathematisch gehaltvolle, aber noch nicht mathematisierte Fragen, Beobachtungen oder Schlüsselerlebnisse. Sie bilden den thematischen Kern für **„Aufträge"**: „Ist Individuelles gefragt, sind Aufträge zwangsläufig offen. Offene Aufträge sind Aufträge mit Überraschungseffekt. Das sichert den Kindern die volle Aufmerksamkeit ihrer Rezipienten. Selbst für routinierte Lehrpersonen sind die Lösungen nicht voraussehbar. So bleibt auch für sie die Beschäftigung mit Schülerarbeiten ein spannendes Geschäft" (ebd. Bd 2, S. 49).

Hussmann (2001, 2003) entwickelt die Ideen von Ruf und Gallin weiter und entwirft betont offene Lernumgebungen, bei denen Schülerinnen und Schüler über lange Zeiträume Mathematik auf eigenen Wegen entdecken können und dabei einen hohen Grad der Beteiligung an der Bildung mathematischer Begriffe haben. Die hierzu „absichtsvoll" konstruierten **„intentionalen Probleme"** sind „offen, unstrukturiert und authentisch; [...] komplex, so dass sie soziales und kooperatives Lernen möglich machen [...] führen auf unterschiedlichen Lösungswegen zu unterschiedlichen Lösungen; weisen über sich hinaus auf allgemeine mathematische Begriffe; tragen alle bereichsspezifischen Grundvorstellungen des zu erarbeitenden Gebietes in sich" (Hussmann 2003, S. 30).

Aus Japan stammen die **„open ended problems"** (Becker/Shimada 1997), zu denen in diesem Kapitel ein Beispiel folgt. Ebenso wie diese stößt auch der Ansatz des Unterrichtens mit **„rich learning tasks"** (Flewelling/Higginson 2001) im angloamerikanischen Raum und auch mehr und mehr in Deutschland auf Interesse.

In diesem Querschnitt ist ein hoher Konsens über die Qualität von Prozessen entdeckenden Lernens und die dazu geeigneten Aufgaben erkennbar. Zusammen mit den Überlegungen aus dem vorangegangenen Kapitel schälen sich die folgenden Kriterien heraus:

Aufgaben für das Erkunden, Entdecken und Erfinden
Ein Kriterienkatalog

Aufgaben, die eines oder mehrere der folgenden Merkmale haben, können für entdeckendes Lernen geeignet sein:

- **Zugänglichkeit:** Die Aufgabe ist leicht zugänglich, sie baut auf Vorerfahrungen auf oder ist in eine anschauliche (nicht notwendig realistische) Situation eingebettet.
- **Herausforderung:** Die Aufgabe hat Aufforderungscharakter, z. B. durch ein den Schülern am Herzen liegendes Produkt. Besser aber noch: Die Aufgabe wirft herausfordernde Fragen auf, z. B. durch offensichtliche innere Widersprüche (oder Paradoxien).
- **Offenheit der Ausgangssituation:** Die Aufgabe besteht aus einer Situation, in der man erst geeignete mathematische Fragen finden muss.
- **Offenheit des Weges:** Die Aufgabe kann mit unterschiedlichen Ansätzen bearbeitet werden.
- **Offenheit des Ergebnisses:** Die Aufgabe kann verschiedene Ergebnisse haben, z. B. dadurch, dass eine Realsituation mit unterschiedlichen Modellen bearbeitet werden kann, oder dadurch, dass im Laufe der Aufgabe Entscheidungen getroffen werden müssen.
- **Barriere:** Die Aufgabe lässt sich nicht durch Anwenden gelernter Verfahren abarbeiten. Es müssen erst geeignete, ggf. auch nur zu annähernden Lösungen führende Methoden oder die Lösung erhellende Begriffe entwickelt werden.
- **Variation:** Die Aufgabe erlaubt Umformulierungen oder Variationen der Aufgabenstellung, z. B. lässt sie Vereinfachungen oder das Erkunden von Beispielen zu.
- **Bedeutsamkeit:** Die Aufgabe führt zum Ausloten und zur Konkretisierung eines allgemeinen mathematischen Konzeptes, einer sogenannten fundamentalen Idee (z. B. durch Zusammentragen von Beispielen oder Gegenbeispielen, oder durch begriffliche Verschärfung bestimmter Objekte).

Dieses Kriterium ist eng verbunden mit dem folgenden:

Authentizität: Die Art und Weise, wie Mathematik den Schülern in der Aufgabe entgegentritt, spiegelt in realistischer und authentischer Weise die Entwicklung oder die Anwendung von Mathematik wider (vgl. Kap. 3.3).

Die Funktion dieser Liste besteht darin, entlang dieser Kriterien vorhandene Aufgaben und neue Aufgabenideen zu überprüfen oder weiterzuentwickeln. Natürlich lässt sich nicht jeder Aspekt an jeder Aufgabensituation verwirklichen. Außerdem hängt die Qualität einer Aufgabe immer auch von den konkreten Rahmenbedingungen ihres Einsatzes ab, also z. B. von den Vorerfahrungen und der bereits erworbenen Selbstständigkeit der Schülergruppe.

Will man diese Kriterien knapper zusammenfassen, so landet man wieder bei den zentralen Merkmalen aus Kap. 3, die für Entdeckungsaufgaben in besonderem Maße gelten müssen: **Offenheit** (Kap. 3.2) ist gleichsam die conditio sine qua non für divergente Entdeckungsprozesse. Schülerinnen und Schüler müssen im Prozess echte Entscheidungen treffen können und nicht nur erraten, was der Lehrer wohl für eine Antwort im Auge hat. Damit eine solche Offenheit nicht überfordert, ist **Differenzierungsvermögen** eine wichtige Vorbedingung dafür, dass alle Schülerinnen und Schüler in den Entdeckungsprozess einbezogen sind.

Im Folgenden möchten wir Beispiele aber auch allgemeine Konstruktionstechniken für solche Aufgaben angeben. Wir unterscheiden dabei zwischen

- **„Modellierungen"** – Erkundungen mit Mathematik in realen Kontexten,
- **„Forschungen"** – Entdeckungen in innermathematischen Situationen.

Auch wenn die Übergänge hier fließend sind, so gibt es doch einige für Forschungen und Modellierungen unterschiedliche Aspekte, die wir im Folgenden getrennt darstellen.

Modellierungen – Erkundungen in realen Kontexten

Woher kommen die realen Kontexte, die Schüler erkunden sollen? Alle schulrelevanten mathematischen Begriffe stammen aus der Wirklichkeit und sind als Modelle für Wirklichkeit fest in ihr verankert. Insofern fällt es nicht schwer, Kontexte und Modelle zu finden, in denen man Begriffe auf ihre Ursprünge und Anwendungen befragt. Man kann aber auch wesentlich pragmatischer vorgehen und einfach Schulbuchaufgaben als Ausgangspunkt wählen.

Auf den folgenden Seiten wollen wir aufzeigen, wie man Aufgaben konstruiert, bei denen Schülerinnen und Schüler echte Erkundungen in realen Kontexten vornehmen können.

Rezept 1: **Schulbuchaufgaben auf ihren Realitätsgehalt ausloten**

Zwei Beispiele sollen zeigen, wie man den Spieß umkehren kann und aus einer so genannten Anwendungsaufgabe eine Entdeckungsaufgabe machen kann.

Eine nicht untypische Schulbuchaufgabe, bei der die vielfältigen Prozesse des Modellierens nur oberflächlich und unvollständig vollzogen werden, ist die folgende:

Bei einem Schulfest werden 280 Teilnehmer erwartet. Pro Person werden 0,8 l Getränke bereitgestellt. Es kommen aber 320 Besucher. Wie viel l Getränke stehen jetzt pro Person zur Verfügung?

Cornelsen,
Mathematik 7. Schuljahr, 1993

Aus dieser Aufgabe lässt sich sukzessive eine ergiebige Erkundungssituation gewinnen. Als Erstes sollte man dazu die Mängel der Aufgabe hinsichtlich der ablaufenden mathematischen Prozesse analysieren – das geht z. B. mit Blick auf die Modellierungsspirale (S. 77). Man wird dann finden, dass schon die Ausgangsituation der Aufgabe nicht sehr authentisch ist: Woher weiß man, dass 320 Besucher da sind? Kommen sie etwa alle gleichzeitig? Wird man nicht eher nachkaufen oder ausschenken, bis die Vorräte erschöpft sind, als die Menge zu rationieren? – Die beigefügte Abbildung deutet schon an, dass der Realitätsbezug dieser Aufgabe nicht ganz ernst zu nehmen ist. Des Weiteren sind die mathematischen Mittel, die hier eingesetzt werden sollen, der Situation nicht angemessen: Anstelle einer genauen Rechnung würde man allenfalls eine Überschlagsrechnung ansetzen: „Ein Siebtel mehr Besucher bedeutet ein Achtel also ca. 0,1 l weniger Getränk." Schließlich wird bei der Aufgabe keinerlei Modellkritik erwartet: Keine der Ausgangsgrößen soll auf Genauigkeit hinterfragt werden, das anzuwendende Modell – ein antiproportionaler funktionaler Zusammenhang – wird nicht auf seine Gültigkeit befragt und das Ergebnis soll nicht ernsthaft interpretiert, d. h. auf seine Konsequenzen geprüft werden.

Mit Blick auf die Kriterienliste (S. 122 f.) kann man diese Ausgangsituation nun produktiv zu einer echten Entdeckungsaufgabe weiterentwickeln. Während die Zugänglichkeit der Situation sicherlich bereits gegeben ist, besteht kaum eine Herausforderung für die Schülerinnen und Schüler. Diese könnte man z. B. durch einen inneren Widerspruch anregen:

> Bei einem Schulfest der Erlenbach-Realschule (200 Schüler) soll sich ein Team aus den 8. Klassen um die Getränkeversorgung kümmern.
>
> Peter überschlägt: „Also pro Schüler kommt im Schnitt noch jeweils eine Person und jeder trinkt etwa zwei Getränke, also 0,4 l."
>
> Silke rechnet. „Dann brauchen wir 160 l Getränke. Mann, ist das viel."
> Ali meint: „Und was wenn jeder drei Gäste mitbringt? Dann sind das 800 Leute!"
> Silke nimmt den Taschenrechner: „Dann bekommt jeder halt nur 0,2 Liter ..."
> Ali steigert sich: „Und wenn es 1600 Leute sind? Dann bekommt jeder 0 Liter."
>
> Überprüfe die Rechnungen und Argumente des Getränketeams. Kannst du ihnen helfen?

In dieser Fassung können die Schüler die Situation auf eigenen Wegen rechnend erkunden. Vielleicht korrigieren sie Ali nur, vielleicht können sie ihm sogar erklären, warum seine Rechnung nicht funktioniert.

Während in dieser Variante noch alle Daten vorgegeben und nur eine Rechnung zugelassen war, werden die Daten in der folgenden Formulierung weggelassen. Die Schüler müssen nun selbst Entscheidungen über die Annahmen der Rechnung treffen.

> Ihr habt für das nächste Schulfest die Aufgabe übertragen bekommen, euch um die Getränkeversorgung zu kümmern. Wie viel Liter wird wohl jeder Gast im Schnitt trinken? Wie viele Gäste erwartet ihr? Wie viel müsst ihr einkaufen? Nehmt vernünftige Werte an.
>
> Was passiert nun, wenn mehr Gäste kommen als erwartet? Wie viel bleibt für jeden übrig? Spielt verschiedene Gästezahlen durch und haltet eure Ergebnisse systematisch fest. Stellt Vermutungen über den Zusammenhang zwischen Gästezahl und Getränkemenge pro Gast auf.

Nun müssen die Schüler selbstständig das Modell, das die Situation beschreibt, erstellen und auf seine Tauglichkeit überprüfen. Nicht jede Schülergruppe wird dabei alle wesentlichen mathematischen Eigenschaften der Situation aufdecken, jedoch haben alle genügend Erfahrungen gemacht, um im Austausch der Ergebnisse die wesentlichen Aspekte zu erfassen. Es ist nun die Aufgabe des Lehrers, hieraus mit den Schülern behutsam ein sinnvolles Verfahren zur Überprüfung und Berechnung von antiproportionalen Modellen zu gewinnen.

Durch die Vielzahl der Einzelfragen werden die Schülerinnen und Schüler im letzten Beispiel immer noch sehr eng geführt. Dies kann sich bei Lerngruppen, die entdeckendes Arbeiten nicht gewohnt sind, als hilfreich erweisen. Bei erfahreneren Schülern kann man die Aufgabe etwa so stellen:

> Ihr habt für das nächste Schulfest die Aufgabe übertragen bekommen, euch um die Getränkeversorgung zu kümmern. Wie viel Liter Getränke würdet ihr einkaufen? Was passiert, wenn plötzlich mehr Gäste als erwartet kommen und nicht nachgekauft werden kann? Wie viel bleibt für jeden übrig? Wie hängt das Ergebnis von der Gästezahl ab?

Spätestens in dieser Situation besteht eine deutliche **Barriere** zu einer unmittelbaren Lösung. Die **Bedeutsamkeit** der Aufgabe besteht darin, dass hier der Begriff (nicht die Bezeichnung) der Antiproportionalität mit seinen unterschiedlichen Aspekten in einem sinnstiftenden Zusammenhang entdeckt und ausgeschärft werden kann. Es ist jedoch sinnvoll, hierfür zunächst eine größere Zahl von sich ergänzenden Situationen zu untersuchen und erst dann zu Verallgemeinerungen zu gelangen. Nachdem eine gründliche Auseinandersetzung mit solchen Beispielen stattgefunden hat, können sich die Schüler aktiv an der Begriffsaushandlung beteiligen.

Will man schließlich noch erreichen, dass die Schüler selbstständig verschiedene **Variationen** der Aufgabenstellung vornehmen und diese dann untersuchen, so könnte man diese letzte Fassung der Aufgabe stellen:

> Ihr habt für das nächste Schulfest die Aufgabe übertragen bekommen, euch um die Getränkeversorgung zu kümmern. Untersucht, wie die drei Größen: **Zahl der Gäste**, durchschnittlicher **Getränkekonsum pro Gast** und **Gesamtmenge** an Getränken zusammenhängen. Überlegt euch dazu sinnvolle Situationen, in denen jeweils eine der drei Größen fest bleibt.

Durch Variation der Getränkemenge pro Person bei gleich bleibender Gesamtmenge erhält man hier z. B. ein weiteres antiproportionales Modell, bei gleich bleibender Gästezahl wiederum ein proportionales. Diese Version könnte vielleicht zu offen sein, um als Einstiegsaufgabe zur Entdeckung antiproportionaler Zusammenhänge zu führen. Wohl aber kann sie Erkundungen einleiten, bei denen die beiden Konzepte Proportionalität und Antiproportionalität miteinander vernetzt werden.

Ein weiteres Beispiel soll zeigen, wie man durch einen ehrlichen Blick auf die in einer eingekleideten Aufgabe steckenden Realitätsbezüge aus einer so genannten „vermischten Anwendung“ eine Entdeckungsaufgabe machen kann. Die folgende Aufgabe (Schroedel, 1995, Elemente Kl. 10) steht am Ende einer Schulbucheinheit zur Kugelberechnung, bei der jeweils zu Beginn eine Herleitung der Berechnungsformeln für Volumen und Oberfläche vorgeführt wird. (Einen besonderen Grund für die Darstellung der Herleitung an genau dieser Stelle des Schulbuches gibt es nicht, außer dem, dass das Kapitel zur Kugel jetzt „an der Reihe“ ist.) In den vermischten Übungen findet sich dann die Aufgabe:

> *Aus einem Wasserhahn tropft alle 3 Sekunden ein kugelförmiger Wassertropfen mit dem Durchmesser 4 mm. Wie viel Liter Wasser werden dadurch in einem Jahr verschwendet?*

Unter solchen puren Einsetzaufgaben finden sich mitunter Rohdiamanten, in denen ein Juwel schlummert. Der in dieser Aufgabe „verschwendete“ Kontext (und der erhobene Zeigefinger) können höchst produktive Fragen aufwerfen. Mit etwas Recherche findet man im Internet den folgenden Artikel und fügt zur Bildunterschrift einfach die Frage an: „Kann das stimmen?“

UK UNIVERSITY OF KENTUCKY | Search UK | College of Agriculture

Ob Regen oder Trockenheit – Wasser sparen ist das ganze Jahr über sinnvoll

Ein tropfender Wasserhahn kann pro Tag bis zu 100 Liter Wasser verschwenden.

Angesichts der letzten Regenfälle denken viele, wir könnten wieder zum alltäglichen Wasserverbrauch übergehen. Aber egal wie das Wetter ist, es ist immer sinnvoll, unseren Umgang mit der wertvollen Ressource Wasser zu ändern. „Wasser ist eine begrenzte Ressource und wir haben nur eine gewisse Menge davon auf der Erde,“
erklärt Kim Henken von der University of Kentucky. „Außerdem ist es teuer, Wasser zu reinigen und zu verteilen, also ist es auch schon finanziell sinnvoll, Wasser zu sparen.“

Von Haven Miller Lexington (13.7.2000)

Nun ist die Aufgabe geradezu auf den Kopf gestellt. Eine reale Frage lädt ein zu vielfältigen Erkundungen: Wie groß ist ein Wassertropfen? Welche Form hat er? Wie viel Wasser ist eigentlich darin? Wie viele Tropfen verlassen einen solchen Hahn? Ab welcher Anzahl wird aus dem Tröpfeln des Wassers ein Fließen? Solche Fragen können experimentell erkundet werden, es macht aber genauso viel Spaß, darüber nachzudenken, was vernünftige Annahmen sein könnten (vgl. auch die so genannten FERMI-Aufgaben auf S. 165 ff.). Die Schüler werden unterschiedliche Vorschläge für eine näherungsweise Berechnung der Tropfengröße anbieten. Man mache sich aber darauf gefasst, dass es viele unpassende Vorstellungen zu Tropfenformen geben wird, die man nötigenfalls – etwa durch eine Abbildung kugelförmiger Tropfen – widerlegen muss. Als Ergebnisse der Erkundungen werden die Schüler schließlich verschiedene Modelle als Näherungen für die Kugel vorschlagen und man kann nun auf die Suche gehen, mit welchem man am weitesten kommt. Erst danach kommt die „Mathematik der idealen Formen“ zu ihrem Recht und die Schüler werden einen Weg zur exakten Bestimmung des Kugelvolumens (auch wenn sie ihn nicht selbst entdecken) vielleicht eher zu schätzen wissen, nachdem sie herausgefunden haben, wie man sich ansonsten mit unsicheren Näherungen behelfen muss.

Rezept 2: Die „Wirklichkeit" als Quelle für Entdeckungen nutzen

Eine schier unerschöpfliche Quelle für Entdeckungen – aber auch für Anwendungen und Übungen – sind Kontexte, die man in der natürlichen, aber auch in der durch Medien vermittelten Umwelt findet, so z. B. in der Zeitung. Dort ist die Mathematik mal explizit (in Grafen und Tabellen) enthalten, mal ist sie in den Artikeltexten eher versteckt. Hier finden Sie Informationen, die noch nicht didaktisch aufbereitet und schulgerecht dargestellt sind. Es kostet Zeit, sich durch die mitunter wenig klar mit ihren mathematischen Informationen umgehenden Darstellungen durchzuarbeiten. Dafür befähigt und bestärkt diese Tätigkeit Schülerinnen und Schüler darin, ihre tägliche (mediale) Umwelt auch durch die „mathematische Brille" zu sehen und dabei mathematische Entdeckungen zu machen. Daneben wird der kritische Umgang mit Zahlenangaben in Texten und Grafiken geübt, heutzutage ein wesentlicher Faktor von Lesekompetenz.

Der Schatz solcher, zudem mit didaktischen Kommentaren versehenen Zeitungsartikel ist inzwischen groß. Einschlägige Sammlungen von „etwas anderen Aufgaben" findet man z. B. bei Herget/Scholz (1998), in didaktischen Zeitschriften und im Internet über die einfache Schlagwortsuche, z. B. *Matheaufgaben* + Alltag.

Wie geht man im Unterricht mit solchen Ausschnitten um? Das hängt einerseits vom konkreten Text ab, es lassen sich aber auch einige allgemeine Hinweise dazu geben, wie man aus einem Zeitungsartikel eine gute Aufgabe zum Entdecken und Erkunden macht. Hier sind einige allgemeine Fragen, die Schüler anhand eines Artikels angehen können:

BIG PHIL" wird diese 31 Kilo (1 000 Unzen) schwere Münze aus 24-karätigem Gold genannt. Jede der insgesamt 15 geprägten Münzen aus Österreich kostet 400 000 Euro.

(Badische Zeitung 7.10.04)

- Welche mathematischen Begriffe, die du kennst, könnten hier drinstecken?
- Lies alle mathematisch nutzbaren Daten und Fakten aus dem Artikel heraus.
- Welche weiteren Angaben lassen sich daraus ableiten oder berechnen? Formuliere Aufgabenstellungen.
- Welche Fragen lassen sich mit diesen Daten nicht beantworten? Welche Daten würde man sich hierzu noch wünschen? Wo findet man sie? Gibt es einen Grund dafür, dass sie fehlen?
- Gibt es Unklarheiten oder Widersprüche? Gibt es irreführende oder falsche Darstellungen? Zu welchen Fehldeutungen können sie führen? Ist das wohl beabsichtigt oder in Kauf genommen?
- Wie genau sind die Angaben? Ist es überhaupt möglich, so genaue Angaben zu machen? Welche sind zu grob?

Mit der Zeit können Schülerinnen und Schüler auch ohne Vorgabe solcher konkreten Aufträge Zeitungsartikel, aber auch andere mathematikhaltige Darstellungen analysieren. Artikel wie dieser können zur regelmäßigen Einrichtung im Unterricht werden.

Gelegentlich finden sich unter mathematikhaltigen Texten besondere Edelsteine, nämlich solche, die nicht nur eine Vertiefung von Standardthemen des Mathematikunterrichts erlauben, sondern bei denen Lehrerinnen und Lehrer zusammen mit ihren Schülern Neuland entdecken können.

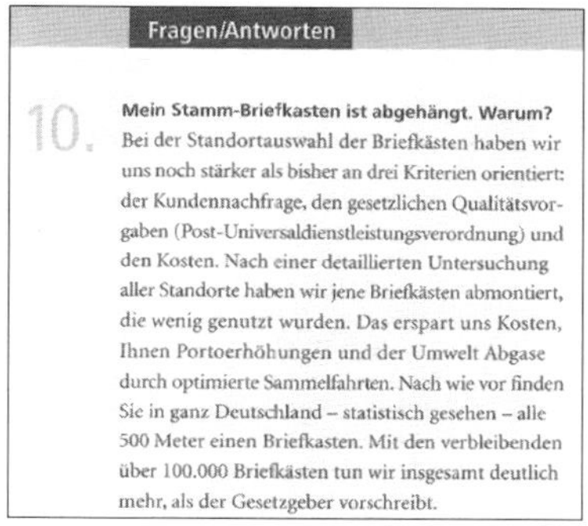

Fragen/Antworten

10. **Mein Stamm-Briefkasten ist abgehängt. Warum?**
Bei der Standortauswahl der Briefkästen haben wir uns noch stärker als bisher an drei Kriterien orientiert: der Kundennachfrage, den gesetzlichen Qualitätsvorgaben (Post-Universaldienstleistungsverordnung) und den Kosten. Nach einer detaillierten Untersuchung aller Standorte haben wir jene Briefkästen abmontiert, die wenig genutzt wurden. Das erspart uns Kosten, Ihnen Portoerhöhungen und der Umwelt Abgase durch optimierte Sammelfahrten. Nach wie vor finden Sie in ganz Deutschland – statistisch gesehen – alle 500 Meter einen Briefkasten. Mit den verbleibenden über 100.000 Briefkästen tun wir insgesamt deutlich mehr, als der Gesetzgeber vorschreibt.

Dieser Ausschnitt aus einer Informationsbroschüre der Deutschen Post hält zwei Angaben bereit: „In ganz Deutschland gibt es – statistisch gesehen – alle 500 Meter einen Briefkasten" und „Insgesamt gibt es über 100.000 Briefkästen." Auf den ersten Blick lautet die Frage einfach: „Stimmt das?". Aber dann merkt man, dass der spannende Teil der Aufgabe in der Frage steckt:

> Was bedeutet eigentlich „statistisch gesehen alle 500 Meter"?

Diese Frage führt zu einer Vielzahl von mathematischen Begriffsbildungen (ähnlich wie bei der Murmelaufgabe auf S. 84 f.) und verknüpft zudem auf eine reizvolle Weise Arithmetik, Geometrie und Statistik.

Rezept 3: **Normative Modelle erfinden und erkunden**

Mathematische Modelle können Realität beschreiben, sie können aber auch Realität schaffen. Wenn ein Modell festlegt, wie gehandelt werden soll, z. B. bei Vorschriften für die Zuteilung von Parlamentssitzen nach einer Wahl, spricht man von normativen Modellen. Solche Modelle können in der Schule sowohl auf der Ebene der Interpretation eines vorgegebenen Modells als auch auf der Ebene des Revidierens des Modells bearbeitet werden:

Drei Aufgabentypen für normative Modelle

- **Auf der ersten Ebene** können Schüler ein vorgegebenes normatives Modell erkunden, interpretieren, Parameter wählen, seine Konsequenzen testen.
- **Auf der zweiten Ebene** wird es spannender. Hier ist Modellkritik gefragt:
  Wie gut ist das Modell anwendbar? Wo endet sein Geltungsbereich?
  Was für Aussagen macht das Modell in Grenzfällen? Was könnte man ändern?
- Schließlich kann man auch konstruktive Überlegungen einfordern und fragen:
  Wie muss ein Modell aussehen, so dass es hier gerecht zugeht? Diese Aufgabe ist die offenste, die Modellvorschläge werden sich erheblich unterscheiden. Die Gegenüberstellung der Modelle wird für Lernende wie Lehrende hoch spannend.

Erkundungen an normativen Modellen sind für das entdeckende Lernen so attraktiv, weil hier Schülerinnen und Schüler mehr noch als bei Modellen, die einen Vorgang oder einen Sachverhalt in der Umwelt beschreiben sollen, sehr frei in der Konstruktion und Bewertung der Modelle sind.

Nicht in allen Kontexten findet man solche Modelle. Günstig sind Situationen, in denen ein Sachverhalt quantitativ bewertet oder mathematisch objektiviert werden soll, ohne dass der Kontext schon einen eindeutigen Weg, dies zu tun, suggeriert.

In einem asiatischen Kleinstaat wird über ein neues Münzsystem nachgedacht. Für die Währungseinheit Ying wird ein Schein ausgegeben. Ein Ying enthält 100 Yang. Alle Beträge von 1 bis 99 Yang sollen mit höchstens vier Münzen zusammengesetzt werden können.
Welche Münzwerte sollten am besten zur Verfügung stehen? Wann ist eine Stückelung „gut"?

Appartement 3

70 qm bis 5 Personen (1.OG)

unsere große Ferienwohnung mit Balkon

Appartement mit großem Wohnzimmer und gemütlicher Sitzecke mit Federkern-Doppelbettcouch, Essplatz, Balkon, Kabel-TV, Stereoanlage mit CD, Küche kompl. eingerichtet (incl. Mikrowelle, Geschirrspüler usw.), zwei sep. Schlafzimmer, Vollbad, Zentralheizung, komfortable Ausstattung, Kinderbett und Hochstuhl a.A. kostenlos möglich; Gartenbenutzung, Fahrräder mögl.; Parkplatz am Haus

Preisliste 2003	Vor/Nachsaison 16.Sep. bis 31.Mai	Hauptsaison 1.Juni bis 15.Sept.	Endreinigung entfällt bei Buchung über 14 Tg.
App. 1	55.00 €	75.00 €	36.00 €
App. 2	54.00 €	72.00 €	31.00 €
App. 3	55.00 €	75.00 €	36.00 €

Die Familien Meier und Müller haben im August 2003 ihren 14-tägigen Urlaub gemeinsam in einer Ferienwohnung an der Ostsee verbracht. Familie Meier besteht aus zwei Erwachsenen und einem Sohn, Familie Müller wird durch den allein erziehenden Herrn Müller und seine Tochter vertreten. Beide Kinder sind 10 Jahre alt. Für Verpflegung und gemeinsame Ausflugsfahrten im PKW der Familie Meier sind 960 Euro angefallen. Herr Meier schlägt vor, dass jede Familie die Hälfte der Gesamtkosten bezahlen soll. Herr Müller ist damit nicht einverstanden.

Welche Aufteilung könnte Herr Müller vorschlagen?
Überlegt euch mindestens einen weiteren Vorschlag.
Berechnet für jeden der Vorschläge die Kosten für jede Familie. (Kernlehrplan NRW 2004)

Forschungen – Entdeckungen in innermathematischen Situationen

Dass die Mathematik, die in der Schule gelernt wird, sich als nützlich in realen Situationen erweisen soll, ist wohl unstrittig. Was aber gibt es in der Schule innermathematisch zu erforschen? Neue, über das Triviale hinausgehende Zusammenhänge werden sich da kaum entdecken, geschweige denn beweisen lassen – so könnte man meinen. Aus diesem Grunde findet man im Schulkontext die Begriffe „Entdecken“ und „Erfinden“ zuweilen durch „Wiederentdecken“ oder „Nacherfinden“ ersetzt. Aus der Perspektive der Schülerinnen und Schüler kann der Prozess des Entstehens von Mathematik aber durchaus Entdeckungscharakter haben. An den vorigen Beispielen (und vor allem in Kap. 2) haben wir gezeigt, wie die Genese von Mathematik aus anschaulichen Problemsituationen und Anwendungskontexten heraus aussehen kann. Voraussetzung ist dabei, dass der Lehrer nicht den Lernprozess mit einem singulären Ziel vor Augen steuert und Schülerbeiträge, die ihm unpassend oder nicht zielführend scheinen, frühzeitig ausscheidet. Ist eine Aufgabenstellung hinreichend offen, so entstehen auch Abwege, Umwege, Alternativen und Lösungen auf verschiedenem Niveau, die nicht zu früh kanalisiert und selektiert werden dürfen und die es wertzuschätzen gilt. Unter diesen Bedingungen findet man prinzipiell in allen offenen Aufgaben, wie sie in Kap. 3.2 beschrieben wurden, Aspekte entdeckenden Lernens.

Es gibt aber auch eine Reihe von offenen Aufgabentypen, aus denen eine so große Vielfalt an Ergebnissen resultieren kann, dass der Arbeitsprozess einem **echten, offenen Entdecken durch die Schülerinnen und Schüler** gleicht. Zwar kann man dabei einige mögliche Ideen und Lösungen der Schüler schon vorweg ahnen, aber selbst der erfahrene Lehrer wird hier immer wieder Entdeckungen machen, und zwar gleichermaßen mathematische Entdeckungen wie didaktische Entdeckungen hinsichtlich der kreativen Denkweisen der Schülerinnen und Schüler. Wie man solche, für echte Entdeckungen offene Aufgaben erstellt und wie Schüler damit umgehen, soll im Folgenden an zwei Grundtypen von Aufgabenstellungen vorgestellt werden.

Typ 1: **Problem- und Begriffsvarianten durch Schüler**

Wie gehen Mathematiker mit einem neu errungenen „mathematischen Produkt“, also etwa einem bewiesenen Satz, einem gelösten Problem oder einer niedergelegten Definition, um? Sie bemühen sich, ihre Erkenntnisse einerseits nach außen zu erweitern, indem sie diese möglichst breit anzuwenden versuchen. Sie werden aber auch das neue Produkt gewissermaßen „von innen abtasten“, indem sie es z. B. zu verallgemeinern trachten oder die Voraussetzungen abschwächen und schauen, was passiert. Dieses operative Spiel mit errungenen

Produkten ist kennzeichnend für die Prozesse mathematischen Erkenntnisgewinns. Es kann aber ebenso in der Schule stattfinden, wenn geeignete Aufgaben und eine unterstützende Lernkultur zur Verfügung stehen.

Hierzu gibt es eine einleuchtend einfache Technik, die ohne weiteres von Schülerinnen und Schülern durchgeführt werden kann:

Prinzip der Variation mathematischer Produkte

(1) **Darstellen** eines mathematischen „Produktes", also z. B.:

- ein gelöstes Problem,
- ein begründeter Zusammenhang oder
- ein definierter Begriff.[4]

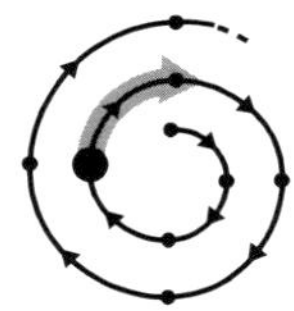

(2) **Variationsauftrag:** „Verändere in dieser Situation einen oder mehrere Teile" (zu konkreten Variationsstrategien s. u.). Hierbei entstehen neue ungelöste Probleme und unerkundete Begriffe.

(3) **Forschungsauftrag:** „Untersuche, inwieweit die neuen Probleme lösbar sind bzw. welche Eigenschaften die neuen Begriffe haben."

Dass sich diese Technik der **„Aufgabenvariation durch Schüler"** immer größerer Beliebtheit erfreut, ist wesentlich den Arbeiten von SCHUPP zu verdanken, der auch eine umfangreiche Sammlung mit Beispielen und begleitenden theoretischen Überlegungen herausgegeben hat (SCHUPP 2002). Die Anwendung dieser Technik auf mathematische Begriffe findet man auch schon bei WETH (1999). An dieser Stelle wollen wir uns auf die Darstellung einiger weniger Beispiele beschränken.

Beispiel 1: Variation eines gelösten Problems
Als Ursprungsproblem wählen wir eine Variante der Aufgabe „Kreise im Quadrat" (S. 58, 98)

Schneide aus einem Quadrat vier gleiche Kreise mit möglichst großer Gesamtfläche aus.

[4] Diese Variation der zu den mathematischen Prozessen gehörigen Produkte lässt sich im Prinzip auch für Modelle durchführen. Allerdings werden die zugehörigen Betrachtungen schnell sehr komplex, da sowohl die mathematische Struktur der Modelle variiert werden kann als auch die in das Modell eingehenden Parameter.

Mögliche Variationen dieses Problems wären z. B.:

1. Schneide aus einem Quadrat vier **beliebige** Kreise mit möglichst großer Gesamtfläche aus.
2. Schneide aus einem **Rechteck** vier gleiche Kreise mit möglichst großer Gesamtfläche aus.
3. Schneide aus einem Quadrat **drei** gleiche Kreise mit möglichst großer Gesamtfläche aus.
4. Schneide aus einem **Kreis** vier gleiche Kreise mit möglichst großer Gesamtfläche aus.
5. Schneide aus einem Kreis vier gleiche **Quadrate** mit möglichst großer Gesamtfläche aus.
6. Schneide aus einem Quadrat vier gleiche Kreise mit möglichst großem **Gesamtumfang** aus.
7. Schneide aus einem Quadrat **beliebig viele, auch verschieden große** Kreise mit möglichst großer Gesamtfläche aus.

Das Kernprinzip dieser Variationstechnik lautet: **Es sind die Schülerinnen und Schüler, die variieren**, und nicht Lehrerin oder Lehrer. Der Auftrag an Schüler lautet also nicht „Löse das variierte Problem", sondern: „Variiere selbst das Problem und untersuche, was passiert." Lehrerinnen und Lehrer können zwar vorab ausloten, welche Variationen zu erwarten sind. Eine detaillierte Planung wird jedoch dadurch unmöglich, dass Schülerinnen und Schüler immer wieder Naheliegendes unbeachtet lassen, dafür aber auf Unerwartetes stoßen. Die von ihnen erfundenen Variationen können sehr unterschiedliche Schwierigkeitsgrade aufweisen, wenn man sich an ihre Bearbeitung macht.

Manche erweisen sich als trivial (aber begründungsbedürftig), manche führen auf curricular zentrale Themen, andere sind mit Mitteln der Schulmathematik kaum erfolgreich anzugehen. Diese Schilderung deutet schon darauf hin, dass das Arbeiten mit der Variationstechnik für Lehrerinnen und Lehrer interessanter, aber auch anspruchsvoller ist als das Lösenlassen wohlüberlegt ausgesuchter „fertiger" Probleme.

Die leichte Zugänglichkeit solchen Variierens erklärt sich daraus, dass die Schülerinnen und Schüler zunächst eher auf der syntaktischen Ebene, d. h. durch Verändern, Ergänzen oder Weglassen von Worten an die Situation herangehen können. Im zweiten Schritt untersuchen sie dann die semantischen Konsequenzen, d. h. die inhaltlichen Veränderungen, die sich daraus für das Problem ergeben.

Viele der entstehenden Variationen lassen sich als Nachbarprobleme oder Analogien, als Verallgemeinerungen oder Spezialisierungen, als Ober- oder Unterbegriffe identifizieren. Bei der Untersuchung der Variationsergebnisse erkunden Schülerinnen und Schüler dann logische Beziehungen und Begriffsrelationen. Diese Reflexionsebene erreichen sie jedoch erst, nachdem sie einige Erfahrungen mit Variationen haben. Das bedeutet: die Variationsmethode und die Reflexion ihrer Ergebnisse kann als Vorbereitung für Tätigkeiten wie das Analysieren logischer Zusammenhänge zwischen Begriffen und Aussagen dienen. Bei weiteren Variationen kann dann ein Satz von konkreteren Strategien behilflich sein (vgl. SCHUPP 2002):

- **Wackeln:** „Nimm geringfügige Veränderungen vor."
- **Analogisieren:** „Ändere oder ersetze eine Bedingung."
- **Verallgemeinern:** „Lasse Informationen oder Bedingungen weg."
- **Spezialisieren:** „Füge zusätzliche Bedingungen hinzu."
- **Kombinieren:** „Führe mit einer anderen Situation zusammen."

Natürlich lassen sich diese Strategien nicht ohne weiteres auf jedes Problem anwenden. Daher ist es häufig sinnvoll, zunächst Variationen auf der syntaktischen Ebene vorzunehmen und im Weiteren zu versuchen, ein Problem systematisch mithilfe dieser Strategien zu verändern.

Die Strategien sind als echte **Problemfindungsstrategien** das Pendant der Problemlösestrategien (Kap. 2.2, S. 38 ff.). Weitere Strategien lauten z. B.: Grenzfälle betrachten, Lücken beheben, Vergleichen, Ziel ändern, Denkrichtung ändern, Zerlegen, Blickrichtung wechseln, Umkehren, Kontext ändern, Darstellen, Iterieren, Anwenden usw.

Das folgende zweite Beispiel zeigt, wie anstelle eines Problems eine Definition und damit ein mathematischer Begriff variiert werden kann:

Beispiel 2: Variation eines Begriffs

- Ausgangsbegriff: Größter gemeinsamer Teiler von zwei Zahlen
- Mögliche variierte Begriffe:
  1. **Kleinster** gemeinsamer Teiler von zwei Zahlen
  2. Größter gemeinsamer **Prim**teiler von zwei Zahlen
  3. Größter gemeinsamer Teiler von **drei** Zahlen
  4. Größte gemeinsame **Fläche** von zwei Rechtecken

Hier gibt es nun kein unmittelbar neues Problem zu lösen. Vielmehr geht es darum, die neuen Begriffe, die bislang eigentlich nur Definitionen sind, auf ihren Begriffsumfang auszuloten.

Schülerinnen und Schüler üben sich bei den meisten Themen nicht nur im reinen Aufstellen neuer Probleme und Begriffe, sondern können ihre Funde tatsächlich weitgehend selbstständig untersuchen. Durch das Lösen verwandter Probleme und das Untersuchen verwandter Begriffe erhöht sich das Verständnis der Grundprobleme und -begriffe („Einsicht durch Weiterdenken"). Wer z. B. den Primzahlbegriff variiert hat und so auf Zahlen mit drei oder vier Teilern oder auf Zahlen mit einer ungeraden Teilerzahl gestoßen ist, hat den Begriff schärfer abgegrenzt, eine Übersicht über die möglichen Teileranzahlen gewonnen und bei der Erkundung der neuen Begriffe den Primzahlbegriff angewendet. Auf der prozessualen Seite fördert der Umgang mit Variationsroutinen den flexiblen und kreativen Umgang mit mathematischen Situationen und Begriffen. Da die Techniken sowohl sehr einfach als auch komplex ausgelegt werden können, finden zudem Schüler aller Leistungsniveaus einen Zugang. Aufgabenvariationen sind in diesem Sinne selbstdifferenzierend (vgl. Kap. 3.3, S. 113 ff.).

Die Variation von Aufgaben und Begriffen ist ein praktikabler Ansatz, Schülerinnen und Schüler auch aktiv an der Problemfindungsphase teilnehmen zu lassen. Er lässt sich auf beinahe jede Schulbuchdefinition und -aufgabe anwenden. Die Wirkungen dieses Ansatzes sind jedoch beträchtlich: „Mathematik wird – vielleicht zum ersten Mal – als lebendiger Prozess erlebt, in dem fortwährend Fragen entstehen, (vielleicht nur teilweise) beantwortet werden und neue Fragen nach sich ziehen [...]. Kurz: Es wird authentisch gelernt." (Schupp 2002, S. 13)

Bei der Variationstechnik liegen Schülerinnen und Schülern bereits definierte Begriffe und gelöste Probleme als Orientierung vor. In diesem Sinne ist sie ein eher „konservativer Weg" zur Aufgabenöffnung. Der folgende Ansatz geht in dieser Hinsicht einen Schritt weiter.

Typ 2: **Ergebnisoffene Erkundungen**

Die Offenheit von Aufgaben, wie sie in Kap. 3.2 näher beschrieben wurde, ist eine graduelle Eigenschaft. Insbesondere wird auch eine noch so offene Aufgabe wieder zu einer geschlossenen, wenn der Lehrer nach ihrer Bearbeitung durch Schülerinnen und Schüler einen bestimmten Ansatz gegenüber den anderen favorisiert. Bei Modellierungsaufgaben ist es leichter, verschiedene Ansätze, Lösungswege und Ergebnisse gleichzeitig zu würdigen, bei innermathematischen Problemen erscheint dies mitunter schwieriger. Ein Beispiel für eine Aufgabe, die sich durch eine echte Vielfalt der Ergebnisse auszeichnet, ist z. B. die Murmelaufgabe (Kap. 3.1, S. 84 f.).

Aus japanischen und inzwischen auch amerikanischen Schulen und Hochschulen stammen Erfahrungen mit einem besonderen Aufgabenformat, das systematisch das Ziel verfolgt, Aufgaben für möglichst echte Schülerentdeckungen zu öffnen. Becker und Shimada (1997) beschreiben diesen Weg als open ended approach, also als „ergebnisoffenen Ansatz" und illustrieren ihn mit einer Vielzahl von Unterrichtsbeispielen und Erfahrungsberichten. Auf wenige wesentliche Aspekte reduziert könnte das Bauprinzip solcher Aufgaben etwa so umschrieben werden:

Prinzip der ergebnisoffenen Erkundung
(1) Darstellen einer Situation, ggf. **Fokussieren** auf ausgewählte Aspekte.
(2) **Auftrag:** „Finde möglichst viele …“
(3) **Sammlung:** Vergleich, Systematisieren, Begriffsbilden, Problemlösen, Begründen.

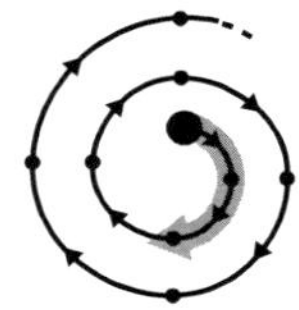

Im Folgenden werden verschiede Typen von „Finde möglichst viele …“– Aufgabenstellungen dargestellt und Situationen beschrieben, auf die sie sich gut anwenden lassen.

Typ: **Finde möglichst viele Beziehungen zwischen den Größen.**
Diese Frage lässt sich immer dort stellen, wo in einer reichhaltigen Situation mehrere Größen funktional voneinander abhängen. Günstig ist es, wenn Schülerinnen und Schüler diese Beispiele konstruktiv erzeugen oder experimentell erkunden können:

Falte ein DIN-A4-Blatt einmal, zweimal oder dreimal.

Finde dann möglichst viele Beziehungen zwischen den Winkeln.

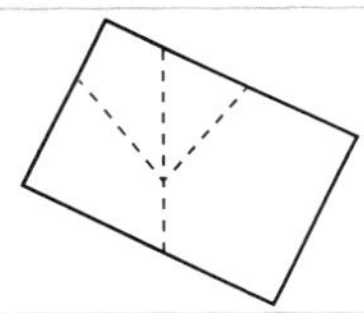

Die vielfältigen möglichen Winkelbeziehungen, die hier zu entdecken sind, hängen davon ab, welche Seiten die Faltkanten schneiden. Schüler können, wenn sie einen Zusammenhang entdeckt zu haben glauben, diesen durch eine weitere, etwas abweichende Faltung auf die Probe stellen.

AB/Dynamisches AB

Spanne auf dieser „Nageluhr“ möglichst viele verschiedene Dreiecke und zeichne sie ab.

Sortiere die Dreiecke und finde dann möglichst viel über ihre Winkel und deren Beziehungen heraus.

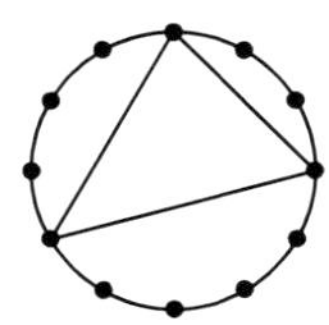

In dieser offenen, aber durch die Kreisfigur strukturierten Erkundungssituation gibt es eine Vielzahl von Entdeckungen zu machen: Wie viele Dreiecke gibt es, welche sind gleichschenklig, welche rechtwinklig? Sammelt man Letztere, so stößt man z. B. auf den Satz des Thales, und auch der Umfangswinkelsatz ist hier zu entdecken.

Hier noch eine „klassische" offene Erkundung nach BECKER/SHIMADA (1997, S. 13):

Kippe das Gefäß zur Seite und beobachte alle Flächen und Längen.

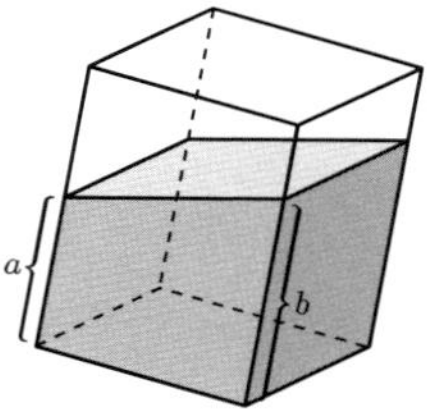

Schreibe möglichst viele Beziehungen zwischen den Teilen auf.

Voraussetzung für solche offenen Fragen ist natürlich, dass die Schülerinnen und Schüler (ggf. vorläufige) Begriffe für verschiedene mögliche Situationen besitzen, in geometrischen Situation z. B. je nach Komplexität: „parallel, senkrecht, Winkel, gleiche Länge, gleiche Längenverhältnisse". Sie müssen nicht unbedingt die mathematischen Bezeichnungen hierfür wählen, es kann bei der Erkundung ja auch gerade darum gehen, unscharfe Alltagsbegriffe mathematisch zu präzisieren.

Typ: **Finde möglichst viele Merkmale oder Eigenschaften.**
In dieser Form ist der Auftrag wohl zu abstrakt. Er muss situationsspezifisch formuliert werden und sollte sich auf eine größere Zahl von Beispielen beziehen, die entweder schon vorgegeben sind oder die Schülerinnen und Schüler während der Arbeit leicht selbst erzeugen können. Der Auftrag kann auch konkreter sein, z. B. indem er die Aufmerksamkeit auf jeweils bestimmte Objekte lenkt.

Typ: **Wähle ein Objekt aus und finde dann andere Objekte, die mit dem vorgegebenen etwas gemeinsam haben. Beschreibe, welche Eigenschaften die Objekte jeweils gemeinsam haben.**
Als Ausgangsdaten kann man hier fast alle Objekte der Schulmathematik wählen: Körper, Figuren, Funktionsterme oder Zahlen. Diese kann man absichtsvoll zusammenstellen, um eine abstrahierende Begriffsbildung vorzubereiten (vgl. Kap. 2.4, S. 65 ff.):

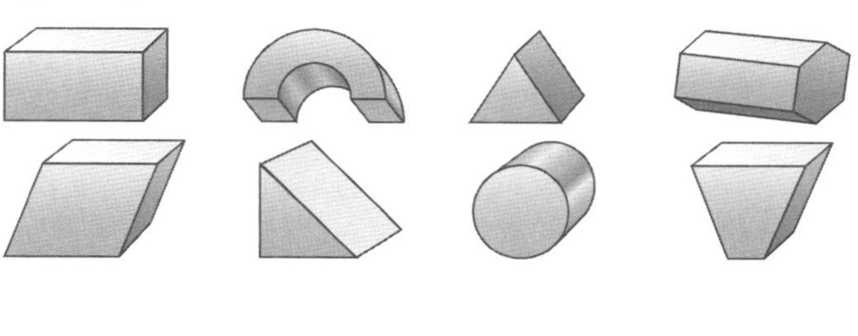

Ein anderes Beispiel könnten die Funktionsgrafen auf S. 68 sein. Statt einer größeren Zahl von Objekten reicht manchmal auch hier eine Vorschrift, wie diese zu gewinnen sind. Die Erkundung entspricht dann einer Exploration des Umfangs dieses konstruktiven Begriffs, im Folgenden z. B. des Begriffs „Dicke".

AB/Dynamisches AB

> Dieses dreieckige Werkstück ist möglichst eng zwischen zwei parallele Platten eingespannt. Spanne auf ähnliche Weise möglichst viele Werkstücke anderer Form ein.
>
> Welche Beobachtungen machst du?

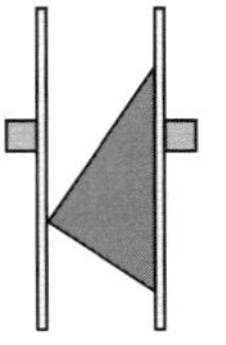

Man kann Ausgangsdaten aber auch aus Aufgabenplantagen aus Schulbüchern gewinnen. Dann regt die Frage nach Merkmalen zu einer Durchmusterung der in einem Paket zusammengefassten Aufgaben an und dient dem Ziel des reflektierten Übens. Beispiele hierzu folgen in Kap. 4.3 (S. 154 ff.).

Typ: **Finde möglichst viele Muster/Regelmäßigkeiten/Ähnlichkeiten.**
Dies ist wohl die offenste Form, in der man einen Explorationsauftrag stellen kann. Letztlich handelt es sich hier um die Generalfrage aller mathematischen Forschung. Wenn Schülerinnen und Schüler bereits einige Explorationen hinter sich haben, so brauchen sie keine direkteren Hinweise mehr darauf, welche Strukturen zu suchen sind oder welche mathematischen Begriffe verwendet werden sollen. Sie wählen nach eigenem Gutdünken die Richtung ihrer Forschungen aus. Damit ist dann ein Höchstmaß an Authentizität mathematischen Arbeitens im Unterricht erreicht.

Die zum Ende dieses Kapitels dargestellten Aufgabenformate zeichnen sich durch eine extreme Offenheit aus. Schüler nehmen hier die Mathematik selbst in die Hand, Lehrer können die Ergebnisse nur noch bedingt planen und nehmen eine moderierende Rolle ein. Schon allein aus diesem Grund verdienen solche Aufgaben, die im traditionellen Unterricht bislang kaum eine Bedeutung haben, eine stärkere Beachtung.

4.2 Sammeln, Sichern, Systematisieren

In diesem Buch verstehen wir Aufgaben vor allem als Anlässe zum Mathematiktreiben, als Medium zur Aktivierung von Lernenden. Zu den entscheidenden Konstruktionsmerkmalen zählen daher Offenheit, Differenzierungsvermögen und die Authentizität der angeregten mathematischen Prozesse. Die Ergebnisse von Schüleraktivitäten, die durch solche Aufgaben ausgelöst werden, sind zwangsläufig vielfältig und divergent. Was aber fängt man mit diesen divergierenden Ergebnissen an? Wie bringt man die vielen Ideen wieder zusammen? Wie findet man wieder einen roten Faden für den Unterricht und eine gemeinsame Basis für künftige Lernprozesse? Das anschließende konvergente Arbeiten, sprich das systematisierende Zusammentragen hat unterschiedliche Funktionen:

- Das Zusammentragen und Gegenüberstellen von Schülerlösungen mit dem Ziel der Auseinandersetzung der Schülerinnen und Schüler miteinander (Sammeln, Austauschen, Reflektieren).
- Das Strukturieren der Schülererkenntnisse und das Verknüpfen mit den normierten Begriffen und Verfahren der „fertigen Mathematik" (Systematisieren und Regularisieren).
- Das Sichern in schriftlicher Form mit dem Ziel, später wieder auf den Wissensstand zurückgreifen zu können (Dokumentieren).

Gewöhnlich finden diese Prozesse im Klassengespräch statt, wobei der Lehrer oder die Lehrerin sich zunächst möglichst in Zurückhaltung übt, auf eine Wertschätzung der Schülerbeiträge achtet und die sachliche Auseinandersetzung moderiert. Irgendwann ist er oder sie dann gefragt, auch die normierten Verfahren und konventionellen Bezeichnungen ins Spiel zu bringen.

Es ist aber nicht ausgeschlossen, dass auch solche Phasen des Sammelns, Systematisierens und Sicherns durch Aufgaben organisiert werden. Aufgaben können dabei die Funktion übernehmen, allen Schülern eine höhere Beteiligung und Selbstständigkeit zu ermöglichen. Sie können auch stärker zwischen verschiedenen Leistungsniveaus differenzieren, als dies im Klassengespräch möglich ist.

Auch die beschriebenen Prozesse der Normierung von außen müssen nicht ausschließlich vom Lehrer oder der Lehrerin kommen. Schülerinnen und Schüler können die Informationen über begriffliche Konventionen oder standardisierte Verfahren durchaus selbstständig und nach eigener Entscheidung heranziehen. Dies wäre beispielsweise möglich, wenn die informierenden und normierenden Abschnitte in einem herkömmlichen Schulbuch nicht – wie immer noch üblich und einem entdeckenden Lernen zutiefst abträglich – das jeweilige Kapitel einleiten würden, sondern am Schluss des Buches oder sogar in einem getrennten Teilband zusammengefasst wären.

In der Praxis stehen für solche Phasen des „schülerzentrierten Zusammentragens" zurzeit nur wenige Aufgabenbeispiele zur Verfügung. Eine umfassende Nutzung in Form von „Ordnen"-Aufgaben wurde für das Schulbuch „mathewerkstatt" entwickelt (vgl. PREDIGER ET AL. 2011). Daneben existieren aber eine Vielzahl von eher unterrichtsmethodischen Arrangements, wie z. B. Portfolios,

Mindmaps, Gruppenpuzzles, Expertenrunden, persönliche Merkhefte usw., die wir an dieser Stelle nicht behandeln (s. dazu Barzel/Büchter/Leuders 2007).

In welche Richtung Aufgaben gehen könnten, die Phasen des Sammelns und Sicherns einleiten und weitgehend mitstrukturieren, illustrieren wir an zwei Typen.

Typ 1: **Systematisieren durch Bewerten**

Das folgende Beispiel entstammt bewusst einer frühen Klassenstufe und soll zeigen, dass nicht erst „erfahrenere" Schülerinnen und Schüler selbstständig systematisieren können. Nach der Erkundung von verschiedenen Zahlsystemen sollen die Schülerinnen und Schüler die Erfahrungen systematisch miteinander in Beziehungen bringen.

AB/Dynamisches AB

Welches Zahlensystem ist das Beste?

Als „Warentester" sollt ihr verschiedene Zahlensysteme auf den Prüfstand stellen. Welches Zahlensystem eignet sich für den täglichen Gebrauch am besten?

Stiftung Warentest
test — Heute: Zahlen

Zahlsystem	Beispiel
Babylonisch	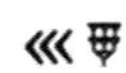
Ägyptisch	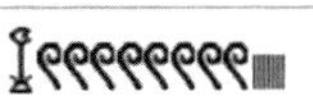
Römisch	MDCCCVII
Inka	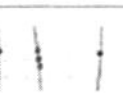
Maya	
Chinesisch	千八百七
Arabisch	1807

Vergleicht die Zahlschreibweisen der verschiedenen Kulturen. Schreibt ein kurzes Gutachten zu den Vor- und Nachteilen verschiedener Zahlschreibweisen. Beantwortet dazu vorab die drei Vergleichsfragen:

Vergleichsfrage 1: Wie viele unterschiedliche Zeichen werden gebraucht, aus denen man alle Zahlen zusammensetzen kann?

Vergleichsfrage 2: Könnte man die Zeichen auch in einer anderen Reihenfolge schreiben, ohne dass die Zahl sich ändert? Haben die Zeichen immer denselben Wert, egal wo sie stehen?

Vergleichsfrage 3: Gibt es ein Zeichen für die Null?
Wird das Zeichen gebraucht?
Was wäre, wenn es das Nullzeichen nicht gäbe?

Verfasst einen Testbericht. Verwendet dazu Bewertungen wie z. B. „Das System X hat uns zunächst überzeugt, weil … Allerdings kann es nicht so gut … Wir raten zu folgender Verbesserung … ".

(Leuders 2011)

Ein solches Aufgabenformat regt Reflexionen beim Einzelnen und Aushandlungsprozesse in der Gruppe an. Schülerinnen und Schüler wenden erfundene neue Begriffe parallel an und erkunden und systematisieren so Verknüpfungen und Wechselbeziehungen zwischen ihnen. Andere Begriffe, auf die sich ein solcher Aufgabentyp anwenden lässt, sind z. B. die konkurrierenden Mittelwertbegriffe oder Streuungsmaße, Verfahren zur Bestimmung von Näherungslösungen, geometrische Konstruktionen oder auch verschiedene Beweise ein und derselben Aussage.

Typ 2: **Systematisieren durch Clustern**

Zu den besonderen Charakteristika der Wissenschaft Mathematik gehört ihre hohe Kohärenz, der enge Zusammenhang ihrer Begriffe. Eine Aufgabe des Mathematikunterrichts ist auch, die Erfahrung dieser Kohärenz mit Mitteln der Schule zu ermöglichen. Dass dies auch unter hoher Aktivität der Schülerinnen und Schüler und in Form von konkreten Aufgaben geschehen kann, zeigt das folgende Beispiel:

> Bilde aus folgenden Karten Gruppen, bei denen es um ähnliche Aspekte geht. Beschreibe, was du in der jeweiligen Gruppe als Gemeinsamkeit siehst. Versuche, in jeder Gruppe verschiedenfarbige Karten zusammenzuführen. Vielleicht fehlt in einer Gruppe auch noch eine Farbe, zu der du dann noch ein Beispiel finden kannst.

Als Bausteine für das folgende Bild dienen Karten, auf denen im vorhergehenden Unterricht verschiedene Aspekte und Anwendungen des Wahrscheinlichkeitsbegriffs notiert wurden. Die achteckigen Karten stammen aus der Beschäftigung mit relativen Häufigkeiten (rH), die rechteckigen aus Betrachtungen subjektiver Wahrscheinlichkeiten und die ovalen aus Aspekten, die mit dem LAPLACE'schen Wahrscheinlichkeitsbegriff entstanden sind. Ein mögliches Ergebnis des Gruppierens könnte so aussehen wie in der Abb. auf S. 142.

Hierbei wurden die Beispiele und Aussagen aus den verschiedenen Zugängen zum Wahrscheinlichkeitsbegriff nach dem Kriterium der Verwandtschaft neu zusammengesetzt. Dabei stellt sich heraus, dass in allen Bereichen ähnliche Fragestellungen auftreten:

- Die Summe aller Einzelwerte ist gleich 1.
- Die Summe aller Einzelwerte darf 1 nicht überschreiten.
- Die Werte sind immer größer oder gleich Null.
- Die Werte addieren sich, wenn Ereignisse sich ausschließen.

Nachdem Schüler diese Gemeinsamkeiten herausgearbeitet haben, liegt es nahe, sie als allgemeine Eigenschaften für jegliche Art der Wahrscheinlichkeitsmessung zusammenzufassen. Damit sind die Grundlagen für die Konstruktion eines axiomatischen Wahrscheinlichkeitsbegriffes, dem Nichtnegativität, Normiertheit und Additivität zugrunde liegen, inhaltlich gelegt.

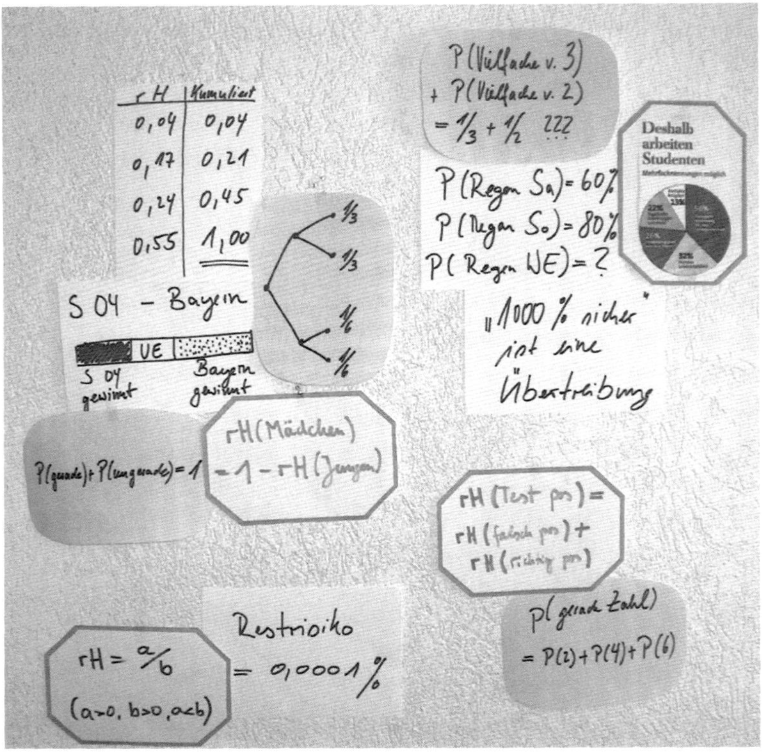

Das Grundprinzip von solchen Aufgaben beruht darauf, dass viele fundamentale mathematische Begriffe verschiedene, sich gegenseitig ergänzende Aspekte oder Facetten haben. Die gilt z. B. für Funktionen (Graf, Tabelle, Situation, Term), Brüche (Operator, Verhältnis, Anteil, Zahl, Chance) usw. Diese Aspekte sammeln sich während der Erkundungen im Unterricht über mehrere Wochen in Form von Sätzen, Beispielen und Gegenbeispielen, Darstellungen usw. an und können, wenn man sie auf Karten festhält, von den Schülerinnen und Schülern systematisiert werden. Eine solche systematische Gruppierung kann auch

Ausgangspunkt einer Axiomatisierung sein. Im Beispiel sind die Axiome der Wahrscheinlichkeitsrechnung nichts anderes als formale Verallgemeinerungen der gruppierten Begriffaspekte.

Für die Konstruktion weiterer Aufgaben helfen die folgenden Schritte zur Planung einer Phase des Systematisierens und Sicherns (aus PREDIGER ET AL. 2012)

1. Welche Wissenselemente sollen zu dem Inhalt gesichert werden? Zum Beispiel:

- Nur Konkretisierungen und Abgrenzungen, oder auch explizite Formulierungen?
- Welche Bedeutungen und Zusammenhänge sollten explizit gesichert werden?
- Auf welche Konventionen muss ich achten?

2. Wie soll der gesicherte Hefteintrag (zum Beispiel im Wissensspeicher) am Ende aussehen?

3. Welcher Grad an Lernendenbeteiligung und Konvergenz (s. Abb.) ist für die ausgewählten Wissenselemente möglich und wichtig? Zum Beispiel:

- Wie komplex sind die expliziten Formulierungen, was können Lernende davon allein bewältigen?
- Welche Vorstellungen und Darstellungen haben die Lernenden längst entwickelt und können sie formulieren, wo sollte nur zugeordnet werden, um Konvergenz zu sichern?

4. Welche Unterrichtsformen und -methoden passen zu den ausgewählten Aneignungshandlungen? Zum Beispiel:

- Was kann in Einzelarbeit erfolgen, wo ist Kommunikation mit anderen Lernenden oder der ganzen Klasse sinnvoll oder sogar erforderlich?
- Welche Schritte muss ich als Lehrkraft explizit kontrollieren, um sicher zu gehen, dass nicht Falsches gesichert wird?

Bei der Konstruktion der Aufgaben ist ein wichtiges Kriterium, wie man sich die Balance zwischen Anleitung und Aktivität vorstellt: Eine Aufgabe, die die Lernenden stark auf das Ziel hinlenkt, reduziert deren aktive Beteiligung (Extremfall: „Schreibt die Formulierung im roten Kasten ab."). Eine Aufgabe, die eine hohe aktive Beteiligung aller Lernenden erzeugt, benötigt einen hohen Aufwand, bis sie zur Konvergenz auf das erwünschte Ergebnis führt (Extremfall: „Jeder schreibt eine eigene Formulierung auf. Danach werden alle Ideen vorgestellt, diskutiert und gemeinsam eine beste gefunden."). Im ersten Fall kann man sicher sein, dass in jedem Heft etwas Richtiges steht, aber kaum ein Schüler wird beim Abschreiben ein tieferes Verständnis entwickeln. Im zweiten Fall hingegen kann ein umfassendes Verständnis entstehen, man kann dieses Vorgehen aber sicher nur gelegentlich praktisch umsetzen (z. B. bei der schüleraktiven

Entwicklung einer neuen Definition). In der Regel werden die Tätigkeiten, die durch Aufgaben angeregt werden sollen, die so genannten „Aneignungshandlungen" irgendwo zwischen diesen beiden Extremen liegen.

Konvergenz	Art der Aneignungshandlung	Beteiligung
Gering	1. **Realisieren** des Konzepts /Satzes: Finde Beispiele und Gegenbeispiele und erkläre, wieso sie (nicht) passen.	Hoch
	2. **Identifizieren** des Konzepts: Welches dieser Beispiele passt zum Konzept, welche nicht? Wieso?	
Hoch	3. Für gegebene Beispiele (Nicht-)**Passung begründen**: Inwiefern ist dies ein Gegenbeispiel? Wieso?	Gering

Aneignungshandlungen für das Konkretisieren von Konzepten (Barzel et al. 2011)

4.3 Üben und Wiederholen

„Dem Schüler werden, anders als bei der kleinschrittigen Stufung, nicht alle Hindernisse aus dem Weg geräumt. So lernt er, sie zu überwinden. [Da] immer Aufgaben unterschiedlicher Schwierigkeitsniveaus abfallen, können sich alle Schüler, von lernschwachen bis leistungsstarken, beteiligen. [...] Der Schüler lernt und übt überlegter (Worum geht es? Was ist leicht? Was kann ich schon? ...) und er versucht, sich möglichst aus eigener Kraft in dem betreffenden Stoffgebiet zurechtzufinden. [...] Lernen und Üben in Sinnzusammenhängen entspricht dem Wesen der Mathematik und ihren Anwendungen"

(Wittmann 1992a, S.164).

Den sinnentleerten Drill aus dem Paukunterricht des vorletzten Jahrhunderts hat die Schule lange hinter sich gelassen. Nach einer Phase reformpädagogischer Gegenbewegungen, in denen das Üben bisweilen gänzlich verteufelt wurde, hat sich heute eine sachliche und differenzierte Sicht auf den Sinn und die Funktion des Übens eingestellt. Dazu beigetragen haben fachdidaktische Analysen (Winter 1984, 1989, Wittmann 1992a) und viele neue Anregungen aus der Praxis. Rein quantitativ nimmt das Üben einen beträchtlichen Teil des schulischen Lernens ein und das häusliche Arbeiten ist praktisch in Gänze dem Üben gewidmet.

Das wohl durchgängig am häufigsten genutzte Medium für das Üben ist das Schulbuch. In seiner typischen Struktur lässt es durchweg eine Zweigliedrigkeit erkennen: Auf die Darstellung von mathematischen Zusammenhängen und Begriffen folgt ein meist über die Hälfte des Kapitels einnehmender Übungsteil.

Dieser versteht sich als Materialangebot an die Lehrenden und bietet Gelegenheit, die Begriffe und Verfahren in Aufgaben steigender Schwierigkeit, beginnend mit einem Fertigkeitstraining, anzuwenden.

Im Format dieser Übungsaufgaben sind in den letzten Jahren deutliche Entwicklungen festzustellen: Dem in atomare Anforderungen und kleinste Stufen aufgelösten Fertigkeitstraining („Aufgabenhalden", „Plantagenaufgaben", „Päckchen") wird immer weniger Platz eingeräumt. Stattdessen lassen sich zunehmend Abschnitte, die mit „Vertiefen" oder „Vernetzen" überschrieben sind, finden. Die Übungen werden variantenreicher und nutzen verschiedene Darstellungsformen. Immer mehr Aufgaben führen zu Entdeckungen, verlangen Reflexionen oder verbinden das Üben neuer Begriffe und Verfahren mit älteren Themen. Hier verwischt zunehmend die Trennung zwischen Lernen und Üben, zwischen Entdecken und Sichern. Ein solches Üben erhält oft positiv besetzte Attribute wie „intelligent" oder „produktiv". Im Laufe dieses Kapitels soll beschrieben werden, nach welchen Prinzipien solche „intelligenten" Übungsformate angelegt sind und wie man sie selbst konstruieren bzw. aus vorhandenem Aufgabenmaterial weiterentwickeln kann.

Üben und Leisten/Üben und Entdecken

Üben ist ein konstitutiver Bestandteil von Lernen. Üben beginnt dort, wo erste Lernerfahrungen bereits gemacht wurden, ist aber prinzipiell nicht scharf abzugrenzen gegen andere Phasen des Lernens und Leistens.

Die wohl unerquicklichste Form des Übens ist das kurzatmige Durcharbeiten und Auswendiglernen von Musteraufgaben und Schemata mit dem Ziel des Bestehens einer in Kürze angesetzten Klassenarbeit. Ein solches Üben zeigt kurzfristig durchaus den erwünschten Erfolg, hat erfahrungsgemäß aber keine nachhaltigen Wirkungen. In einer Unterrichtspraxis, in der regelmäßig Leistungen überprüft werden, muss man allerdings realistischerweise davon ausgehen, dass das Üben von Schülerinnen und Schülern immer unter der Perspektive der Leistungserwartungen steht. Der Lehrende, der sich in seinen Anforderungen diesem Verfahren anpasst („Die Schüler möchten ja ein klares, auswendig lernbares Verfahren!"), begibt sich allerdings in einen Teufelskreis immer kalkülhafter werdender Anforderungen. Dass dies nicht zwangsläufig so sein muss, stellen wir im Kap. 5.2 dar, indem wir skizzieren, wie Leistungsüberprüfungen so vorbereitet und durchgeführt werden können, dass das vorbereitende Üben und Lernen sinnvoll stattfindet.

Eine zeitgemäße produktive Sicht auf das Üben ist die, das Üben als integralen Bestandteil aller Phasen des Lernens aufzufassen. Schon während der Phase des Entdeckens wird zwangsläufig geübt, denn hier müssen beständig Kenntnisse und Fertigkeiten zum Einsatz kommen. Ihre Anwendung kommt einer Flexibilisierung und Vertiefung der Kenntnisse und Fertigkeiten gleich. Üben ist in diesem Sinne „Aus-Üben". Dabei ist allerdings entscheidend, dass die Anwendung dieser Kenntnisse nicht schematisch, sondern reflektiert stattfindet, wie etwa in der folgenden Entdeckungsaufgabe:

Die Zahl 20 ist eine besonders „reiche" Zahl, denn sie ist ein Produkt aus drei anderen Zahlen.

Gibt es „reichere" Zahlen?

Welche Zahlen sind besonders „arm"?

Hier können Primzahlcharakterisierungen und das Prinzip der Primfaktorzerlegung entdeckt werden. Dabei wird in umfangreichem Maße das Multiplizieren, das Identifizieren von Teilern und ggf. auch das Anwenden von Teilbarkeitsregeln geübt, da die Schülerinnen und Schüler eine Reihe von Zahlen untersuchen müssen. Bei hinreichend offenen Entdeckungsaufgaben wird also geübt, ohne dass es einer eigenen Erwähnung oder einer über das Entdeckungsinteresse hinausgehenden Motivation bedarf.

Umgekehrt können auch beim Üben vielfältige Entdeckungen gemacht, individuelle Ideen eingebracht, Vermutungen aufgestellt und Begründungen abgegeben werden. Das soll das folgende Beispiel zeigen, das von einer Aufgabe im wohlbekannten Format eines „Päckchens" ausgeht:

Gib zu jeder Zahl alle ihre Teiler an:
a) 10 b) 45 c) 28 d) 100 e) 7 f) 17

Die „Übephilosophie" dieser Aufgabe lautet: „Teilermengen zu finden, ist ein Verfahren, das als einzelne Fertigkeit hinreichend oft wiederholt werden muss, bis es geläufig ist." Mit nur wenigen Modifikationen kann man einer solchen Aufgabe einen gänzlichen anderen Charakter und eine neue Qualität hinsichtlich des Übens verleihen:

Untersuche die Zahlen von 1 bis 30:

- Welche Zahlen haben genau zwei verschiedene Teiler?
- Welche Zahlen haben genau drei verschiedene Teiler?
- Kann man diese Zahlen vielleicht sofort erkennen?

Woran? Wenn du möchtest, untersuche weitere Zahlen über 30.

Die Blickrichtung dieser Aufgabe hat sich umgekehrt. Nicht mehr Teilermengen gegebener Zahlen sind gesucht, sondern Zahlen, die Teilermengen mit bestimmten Eigenschaften haben. Die Aufgabe ist nach dieser Veränderung weniger am Verfahren als am Verstehen orientiert. Der Übungseffekt in Bezug auf die **zu trainierenden Fertigkeiten** ist jedoch immer noch derselbe wie bei der ersten Version: Es werden Teiler gesucht, Multiplikationen und Divisionen ausgeführt und ggf. auch Teilbarkeitsregeln angewandt. Jetzt können die Schüler aber eigene Entscheidungen treffen: Sie wählen die zu untersuchenden Zahlen aus, einige willkürlich, andere vielleicht schon mit Vorannahmen. Manche Schüler entwickeln bei der Arbeit Vermutungen, vielleicht sogar erste Begründungsversuche. Das Üben mit dieser Aufgabe ist wesentlich stärker **selbstgesteuert**.

Dabei wird eine Form der Selbststeuerung realisiert, die auch schwächere Schüler nicht überfordert. Diese können beispielsweise systematisch die Zahlen von 1 bis 30 abarbeiten, machen dabei vielleicht weniger Entdeckungen, können aber nach eigenem Fähigkeitsstand üben. Diese **Binnendifferenzierung** ist gleichsam ein erwünschter Nebeneffekt des Aufgabenformates.

Was auffällt, ist, dass diese Aufgabe sich gar nicht mehr so sehr von der anfangs dargestellten Entdeckungsaufgabe (S. 140) unterscheidet, dass also Lernen und Entdecken hier unauflösbar miteinander verbunden sind. Man nennt diese Form des Übens daher auch **„entdeckendes Üben"**. Die beim Üben gemachten Entdeckungen und entstehenden Vermutungen bilden die Basis für weitere Begriffsbildungen. Da sie unter hoher Eigenaktivität der Schülerinnen und Schüler stattfinden, haben – anders als im fragend-entwickelnden Unterrichtsgespräch – alle Schüler die Gelegenheit, konkrete eigene Erfahrungen zu machen, die den dann folgenden Begriffsbildungen den Weg ebnen. Auf diese Weise wird die Übungszeit für das Weiterlernen genutzt, das Üben wird **„produktiv"**.

In den letzten zehn Jahren hat sich das aus der Grundschuldidaktik vertraute Format des produktiven Übens (Wittmann 1989) immer mehr auch in der Sekundarstufe etabliert (Leuders 2005, 2009, 2012, für die Oberstufe: Leuders 2015). Das Üben verändert sich, wenn man produktive Aufgabenformate wie hier dargestellt einbezieht. Die Anzahl der Wiederholungen und damit das automatisierende Üben leiden nicht, denn es werden je nach Aufgabenanlage nicht weniger Teilaufgaben bearbeitet. Hier stehen diese allerdings in einem sinnstiftenden Zusammenhang des Erkundens mathematischer Muster oder des Problemlösens. Neu ist zudem, dass (nicht nur stärkere) Lernende bei der Bearbeitung neue Entdeckungen auf ganz verschiedenen Niveaus machen können. Diese Entdeckungen sind allerdings (anders als im Erarbeiten) nicht unbedingt stofflich relevant für alle Lernenden. Dennoch kann man die hier entstehende *Vielfalt wertschätzen*, indem man individuell positive Rückmeldungen gibt, und zwar für jede Entdeckung, auch die weit weniger mathematisch tiefgehenden von schwächeren Schülerinnen und Schülern.

▶ Beispiel: Produktives Üben von binomischen Formeln (Klasse 8)

2 Binomische Formeln (in selbstdifferenzierender Aufgabe „Muster erkennen")

a) Wie geht es weiter?
Rechne und setze die Päckchen fort.

(1)	(2)
$(x + 3)^2 + 2 = x^2 + 6x + 11$	$(x + 1)(x + 3) = x^2 + 4x + 3$
$(x + 2)^2 + 2 = \ldots$	$(x + 1)(x + 2) = \ldots$
$(x + 1)^2 + 2 = \ldots$	$(x + 1)(x + 1) = \ldots$

b) Hinter diesem Päckchen stecken immer Muster. Welche Muster kannst du erkennen? Versuche deine Vermutungen zu begründen.

c) Erfindet selbst Päckchen mit ähnlichem Muster und stellt sie euch gegenseitig als Aufgaben.

3 Binomische Formeln (in selbstdifferenzierender Aufgabe „Beispiele ordnen")

a) Ordne die Aufgaben
Überlege dazu, welche Aufgaben sich zu Gruppen zusammen fassen lassen.

(1) $x^2 + 3x - 10$	(5) $x^2 - 25$
(2) $x^2 - 2x - 1$	(6) $x^3 + 14x^2 + 49x$
(3) $2x^2 + 8x$	(7) $4x^2 - 64$
(4) $x^2 - 20x + 100$	(8) $x^2 + 24x + 144$

b) Beschreibe, worin sich die Aufgaben in einer Gruppe jeweils ähneln.

c) Tauscht eure Zettel aus und vergleicht die Gruppen, die ihr gebildet habt. Überprüft mit Umformungen, ob wirklich alle Aufgaben je zu einer Gruppe gehören.

4 Binomische Formeln (in selbstdifferenzierender Aufgabe „Problemlösen")

$\square x^2 + \square x + \square = (\square x + \square)^2$

Welche Zahlen passen in die Kästchen?

Suche zu jeder der folgenden Teilaufgaben möglichst viele verschiedene Lösungen:

a) irgendwelche Zahlen **b)** nur gerade Zahlen **c)** nur ungerade Zahlen
d) nur Quadratzahlen **d)** nur negative Zahlen

(Leuders/Rülander 2011)

Herr Landruth stellt während der Stunde fest:

Bei Aufgabe 2 finden alle einen leichten Einstieg, auch die Fortsetzung in b) gelingt allen. Die Schwächeren kommen nicht zum Aufstellen eigener Päckchen in c), während einige besonders Starke sich hier mit unerwartet spannenden Beispielen gegenseitig herausfordern.

Das Ordnen in 3a) und b) verunsichert einige, sie wollen gleich mit ihrem Nachbarn darüber sprechen. Herr Landruth fordert sie aber auf, zunächst ihre eigenen Ideen aufzuschreiben. Beim Herumgehen stellt er fest, dass die Erläuterungen sehr stark in der Qualität variieren. Einige Lernende übersehen in c), ihre Ideen durch Umformen zu überprüfen, sie brauchen einen Impuls.

Bei Aufgabe 4 sind viele Lernende zunächst irritiert, weil sie nicht gewohnt sind, ohne weitere Hilfe eigene Beispiele zu suchen. Einige orientieren sich an den vorigen Aufgaben, um passende für b) und c) zu finden. Da sie dazu keine Lösungen im ausliegenden Lösungsheft finden, sind sie verunsichert, ob sie richtig umgeformt haben. Daher erlaubt Herr Landruth hier Partnerarbeit.

Beim Üben mit produktiven Aufgaben haben die Lernenden nicht notwendigerweise die Wahl zwischen verschiedenen Aufgaben. Die Offenheit für verschiedene Bearbeitungswege ergibt sich stattdessen innerhalb der Aufgaben, besonders bei selbstdifferenzierenden Aufgaben.

Neben der Offenheit für die Bearbeitung auf verschiedenen Niveaustufen puffern solche Aufgaben die Bearbeitung auch zeitlich. Sie bieten stärkeren Lernenden vertiefte Verstehensoptionen an, ohne sie im Lernprozess zu weit vorauseilen zu lassen und fördern schließlich bei nahezu allen Lernenden prozessbezogene Kompetenzen. Aufgaben wie diese können der gesamten Lerngruppe angeboten werden. Die angesprochenen Differenzierungsaspekte hängen dann von den Merkmalen ab, die bei der Aufgabenkonstruktion berücksichtigt wurden (vgl. Kapitel 4) sowie dem Lerntempo und dem Grad an Unterstützung bei der Bearbeitung.

Die drei Aufgabentypen im vorigen Beispiel stellen zugleich verschiedene Prinzipien dar, nach denen produktive Übungsaufgaben gebaut sein können (Wittmann 1989, Leuders 2005, 2009):

- **Muster erkunden und dabei üben:** Hier werden strukturierte Aufgabenpäckchen angeboten, die nicht nur durchgearbeitet, sondern auf die entstehenden Strukturen untersucht werden sollen. Dabei ergeben sich meist zusätzliche Erkenntnisse über wichtige Eigenschaften der zugrundeliegenden mathematischen Konzepte.

- **Beispiele ordnen und dabei üben:** Hier werden unstrukturierte Aufgaben angeboten, die vor einer Bearbeitung bzgl. bestimmter Eigenschaften geordnet werden sollen. Der Blick wird hier also nicht nur auf die Verfahren gelenkt, sondern besonders auf möglicherweise entscheidende Merkmale mathematischer Situationen.
- **Probleme lösen und dabei üben:** Das Bearbeiten vieler Beispiele wird motiviert durch eine Problemlösesituation. Die hierbei aufgeworfene Frage muss auch für schwächere Lernende einsichtig sein und sie dazu anregen, viele Beispiele zu erzeugen und zu bearbeiten. Zweitrangig ist dabei, ob sie das Problem vollständig lösen.

(Der vorige Abschnitt ist zitiert nach Leuders/Prediger 2015).

AB/Dynamisches AB

Gerade für das produktive Üben bewähren sich auch Übungsspiele (Leuders 2008). Prototypisch hierfür ist das folgende Würfelspiel.

▶ Beispiel: Produktives Üben der Mittelwertbildung (Kl. 5)

Die folgende Aufgabe ist als Spiel gestaltet.

Die Regeln sorgen dafür, dass die Lernenden im Rahmen der Spielhandlung:

1. sehr oft im Kopf einfache Mittelwerte aus einer unterschiedlichen Anzahl von natürlichen Zahlen berechnen,
2. dabei auch rückwärts denken und Zahlen zu gegebenen Mittelwerten zusammensuchen,
3. verschiedene Muster entdecken, die einen Mittelwert leicht vorhersagen lassen,
4. sich gegenseitig kontrollieren und
5. dabei auf unterschiedlichen Niveaus arbeiten können.

„Durchschnitt rückwärts“ ist ein Spiel für 2 bis 5 Spieler. Dabei sollen möglichst viele Würfel zu einem bestimmten Durchschnitt gefunden werden.

Spielregeln:

1. Würfelt mit 40 Würfeln. Alle Würfel sollen für alle gut sichtbar sein.
2. Würfelt dann mit einem Extra-Würfel eine Zielzahl.
3. Reihum darf nun jeder ein bis vier Würfel aus der Mitte nehmen, deren Durchschnitt die Zielzahl ist.
4. Für jeden Würfel gibt es einen Punkt.

Beispiel:

Als Zielzahl wurde eine Drei gewürfelt.

Merve nimmt  und erhält 1 Punkt.

Ole nimmt  und erhält 3 Punkte.

Till nimmt 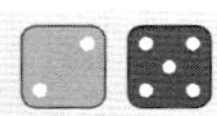. Die anderen bemerken seinen Fehler und er muss die Würfel zurücklegen.

a) Spielt einige Runden das Spiel „Durchschnitt rückwärts".
Wer von euch konnte die meisten Punkte bekommen?

b) Beschreibt euch gegenseitig, wie ihr die passenden Zahlen gefunden habt.

(Mathewerkstatt 5, Barzel et al. 2012, 26)

Das konsequente Einbeziehen von Entdeckungstätigkeiten in Übungsphasen darf allerdings nicht darüber hinwegtäuschen, dass ein wesentliches Übungsziel auch die **Automatisierung von Fertigkeiten** und die **Verinnerlichung von Kenntnissen** ist, damit diese leicht und ohne besondere Aufmerksamkeitsleistung anwendbar bzw. abrufbar sind. Der „Zweck der Übung" ist dabei, das Individuum bei ihrer Anwendung kognitiv zu entlasten, um ihm dabei Freiraum für das Lösen von anspruchsvolleren Problemen zu geben. Ein Üben, das eine solche Automatisierung zum Ziel hat, muss sich aber zwei Herausforderungen stellen: Beim Automatisieren von Fertigkeiten mit dem Ziel der Routinebildung lauert stets die Gefahr, dass das **Verständnis** für das eigene Tun verloren geht. Selbst wenn Schüler in einer bestimmten Stunde den Grund dafür verstanden haben, warum $(-1) \cdot (-1)$ sinnvoll als $+1$ festgelegt werden sollte oder warum $(a + b)^2 = a^2 + 2ab + b^2$ ist, wird dieses Verstehen im Laufe einer wirkungsvollen Automatisierung meistens wieder verschüttet. Die Forderung nach verständnisförderndem Üben, auch bei zu automatisierenden Fertigkeiten, hat somit auch noch einen zweiten gewichtigen Grund: Ein Üben, bei dem sich dem Übenden der **Sinn** des eigenen Tuns erschließt, ist motivierender, effektiver und nachhaltiger als ein mechanisches Einüben.

Die Verinnerlichung einer Fertigkeit, die Verfügbarkeit von Wissen und Kenntnissen garantiert jedoch noch nicht deren Anwendbarkeit. Automatisieren allein läuft immer Gefahr, träges Wissen zu produzieren, also solches Wissen, das nur in Situationen abrufbar ist, die den Lern- und Übesituationen hinreichend ähneln. Neben der Automatisierung und dem Verständnis ist also die **Transferfähigkeit** Ziel des Übens.

Mit dem Ziel vor Augen, **Verständnis, Sinnerleben** und **Transferfähigkeit** von Üben zu stärken, gibt es eine ganze Reihe von Gestaltungsideen für Übungsaufgaben, die im Folgenden in ihrer Struktur und spezifischen Leistung dargestellt werden sollen.

Ziele von Üben
- Geläufigmachen von Fertigkeiten, Abrufbarmachen von Kenntnissen
- Flexibilisieren von Fähigkeiten und Strategien, Vernetzen von Begriffen
- Stärken von Selbstregulationskompetenzen, Selbstbewusstsein und Kreativität

Reflektierendes Üben

Das hinter einem Kalkül stehende Verständnis spielt, wie oben bereits angedeutet, eine wesentliche Rolle, wenn das Kalkül einmal ins Wanken gerät oder an seine Grenzen stößt, sei es, weil die besondere Situation seine Anwendung erschwert, oder, weil es schlicht nicht mehr vollständig abrufbar ist. Wenn Schüler beispielsweise eine binomische Formel nicht reproduzieren können, müssen sie in der Lage sein, ihr Verständnis der Multiplikation zu mobilisieren, um die binomische Formel zu rekonstruieren oder, was nicht minder gut ist, um den Ausdruck auch ohne binomische Formel zu berechnen. Diese Feststellung führt unmittelbar zu einer Forderung an das Üben:

Prinzip des reflektierenden Übens
Beim Einüben einer Fertigkeit soll, wann immer möglich, auch zur Reflexion des verwendeten Verfahrens angeregt werden.

Die Konstruktion solcher Übungsaufgaben, die das Reflektieren anregen, ist – und das soll in diesem Abschnitt an konkreten Beispielen demonstriert werden – kein aufwändiges Verfahren. Es braucht dazu nur herkömmliche Einzelaufgaben oder Aufgabengruppen, wie sie in den meisten Schulbüchern stehen. Solche Aufgaben sind meist nach dem Prinzip der Isolierung und der Steigerung der Schwierigkeiten aufgebaut. Zu solchen Aufgaben werden drei „Rezepte" vorgestellt, wie Schülerinnen und Schüler beim Üben zum Reflektieren angeregt werden.

Rezept 1: **Aufforderung zur Produktion von Argumenten, Beispielen oder Darstellungen**

Ein naheliegender Weg, Reflexionen anzuregen, ist natürlich, diese explizit einzufordern. Ein typisches Merkmal vieler „handelsüblicher" Mathematikaufgaben besteht gerade darin, dass sich die Schülerproduktion auf die Niederschrift der als minimal vereinbarten Formulierungen beschränkt. Diese Beschränkung erlaubt es Schülern in besonderem Maße, sich „am Verstehen vorbeizumogeln" und dennoch formal akzeptierte Lösungen und Antworten vorzubringen. Das ändert sich, sobald Aufgaben auch nur ganz elementare, informelle, individuelle und daher nicht mehr so leicht austauschbare Schülerprodukte einfordern. Auf diese Weise führt die Aufforderung zur Produktion in der Regel auch zu einer erhöhten Reflexion. Solche Aufforderungen zur Produktion könnten lauten:

- Begründe (mit deinen eigenen Worten).
- Gib ein eigenes Beispiel an.
- Gib auch ein Beispiel an, bei dem man nicht so vorgehen kann.
- Vergleiche mit …

- Zeichne ein anschauliches Bild.
- Stelle … einmal anders dar (z. B. als Formel, als Term, als Graf, als Tabelle, …)
- Erkläre deinem Nachbarn …

Rezept 2: **Einbauen von „Störaufgaben"**

Zur Flexibilisierung einer Fertigkeit gehört auch die Reflexion ihres Geltungsbereiches. Ein deutliches Anzeichen dafür, dass eine Fertigkeit zu intensiv auf nur unreflektierte Weise eingeübt wurde, ist, wenn sie in der Folge unkritisch bei jeder sich bietenden Gelegenheit angewendet wird. So etwas geschieht beispielsweise mit einem gut geübten Dreisatz, wie die Abbildung zeigt:

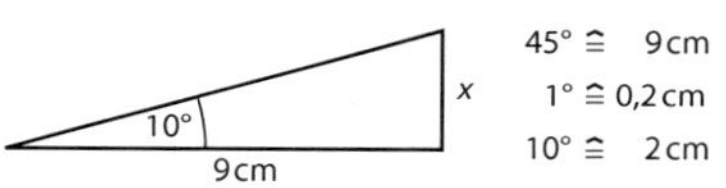

Eine solche Schülerlösung ist zu Beginn der Behandlung der Trigonometrie nichts Ungewöhnliches. In einer Klassenarbeit zur Dreiecksberechnung wird man sie aber so gut wie nie finden, da Schüler dann ja darauf „geeicht" sind, die geübten trigonometrischen Verfahren anzuwenden. Ab Klasse 12 oder nach dem Abitur ist es jedoch keineswegs mehr überraschend, wieder auf diesen Lösungsversuch zu stoßen: Der Dreisatz ist eben „besser" eingeübt.

Der hier auftretende Fehlertyp wird oft mit „Übergeneralisierung" bezeichnet. Ein vielfach vorgeschlagener Übungstyp, der diese Schwierigkeiten beseitigen soll, ist das so genannte „Diskriminationslernen", bei dem es, wie die Bezeichnung schon andeutet, um das Erlernen der Unterscheidungsfähigkeit zwischen benachbarten Reizen geht. Das Problem der Einschätzung der Anwendbarkeit von Verfahren oder Begriffen ist in der Mathematik jedoch eher eine Frage der bewussten **Reflexion**, als des Automatisierens von Merkmalserkennung (wie z. B. das Suchen nach Signalworten). Es geht um die Frage „Ist dieser Ansatz/dieses Modell hier gültig?" und um Strategien, mit denen man diese Gültigkeit überprüfen kann. Zu einem verständnisvollen Anwenden von Fertigkeiten gehören also auch **Bewertungsstrategien**, die einem sagen, wann das jeweilige Verfahren sinnvoll angewendet werden kann. Im Dreisatzbeispiel ist das z. B. die Strategie, die sich in der Frage widerspiegelt: „Wird dem Doppelten das Doppelte zugeordnet?". Nicht allein die Beherrschung des Dreisatzverfahrens ist das Ziel des Unterrichts, sondern das Verständnis für Proportionalität und Strategien der Proportionalitätsprüfung.

Um schon bei der Aufgabenkonstruktion einer „Überschematisierung" beim Übenden entgegenzutreten, kann man zwischen eine Reihe von verwandten Aufgaben gezielt solche stellen, die sich nicht nahtlos in die Reihe fügen. Dies können Aufgaben sein, bei denen Schüler zwangläufig auf Ausführungsschwierigkeiten stoßen, die sie dazu anregen, über die Gründe des Problems nachzudenken. Natürlich können Schüler auch „hereinfallen" und diese Aufgaben nach Schema lösen. Dann sind es genau diese „Fehler", die zum Ausgangspunkt einer fruchtbaren Besprechung der Übungsergebnisse werden. Dieser Idee folgen bereits manche Schulbücher. Ansonsten fällt es nicht schwer, entsprechende Aufgaben einzubauen. Im folgenden Beispiel wurde x) hinzugefügt (natürlich muss man die Aufgabe unter den anderen unkenntlich machen).

Berechne:
a) 20 t + 10 kg   b) 0,5 km + 200 m   c) …   x) 2000 m + 2,5 m^2

Ein weiteres Beispiel soll zeigen, dass dieses Prinzip auch bei Modellierungsaufgaben trägt. Es wurde der letzte Spiegelpunkt hinzugefügt (Cornelsen, Mathematik 7, S. 276).

Wie groß ist die Wahrscheinlichkeit für das Ergebnis E?
- In einer Urne liegen eine rote, eine weiße und eine schwarze Kugel.
  Man zieht verdeckt eine Kugel.
  E: Die gezogene Kugel ist weiß.
- Einem gut gemischten Skatspiel mit 32 Karten wird verdeckt eine Karte entnommen.
  E: Die Karte ist ein Pik As.
- …
- Bei einer Schulkasse mit 20 Mädchen und 10 Jungen wird ein Klassensprecher gewählt.
  E: Der Klassensprecher ist ein Mädchen.

Eine solche unmerklich aus dem Rahmen fallende Teilaufgabe bricht beispielsweise mit der stillschweigenden Vereinbarung, dass im laufenden Kapitel nur LAPLACE-Versuche als Modelle für Zufallsereignisse vorkommen. Es ist sogar fraglich, ob man die Klassensprecherwahl überhaupt mit einem Zufallsversuch modellieren darf. Die Diskussion der Ergebnisse bei der Bearbeitung dieser Aufgaben verspricht anregend zu werden.

Rezept 3: **Hinzufügen von reflexionsanregenden Fragen**

Während im vorangegangenen Abschnitt schlimmstenfalls ganze Aufgabengruppen neu zusammengestellt werden müssen (man kann ja die Störaufgabe nicht einfach hinzudiktieren, ohne sie zu verraten), hat der nun vorgestellte Weg den Vorzug, dass man keine Veränderungen im Schulbuch vornehmen muss. Das Prinzip besteht schlicht darin, zu einem im Schulbuch vorliegenden „Aufgabenpäckchen" angemessene Fragen hinzuzufügen, die die Bearbeitungsweise ergänzen oder sogar radikal verändern können. Im Folgenden werden immer die Originalaufgabe und darunter oder darüber die hinzugefügten Fragen dargestellt.

Beispiel 1: (Mathematik 5. Schuljahr, Cornelsen 1995, S. 146)

> Übertrage die folgenden Zahlen aus dem Dreiersystem in das Zehnersystem
> a) 21_3, 102_3, 2102_3, 12102_3, 12021_3 b) 20_3, 221_3, 1202_3, 21101_3, 10001_3
> c) 11_3, 210_3, 1201_3, 22012_3, 22100_3 d) 12_3, 101_3, 2011_3, 10221_3, 12121_3
> Rechne mindestens fünf der obigen Aufgaben und versuche dann, die folgende Frage zu beantworten:
> Wie viele Ziffern hat eine Zahl im Zehnersystem, wenn sie im Dreiersystem 5 Ziffern hat? Begründe deine Antwort!

Eine solche große Zahl von Beispielaufgaben wird also produktiv, wenn diese Ausgangspunkt einer **themenspezifischen „Forschungsfrage“** werden und die Bearbeitungsreihenfolge dabei flexibilisiert wird. Die Schülerinnen und Schüler können bei diesem Auftrag den Umfang der Rechentätigkeit ihrem individuellen Bedürfnis, aber auch dem „Forschungsziel“ anpassen.

Ebenso kann man die folgende, diesmal **themenübergreifende** Aufforderung stellen, eine **geschickte Vorgehensweise** zu ersinnen oder diese während der Arbeit zu entwickeln:

> Suche dir zuerst einige Aufgaben heraus und berechne diese. Versuche dann die übrigen Aufgaben mit Hilfe von einfachen Tricks aus den schon bekannten Ergebnissen zu berechnen.
>
> Begründe, warum du welche Aufgabe zuerst löst.

Beispiel 2: (Mathematik 5. Schuljahr, Cornelsen 1995, S. 43)

> Schreibe ohne Komma!
> a) 3,75 kg; 0,027 kg; 41,5 kg; 7,48 kg; 0,038 kg; 0,67 kg; 34,317 kg
> b) 2,84 t; 71,5 t; 0,728 t; 0,045 t; 0,003 t; 0,0003 t; 0,003845 t;
> c) 0,26 kg; 0,085 t; 1,02 kg; 7,38 t; 0,039 kg; 0,73145 t; 0,0551 kg
> [...]
> Welche Aufgaben kannst du in einem Schritt lösen?
> Für welche Aufgaben benötigst du vielleicht mehrere Schritte?
> Schreibe auf, woran du das schon vorher erkennen kannst.

Fragen wie diese Fragen sollen eine **erhöhte Aufmerksamkeit** der Übenden auf wesentliche Aspekte des Lösungsverfahrens provozieren. Die letzte der drei Aufforderungen verlangt neben **rückblickender Reflexion** eine verstärkte Abstraktion. Ebenso explizit kann man zu einer **Reflexion der Vorgehensweise** auffordern:

> Stelle dar, wie du vorgehen musst. Schreibe einen kurzen Text.
> Achtung: Den Text müssen auch Mitschüler verstehen, die noch nicht wissen, wie man vorgeht.
> Zeichne ein Bild (z. B. mit Pfeilen), das dir als Gedächtnisstütze dienen kann.

Eine wichtige Kompetenz, die hier verlangt wird, ist die **Verbalisierung** (bzw. grafische Darstellung) von Verfahren. Diese führt, bezogen auf das konkrete Thema, zu einer Vertiefung und Sicherung der Kenntnisse und stellt für sich gesehen eine wesentliche bereichsübergreifende Kompetenz dar.

Eine andere, allgemeine und besonders produktive (d. h. potenziell zu weitergehenden Begriffsbildungen führende) Aufforderung ist die zur **Gruppierung nach Ähnlichkeit**:

▶ Beispiel 3: (Mathematik Heute – Leistungskurs Analysis, SCHROEDEL/SCHÖNINGH 1992, S. 212)

> Entscheide aufgrund der geometrischen Definition des Integrals, ob das Integral positiv oder negativ ist.
>
> a) $\int_{-2}^{3} x\,dx$ b) $\int_{-4}^{7} 1\,dx$ c) $\int_{-2}^{-1} x^2\,dx$ d) $\int_{-1}^{+2} x^2\,dx$ e) $\int_{-4}^{-3} x^3\,dx$ f) $\int_{-1}^{+2} x^5\,dx$ g) $\int_{1}^{3} x^4\,dx$
>
> Teile die Aufgaben vor der Bearbeitung in Gruppen ein, von denen du annimmst, dass sie ähnlich zu behandeln sind.
> Verändere deine Einteilung gegebenenfalls nachträglich aufgrund der Erfahrungen bei der Bearbeitung.
> Welche Besonderheit charakterisiert jede Gruppe? Formuliere deine Beobachtungen in Worten.
> Gib jeder Gruppe einen (fantasievollen, aber passenden) Namen.

Möglich sind auch Aufforderungen zur **Gruppierung nach Schwierigkeit**:

> Suche die drei leichtesten Aufgaben heraus und löse sie. Warum sind sie einfacher als die anderen?
>
> Suche die schwierigste Aufgabe heraus und erläutere, worin die Schwierigkeit liegt.
>
> Ordne die Aufgaben nach ihrem Schwierigkeitsgrad.

Des Weiteren kann ein Auftrag zur **Gruppierung** bzw. zur **Auswahl nach einem vorgegebenen Kriterium** gegeben werden:

> Bei welchen Aufgaben ist das Ergebnis Null?
> Versuche möglichst alle Typen von Aufgaben aufzuschreiben, bei denen das Ergebnis Null ist.

Die vorgestellten reflexionsanregenden Fragen kann man zu Typen zusammenfassen (sicherlich lassen sich auch weitere Typen hinzufügen).

Typen von Reflexion anregenden Fragen für Plantagenaufgaben
• Begründung der Wahl einer bestimmten Bearbeitungsreihenfolge (z. B. Rechenvorteile)
• Begründung der Auswahl einer Teilmenge von Aufgaben (z. B. subjektive Schwierigkeit)
• Gruppenbildung und Typisierung, Begründung der Struktur, Finden von Bezeichnungen
• Reflexion der Vorgehensweise oder von Schwierigkeiten bei der Arbeit
• Aufsuchen von immanenten Ordnungs- oder Bauprinzipien („operatives Üben“, s. u.)
• Weiterführung des Bauprinzips durch weitere Beispiele

Flexibilisieren – Üben nach operativen Gesichtspunkten

Das Schlagwort „operatives Üben“ ist seit seinen Anfängen (Aebli 1985, Winter 1984) in sehr verschiedenen Bedeutungen verwendet worden. An dieser Stelle soll keine Aufarbeitung dieses Begriffes vorgenommen, sondern aufgezeigt werden, wie er sich nutzen lässt, um einige aspektreiche Übungsformen zu erzeugen.

> **Prinzip des operativen Übens**
> Das Verständnis mathematischer Begriffe kann geübt werden, indem man die mit ihnen verbundenen (gedanklichen) Operationen in vielfältigen Variationen anwendet.

Wird dieses Grundprinzip des operativen Übens in umfangreicheren Aufgabensätzen verwirklicht, spricht man auch vom „operativen Durcharbeiten“. Um in der Praxis diesem Prinzip folgend Aufgaben zu konstruieren, kann man damit ansetzen, die folgenden Fragen zu beantworten:

1. Welches sind die zu übenden Begriffe und deren Aspekte (Grundvorstellungen)?
2. Welche realen und gedanklichen Handlungen (Operationen) erwartet man von Schülerinnen und Schülern bei der Arbeit mit diesen Begriffen?
3. Welche Aufgaben scheinen geeignet, diese Operationen auf möglichst vielfältige Weise zu aktivieren?

Und zur Absicherung, dass man mit den so konstruierten Aufgaben nicht in ein schematisches Üben verfällt:

4. Inwieweit ist die Aufgabe nur durch die Reproduktion äußerlicher, nicht mit dem Verständnis des mathematischen Begriffes verbundener Handlungen lösbar?

Als Beispiel für die Durchführung dieses „Programms“ haben wir ein Standardthema aus dem Übergang zwischen Sekundarstufe I und II gewählt, das sich erfahrungsgemäß bei einem rein schematischen Üben als sehr sperrig erweist.

▶ Beispiel: Operatives Durcharbeiten des Begriffes „Logarithmus“

1. Welches sind die zu übenden Begriffe und deren Aspekte (Grundvorstellungen)?

Der Logarithmus besitzt vielfältige Aspekte: Er kann gesehen werden als (eine) Umkehrung des Potenzierens zur Rückgewinnung des Exponenten (das Wurzelziehen ist eine andere Art der Umkehrung) und darauf aufbauend als Operation zur Umformung von Gleichungen, als Übergangsoperation zum Wechsel von einer multiplikativen auf eine additive Skala, als Funktion mit gewissen funktionalen Eigenschaften, als Wachstumsmodell usw. Die folgende Beispielübung soll sich auf den innermathematisch-technischen Begriffsaspekt „Logarithmieren als Umkehrung des Potenzierens“ konzentrieren.

2. Welche realen und gedanklichen Handlungen (Operationen) erwartet man von Schülerinnen und Schülern bei der Arbeit mit diesem Begriff?

Zu den Grundaufgaben (Grundoperationen), die Schülerinnen lösen können sollen – wenn auch nicht unbedingt in dieser expliziten Form –, gehören diese:

Bestimme den Exponenten x: $4^x = 256$.
Bestimme näherungsweise den Exponenten x: $2^x = 100$.
Schreibe als Logarithmus: $3^x = 200$. *(Lösung:* $x = \log 3\ 200$*)*
(Schreibe als Exponentialgleichung *und) berechne* $\log 3\ 200$.
Schreibe als Exponentialgleichung: $x = \log_2 128$, $5 = \log_2 y$, $2 = \log_b 10\,000$.

Dem klassischen gestuften Üben entspräche es nun, für jeden der Grundtypen Aufgabenpakete zusammenzustellen. Hiermit wird aber dem schematischen Arbeiten Vorschub geleistet, das allenfalls dem lokalen Auswendiglernen von symbolischen Transformationen dient. Solche Fertigkeiten halten erfahrungsgemäß höchstens bis zur nächsten Klassenarbeit. Man sollte also fragen:

3. Welche Aufgaben scheinen geeignet, diese Operationen auf möglichst vielfältige Weise zu aktivieren?

Wie also lassen sich aspektreiche Aufgaben, die ein System von flexiblen Operationen aufbauen helfen, erstellen? Hier kann man einer Reihe von einfachen Prinzipien der Aufgabentransformation folgen, die wir anhand der ersten der oben aufgezählten Grundaufgaben beschreiben wollen:

Zielumkehr: „Vom Ergebnis zur Aufgabe“ (vgl. Kap. 3.2, S. 100 f.)

> Die Aufgabe $4^x = 256$ hat die Lösung 4.
> Gib weitere Exponentialaufgaben mit der Lösung 4 an.
> Die Aufgabe $4^x = 256$ hat das Ergebnis 256.
> Gib weitere Exponentialaufgaben mit dem Ergebnis 256 an und löse sie.

Jede dieser Aufgaben fordert zur freien Produktion von Parallelaufgaben auf. Dabei sehen Schülerinnen und Schüler eben nicht nur eine einzelne, statische Lösung, über die nichts weiter festzustellen ist, als dass sie richtig oder falsch ist. Vielmehr wird der dynamische funktionale Zusammenhang begreiflich, man erkennt die unterschiedliche Rolle von Basis und Ergebnis: Kleine Veränderungen der Basis wirken sich erheblich auf das Ergebnis aus. Vielleicht ergibt sich aus diesen Untersuchungen auch ein vertieftes Verständnis für die Besonderheiten, die sich ergeben, wenn man negative Werte wählt.

Variation der Aufgabe (z. B. durch Variation der Daten)

> Löse, wenn möglich, diese Gleichungen und vergleiche die Lösungen:
> $3^x = -9$ $\quad 0^x = 100$
> $3^x = 0$ $\quad 1^x = 100$
> $3^x = 1$ $\quad 2^x = 100$
> $3^x = \sqrt{3}$ $\quad 10^x = 100$
> $3^x = 9$ $\quad 100^x = 100$
> $3^x = 10$
> $3^x = 27$ Probiere weitere Zahlen, z. B. 3, 4, 5, −10, −1, $\sqrt{10}$.
> $3^x = 81$

In dieser Form müssen die Schüler nicht selbst variieren, ihnen wird bereits eine mehr oder weniger strukturierte Variation vorgegeben. Der Vorteil besteht darin, dass man mit diesem Format zielgerichtet auf bestimmte Phänomene aufmerksam machen kann. Zusätzlich haben solche Gruppen von Aufgaben differenzierenden Charakter. Sie bieten schwächeren Schülern die Möglichkeit, erst einmal konkret rechnend einzusteigen.

Bilden von Nachbaraufgaben (in diesem Beispiel ist das Ergebnis der Aufgabentransformation nach diesem Prinzip „Nachbaraufgaben“ eng verwandt mit „Variation der Daten“. Das muss aber nicht immer so sein):

$3^x = 81$
$3^x = 243$ Welche weiteren Aufgaben kannst du sofort lösen?
$2^x = 1024$
$4^x = 1024$ Welche weiteren Aufgaben kannst du sofort lösen?

Hier sollen Schüler nach der Lösung von zwei benachbarten Aufgaben das Strukturprinzip erkennen. Dabei explorieren sie die Struktur der Exponentialgleichung und entdecken vielleicht auch (was keineswegs sichergestellt ist), wie das Nachbarschaftsprinzip als Rechenstrategie genutzt werden kann.

Abschließend skizzieren wir noch einige unkommentierte, an Beispielen erläuterte Techniken der Fragenkonstruktion:

Vergleichsaufgaben zur Abgrenzung der Gültigkeit (in diesem Beispiel gewonnen durch Variation der Form):

Bilde aus den Zahlen 2, 16 und der Variablen *x* alle möglichen Gleichungen der angegebenen Form und versuche, sie zu lösen. Probiere dies auch mit anderen Zahlen.

$$\square^{\square} = \square$$

Übersetzen in andere Darstellungen (handelnd, bildlich, symbolisch)

Stelle die Aufgabe $1{,}5^x = 10$ durch wachsende Strecken dar.
Was bedeutet $2^x = 100$?
Gib eine Situation an.

Zusammensetzen von Teilaufgaben zu Komplexen

Du weißt $2^{10} = 1024$. Versuche damit $4^x = 1024$ zu lösen.

Hier noch einmal in der Übersicht die soeben am Beispiel erläuterten Prinzipien der Aufgabentransformation:

Prinzipien der Aufgabentransformation für operatives Durcharbeiten
• Zielumkehr „Vom Ergebnis zur Aufgabe",
• Variation der Aufgabe (z. B. durch Variation der Daten, der Frage oder der Form),
• Bildung von Nachbaraufgaben,
• Vergleichsaufgaben zur Abgrenzung der Gültigkeit,
• Übersetzen in verwandte Darstellungen (handelnd, bildlich, symbolisch),
• Zusammensetzen von Teilaufgaben zu Komplexen.

Die generative Kraft dieser Transformationsregeln zeigt sich, wenn man sie auf unterschiedliche Themenbereiche anwendet wie auf S. 162/163.

Deutlich tritt in den Beispielen des Kastens das zentrale Prinzip operativen Durcharbeitens hervor: Statt einer Aufgabe immer neue Aspekte hinzuzufügen, werden einer Grundidee viele komplementäre Aspekte abgerungen. Sie wird vom Aufgabenkonstrukteur immer neu beleuchtet und vom Aufgabenlöser folglich in immer anderem Licht gesehen.

Wer die obigen Aufgabentypen näher betrachtet hat, wird festgestellt haben, dass die verschiedenen „Transformationsregeln" einem gemeinsamen Prinzip folgen. Dieses könnte man auch als den Kern des operativen Umgangs mit Aufgaben verstehen: **„Was wäre, wenn …"**. Also z. B.: „Was wäre, wenn ich das Ergebnis schon hätte?", „Was wäre, wenn die Ausgangsdaten andere wären?", „Was wäre, wenn ich andere Operationen betrachtete?", „Was wäre, wenn die Voranahmen/Bedingungen andere wären?" In der Tat kann man sich bei der Konstruktion an diesem einfachen Prinzip orientieren.

Die Ähnlichkeit der hier vorgestellten Techniken der Aufgabenvariation mit denen aus Kap. 4.1 (S. 131 ff.) kommt nicht von ungefähr. Unbedingt beachtenswert ist jedoch der wesentliche Unterschied: Hier variiert der Lehrer, um reichhaltige Übungssituationen mit Entdeckungscharakter zu erzeugen, dort waren es die Schülerinnen und Schüler, die durch Aufgabenvariation selbst Entdeckungssituationen hervorbrachten.

Transferfähigkeit fördern – durch Vernetzen

Damit Kenntnisse und Fertigkeiten auch in wechselnden Situationen eingesetzt werden können, ist es nötig, sie beim Üben in verschiedenen Kontexten und unter wechselnden Aspekten einzusetzen. Dabei entsteht eine so genannte „Dekontextualisierung", eine Loslösung der Fähigkeiten vom mitgelernten Kontext und zugleich eine Vernetzung verschiedener mathematischer Inhalte und Strategien. Im Folgenden werden unterschiedliche Formen des Erstellens von Aufgaben, die dem Vernetzen förderlich sind, vorgestellt.

	Grundoperationen	**Zielumkehr**
Flächenberechnung	Welche Fläche hat ein Parallelogramm mit der Grundseite 5 cm und der Höhe 3 cm?	Zeichne verschiedene Parallelogramme mit der Fläche 15 cm^2.
Symmetrie	Zeichne alle Symmetrieachsen ein 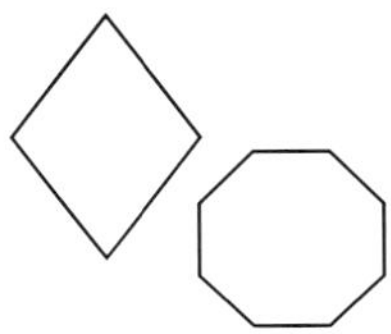	Zeichne verschiedene Figuren, die genau diese Symmetrieachsen haben (und keine weiteren) 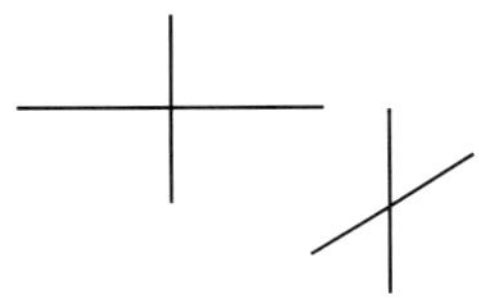
Gleichungen	Welche Lösung(en) hat die Gleichung $x^2 + x = 0$?	Gib verschiedene Gleichungen (quadratische und nichtquadratische) an, die die Lösung 0 haben.
Brüche	Welcher Bruch ist größer? $\frac{1}{3}$ oder $\frac{2}{5}$	Gib einen Bruch an, der zwischen $\frac{1}{3}$ oder $\frac{1}{2}$ liegt.
Zufall	Mit welcher Wahrscheinlichkeit fällt beim Werfen mit zwei Würfeln ein Pasch?	Peter möchte beim Werfen mit zwei Würfeln gerne häufiger als in der Hälfte der Fälle gewinnen. Erfinde eine Regel, der nicht jeder anmerkt, dass sie Peter begünstigt.
Arithmetik/ Statistik	In einer Klasse sind fünf 13-Jährige, achtzehn 14-Jährige und zwei 15-Jährige. Berechne den Altersdurchschnitt.	Wie viele 13-Jährige (14-Jährige, 15-Jährige) müssen hinzukommen, damit ein Altersdurchschnitt von 14 (von 14,5) herauskommt.

	Nachbaraufgabe	Übersetzen in andere Darstellungen und Handlungen
	Was passiert, wenn man die Grundseite, die Höhe oder sogar beide verdoppelt?	Zeichne mehrere (alle) Parallelogramme mit der Grundseite 5 cm und der Höhe 3 cm.
	Zeichne alle Symmetrieachsen ein 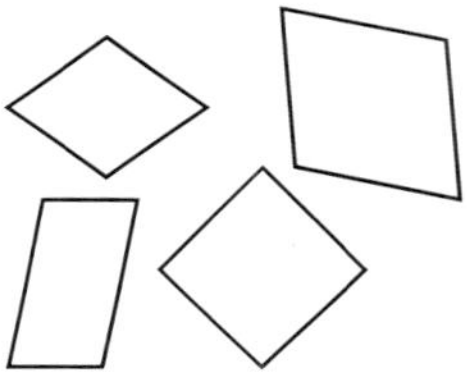	Ergänze zu einer Figur mit zwei Symmetrieachsen. 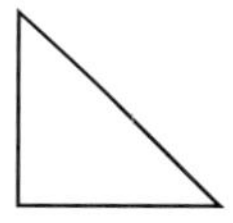
	Welche Lösung(en) haben die Gleichungen: $x^2 + x = 1$ $x^2 + x = 2$ usw.?	Stelle die Aufgabe dar • als Graph, • als Tabelle, und löse sie auf diese Weise.
	Ordne die Brüche nach der Größe. $\frac{1}{2}, \frac{1}{3}, \frac{1}{4}, \frac{1}{5}, \frac{1}{6}, \frac{2}{2}, \frac{2}{3}, \frac{2}{4}, \frac{2}{5}, \frac{2}{6}$	Stelle die Aufgabe und ihre Lösung dar • am Zahlenstrahl, • als Kuchen.
	Was passiert bei drei Würfeln? Wie wahrscheinlich ist es, kein Pasch zu würfeln?	Stelle die Aufgabe dar • als Baum, • als Tabelle, • als Rechnung.
	Was passiert, wenn ein Schüler ein Jahr älter wird? Wie hängt es davon ab, ob es ein 13-, 14- oder 15-Jähriger ist? Was passiert, wenn alle ein Jahr älter werden?	Stelle die Situation grafisch dar. Wann ändert sich der Median?

Rezept 1: Vernetzen innerhalb eines Themengebietes

Aufgaben, die innerhalb eines Themengebietes vernetzen, findet man häufig am Ende von Schulbuchkapiteln. Solche Vernetzungsaufgaben lassen sich meist leicht konstruieren, wenn man eine Liste von erwarteten Fähigkeiten aufstellt. Unbedingt zu vermeiden ist allerdings ein Aufgabendesign, das diese Fertigkeiten in einzelnen Teilaufgaben linear abfragt. Im Folgenden stellen wir ein Beispiel für eine Vernetzungsaufgabe und die Überlegungen vor, die zu ihr führen.

Nach der Behandlung von Ähnlichkeit sollen Schülerinnen und Schüler (laut Lehrplan) folgende Kompetenzen erworben haben: „Ähnlichkeit von Dreiecken in ebenen und räumlichen Figuren erkennen und begründen, einander entsprechende Seiten ins Verhältnis setzen, Gleichungen (in möglichst günstiger Form) aufstellen und lösen, mit Maßstäben rechnen."

Diese inhaltlichen Fähigkeiten sollen mit eher prozessbezogenen vernetzt sein, vor allem mit diesen: „In Realsituationen relevante und zu berechnende Größen identifizieren, zu Realsituationen (geometrische) Modelle entwickeln und (grafisch) darstellen, (Geometrische) Zusammenhänge entdecken und begründen."

Eine Aufgabe wie die folgende integriert diese Aspekte:

In der folgenden Situation ist eine Methode zur ungefähren Bestimmung der Höhe eines Turmes gesucht.

Beschreibe das Verfahren, begründe, warum es so funktioniert, und berechne die Turmhöhe näherungsweise. Welche Bedingungen müssen vorliegen, damit das Verfahren funktioniert?

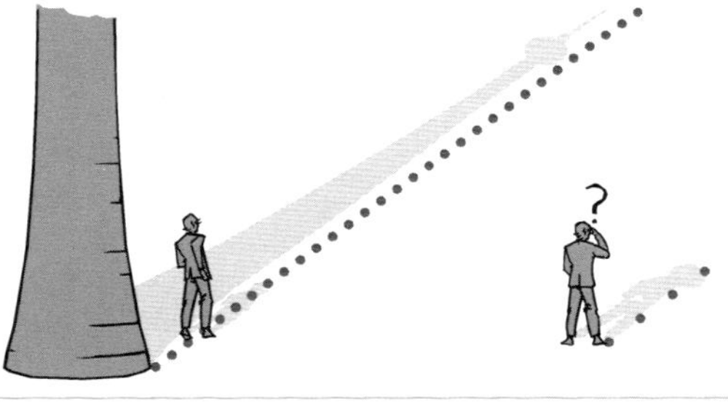

Rezept 2: Vernetzen über Themengebiete hinweg

Bei der Bearbeitung von Aufgaben, die sich inhaltlich über mehrere Themengebiete erstrecken, können und müssen Schülerinnen und Schüler immer wieder auch länger zurückliegende Kenntnisse aktivieren und diese auf gewohnte oder ungewohnte Weise in neuen Kontexten einsetzen. Um solche Vernetzungen zu üben, kann man beispielsweise versuchen, Aufgaben nach folgendem Prinzip zu konstruieren: Man wähle (als Lehrer) möglichst frei und beliebig zwei Themen aus und erstelle eine Aufgabe, die die Vernetzung dieser beiden Themen wiedergibt.

Beispiel 1: Wurzelfunktion + Kreisberechnung

Aus einem havarierten und leckgeschlagenen Tanker breitet sich bei ruhiger See ein Ölfleck aus. Nach einer Stunde hat der Fleck bereits einen Durchmesser von 150 m. Wie geht es weiter?

Beispiel 2: Prozentrechnung + Ähnlichkeit

> Ein Kopierer zeigt an, dass er auf 150 % vergrößert.
>
> Um wie viel vergrößern sich Umfang und Fläche der Figuren?

Für Schüler können solche Übungsaufgaben das Bild einer hohen Kohärenz der Mathematik transportieren. Für den konstruierenden Lehrer stellt das Verfahren eine Art didaktischer Kreativitätstechnik dar, mit der man gelegentlich erstaunliche und zuvor unbeachtete Querverbindungen zu Tage fördern kann.

Rezept 3: **Vernetzen mit nachhaltig zu erwerbendem Basiswissen – „Implizite Wiederholung"**

Das Ziel eines nachhaltigen Erwerbs von Grundkenntnissen und Basisfertigkeiten kann in nahe liegender Weise dadurch befördert werden, dass man bei der Konstruktion von Aufgaben darauf achtet, dass auch dieses Grundwissen immer wieder aktiviert wird. Dieses Prinzip wird oft als „implizites Üben" bzw. als „integrierte Wiederholung" bezeichnet und ist in der didaktischen Diskussion und in Lehrplänen seit langem als Bestandteil eines ausgewogenen Spiralcurriculums verankert. Hilfreich bei der konsequenten Berücksichtigung dieses Aspektes kann ein konkreter, schulintern abgesprochener Katalog sein.

Rezept 4: **Vernetzen von Basisfertigkeiten, Strategien und Alltagswissen – mit „Fermi-Fragen"**

Wie schon oben angedeutet, dient es der Transferfähigkeit von Wissen und Können, wenn Basisfertigkeiten und Grundkenntnisse immer wieder in verschiedenen Kontexten geübt werden können. Gestaltet man dieses nicht in geschlossenen Aufgabenpaketen, sondern durch offene mathematische Problemsituationen, so müssen die Schülerinnen und Schüler schon allein wegen ebendieser Offenheit ihre Kenntnisse flexibel anwenden und können nicht so leicht in Schemata verfallen.

Ein Aufgabentyp, der ein solches Üben auf besondere Weise befördert, ohne zu komplexe Anforderungen zu stellen, sind die so genannten Fermi-Fragen. Sie erlauben ein Üben von Grundwissen und Basisfertigkeiten in relativ offenen, anschauungsnahen Kontexten und unterstützen damit das Vernetzen von mathematischem Grundwissen mit Strategien des Modellierens und Begründens in variablen Anwendungssituationen.

FERMI-Fragen, die manchmal auch unter der Bezeichnung „FERMI-Aufgaben" oder „FERMI-Probleme" laufen, sind hierzulande noch relativ unbekannt (Beispiele für FERMI-Fragen finden Sie bei LEUDERS 2001, BEERLI 2003, PETER-KOOP 2003), in den USA erfreuen sie sich bereits größeren Interesses.[5] Ihr besonderer Reiz liegt wohl auch darin, dass sie sehr leicht zu konstruieren und dazu meist kurz und knapp zu formulieren sind. FERMI-Fragen wachsen gleichsam auf jeder Wiese, sie wollen nur aufgelesen und wertgeschätzt werden. Sie sind das tägliche Brot von allen Wissenschaftlern, die mit physikalischen Daten arbeiten, und können dennoch auf jeder Schwierigkeitsstufe gestellt werden.

Ihren Namen tragen die Fermi-Fragen zu Ehren von Enrico FERMI, dem italienisch-amerikanischen Physiker, dem es wichtig war, dass seine Studenten mit ein wenig Mathematik und gesundem Alltagswissen ohne Umschweife Zahlen, Größen und Größenordnungen überschlagen konnten. Vorweg einige Beispiele.

Bei der folgenden ersten Liste von FERMI-Fragen kann man sich alle lösungsrelevanten Informationen **aus der Alltagserfahrung** erschließen (viele weitere bei BÜCHTER ET AL. 2007 und 2011).

- Wie viele Mathematiklehrer wohnen wohl in meiner Heimatstadt?
  Wie viele Mathematikaufgaben habe ich in meinem Leben schon gelöst?
  Wie viele Stunden Mathematik habe ich schon gehabt?
- Wie viele Tage wird mein Leben kürzer, wenn ich die Fernsehzeit abziehe?
- Welche Länge und welches Gewicht ein Mensch etwa hat, wissen wir alle.
  Aber: Welche Oberfläche hat er eigentlich? Und welches Volumen?
  Womit kann man die Werte vergleichen?
- Wie viele Quadratmeter Bart rasiert ein Mann in seinem Leben?
  (LAAKMANN 2005)
- Wie viele Liter Wasser tropfen am Tag aus einem undichten Hahn?
  (s. o. S. 127 f.)
- Wie viele Menschen können (z. B. bei einem Popkonzert) auf einem Fußballfeld nebeneinander stehen? Wie viel Platz nimmt die gesamte Einwohnerschaft einer Großstadt in Anspruch?
- Wie viele Menschen stecken in einem 10 km langen Stau? (vgl. JAHNKE 1997)

[5] http://mathforum.org/workshops/sum96/interdisc/sheila1.html, http://www.vendian.org/envelope/dir0/fermi_questions.html, http://www.soinc.org/fermiq/

Bei anderen Aufgaben müssen Schüler wahrscheinlich **erst Hintergrundinformationen und Daten recherchieren**:

- Wie viele CDs braucht man, um die Information, die sich auf dem Erbgut eines Menschen befindet, zu speichern? Wie viele braucht man, um die Information zu speichern, die sich in einem erwachsenen Gehirn befindet?
- Wenn die Sonne eine Apfelsine wäre, wie groß ist dann die Erde und in welchem Abstand kreist sie um sie herum?
- Wie viel Meter misst ein Würfel, der die gesamte Wassermenge enthält, die pro Person und Jahr durch die Toilette gespült wird (Böer 1994).

Fermi-Fragen zu finden, ist einfach, wenn man erst einmal ihren besonderen Charakter verstanden hat. Man muss nur mit der „mathematischen Brille“ durch die Welt laufen, d.h. seine Umwelt mit einer für die Mathematik typischen Fragehaltung betrachten.

Beim (Er)finden von Fermi-Fragen können folgende Anregungen helfen:

1. a) Auf einen konkreten Kontext konzentrieren, etwa: Haus und Familie, Schulleben, Spielen, Sport, Freizeit, Einkaufen, Post, Verkehr, Kommunikation, Geld, Sparen, Natur, Berufsleben usw.,

1. b) bei allen möglichen und unmöglichen Gelegenheiten für einige Minuten innehalten und seine Umwelt durch die mathematische Brille betrachten („Was gibt es hier beim Metzger eigentlich für Mathematik?“),

1. c) aufmerksam eine Zeitung durchblättern.

2. Fragen stellen, die in etwa so beginnen:

- Wie viele …?
- Wie groß, hoch, weit, schwer, teuer …?
- Wenn der/die/das … ein/eine … wäre, …?
- Wenn man sich einmal vorstellt …?

3. Überprüfen, welche Daten hilfreich, unbedingt nötig, nach gesundem Menschenverstand zu schätzen, aus vertrauten Vergleichsgrößen („Stützpunktvorstellungen“) ableitbar oder der Recherche zugänglich sind.

4. Erkunden eines möglichst einfachen Lösungsweges, ggf. Alternativen mitdenken.

5. Taxieren der Schwierigkeit mit Blick auf die Lerngruppe: Was müssen/können Schüler kennen, schätzen, überschlagen, rechnen?

6. Mit Mut die Aufgabe stellen und sich überraschen lassen: 30 Schüler haben oft mehr Ideen, als man erwartet.

FERMI-Fragen nicht nur zu lösen, sondern auch aufzustellen, ist ebenso für Schülerinnen und Schüler gewinnbringend. Man kann z. B. mit Schülerinnen und Schülern einen **Erfinderwettbewerb für Fermi-Fragen** durchführen. Wenn Schüler eigene FERMI-Fragen erfinden und über ihre Lösbarkeit nachdenken, lernen sie mehr und mehr einzuschätzen, wo sich Aspekte der Umwelt mit mathematischen Mitteln erfassen lassen. Diese Arbeitsweise ist eine Ergänzung zu den in Kap. 4.1 dargestellten Erkundungsaufgaben. Hier sehen Sie das Ergebnis eines solchen Wettbewerbs unter Studierenden:

- Was kostet eigentlich eine Ausbildung – von der Schule bis zum Beruf?
- Wie viel Feuerwerk wird wohl an Silvester in Deutschland verpulvert? Was das wohl kostet und wie viel Müll das wohl macht?
- Wenn ich die Welt einmal zu Fuß umwandern würde – wie lange würde das dauern?
- Wie viel Wasser hast du im letzten Jahr/in deinem Leben verbraucht?
- Wie viele Menschen schauen heute (am Abend des EM-Finales) Fußball?
- Kann man in seinem Leben eine Bibliothek durchlesen?

Viele FERMI-Fragen sind mit einfachen mathematischen Mitteln zu beantworten, die Schwierigkeit liegt eher im Umgang mit Nichtwissen, im Schätzen und im Aufstellen begründeter Annahmen. Es gibt aber auch zunächst einfach anmutende Fragen, die zwar eine grobe erste Antwort erlauben, bei näherem Hinsehen aber zu ausführlichen Recherchen oder einer intensiven Beschäftigung mit anspruchsvoller Mathematik führen. Insofern lassen sich FERMI-Aufgaben steigender Komplexität als Vorübungen für das Verfassen von Facharbeiten, bei denen das Modellieren im Vordergrund steht, verstehen.

Die Bedeutung von FERMI-Fragen liegt nicht nur in den konkreten mathematischen Verfahren, die hier vielfältig zum Einsatz kommen und mit sinnhaften und vorstellungsbetonenden Situationen verknüpft werden, sondern auch in den Strategien, wie man mit Mathematik umgeht, die hierbei geübt und gefestigt werden (vgl. Kap. 2.2). Für Schüler, die solche Strategien noch nicht voll entwickelt haben, mögen heuristische Hilfen, wie die folgenden, eine Unterstützung beim Bearbeitungsprozess sein:

Allgemeine strategische Hilfen für die Lösung (nicht nur von FERMI-Aufgaben)
• Suche alle Daten zusammen, die mit dem Problem zu tun haben könnten. • Welche Zahlen und Größen sind eigentlich gesucht? • Frage vorwärts: Was kann ich aus den bekannten Daten berechnen? • Frage rückwärts: Was müsste ich noch kennen, damit ich eine gesuchte Größe berechnen kann? • Zahlen und Werte, die man nicht kennt, kann man schätzen. • Wenn du schätzen musst, frage dich: Was ist der kleinste oder größte vernünftige Wert? • Überprüfe das Ergebnis: Ist es sinnvoll und verständlich? Erscheint es eher zu groß oder zu klein? • Kontrolliere: Was passiert, wenn ich größere oder kleinere Werte nehme? • Überlege, bevor du rechnest: Wie wirkt sich ein kleinerer/größerer Wert auf das Ergebnis aus – wird es größer oder kleiner?

Wiederholen – Selbstständige Rekonstruktion

Voraussetzung für ein nachhaltiges Lernen ist das Wiederaufgreifen von Kenntnissen, Fertigkeiten und Fähigkeiten zu einem späteren Zeitpunkt. Erst durch ein späteres, von der Lernsituation zeitlich abgekoppeltes Verwenden mathematischer Fähigkeiten bietet sich für Schüler die Chance, die Nachhaltigkeit ihres Lernens auf die Probe zu stellen.

Solche Wiederholungssituationen ergeben sich organisch während des gesamten Unterrichts. Es lassen sich jedoch auch gezielt Aufgaben konstruieren, die auf diesen Nachhaltigkeitsaspekt fokussieren. Für sie lassen sich folgende Konstruktionsprinzipien aufstellen:

Wiederholungsaufgaben sollten so konstruiert sein, dass Schülerinnen und Schüler
• erworbenes Vorwissen anwenden können (Kompetenzerfahrung, vgl. Kap. 5.1), • Zusammenhänge zwischen altem und neuem Wissen erkennen und nutzen können (Kumulativitätserfahrung) und • wenn sie auf Schwierigkeiten treffen, dieses Wissen anhand der Aufgabe wieder rekonstruieren können (Rekonstruktionserfahrung).

Das **aktive und eigenständige Rekonstruieren** von Zusammenhängen in Ergänzung zum einfachen Abrufen von Kenntnissen ist dabei ein zentrales Kriterium für gute Wiederholungsaufgaben.

Beispiel: Wiederholung der Kreisberechnung im Zusammenhang mit der Kugelberechnung

Eine einfache Aufgabenstellung, die alle Aspekte an einem gemeinsamen Beispiel abfragt, könnte wie folgt aussehen.

> *Die Erdkugel hat einen Radius von 6 300 km. Berechne Oberfläche und Volumen der Erde so*wie den Erdumfang und die Querschnittsfläche.

Sie erfüllt allerdings nicht das Rekonstruktionskriterium. Um sie zu lösen, muss man sich einfach nur an vier Formeln erinnern. Welche Vernetzungen bieten sich also bei diesem Thema an, um Schülerinnen und Schülern Rekonstruktionstätigkeiten zu ermöglichen?

- Alle Zusammenhänge zwischen den beteiligten Größen haben ein für Länge, Fläche und Volumen typisches Skalenverhalten, eine Längenverdopplung führt zu einer Flächenvervierfachung und Volumenverachtfachung, was sich in den Formeln widerspiegelt.
- Die Zahlen in den Formeln müssen nicht einfach auswendig gelernt werden, sondern lassen sich z. B. in Beziehung setzen zu den entsprechenden Verhältnissen bei den entsprechenden rechtwinkligen Formen Quadrat und Würfel.

Diese Zusammenhänge könnte man nun in drei Aufgabensätzen explizit herausarbeiten lassen:

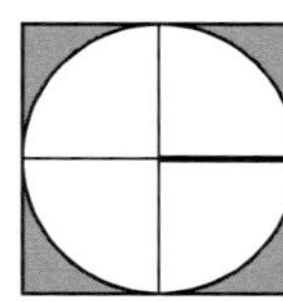

Die Länge des Kreisradius (fett gedruckte Linie) wird mit r bezeichnet.

- Wenn $r = 1$ m beträgt, wie groß ist dann die Quadratfläche? Wie groß ist die Kreisfläche ungefähr?
- Wenn $r = 1$ m beträgt, wie lang ist dann der Weg um das Quadrat herum? Wie groß ist der Weg um den Kreis herum ungefähr?
- Schreibe Formeln auf, mit denen die Fläche FQ und der Umfang UQ des Quadrates aus r berechnet werden können.
- Schreibe Formeln auf, mit denen die genaue Fläche FK und der genaue Umfang UK des Kreises aus r berechnet werden können. Nutze dazu die Kreiszahl $\pi \approx 3{,}1415$.

Berechne die Umfänge und Flächen bzw. die Oberflächen und Volumina der Körper.
Alle Körper sind 1 cm hoch, breit und tief bzw. ganzzahlige Vielfache hiervon.
Notiere die Werte systematisch, finde und begründe Besonderheiten.

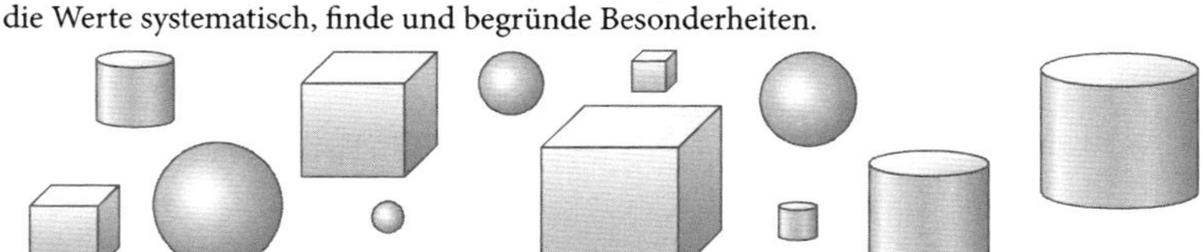

Als Wiederholungsaufgabe erlaubt diese Aufgabe die Rekonstruktion des Skalierungsverhaltens von Länge, Fläche und Volumen. Die Schüler können dies (wieder)entdecken, indem sie das Wachstum der Maße einzelner Formen vergleichen, sie können aber auch Verhältnisse zwischen Körpern verschiedener Formen und gleicher Größe untersuchen. Leistungsstarke Schüler werden ihre Kenntnisse des Skalenverhaltens bereits einsetzen, um diese Aufgabe schneller zu lösen, leistungsschwache Schüler können sich erst einmal intensiv mit den einfachen Formen beschäftigen und ihre Erfahrungen auf die anderen übertragen. Für Wiederholungsaufgaben ist es also durchaus auch ein Qualitätsmerkmal, ob sie differenzierend sind, ob sie also allen Schülern eine Chance des Kompetenzerlebens geben und nicht einfach nur „Könner" und „Nichtkönner" voneinander scheiden. Das Beispiel zeigt auch, wie sich beim Bearbeiten Strategien des Rekonstruierens herausbilden, die später wieder eingesetzt werden können: Wer das Skalenverhalten von Körpermaßen an schrittweise und gleichmäßig wachsenden Würfeln erlebt hat, kann dies bei späterer Gelegenheit einsetzen, um bei Unsicherheit die richtige Potenz einer Flächen- oder Volumenformel wieder zu rekonstruieren.

Mögliche Schritte bei der Erstellung von Wiederholungsaufgaben:

1. Aspekte sammeln, Querverbindungen aufsuchen: Welche mathematischen Zusammenhänge finden bei dem zu übenden Thema einen gemeinsamen Bezugspunkt?
2. Zusammenhänge explizit erkennbar machen: Wie können Schülerinnen und Schüler bei der Bearbeitung von Übungsaufgaben diese Aspekte und Querverbindungen erfahren?
3. Teilaufgaben konstruieren: Wie können die gefundenen Aspekte unterstützenden Charakter beim Bearbeiten der Aufgaben entfalten und nicht als zusätzliche Schwierigkeit wahrgenommen werden? Wie muss die Teilaufgabe aussehen, damit sich Schülerinnen und Schüler nötige Kenntnisse selbst erschließen können?
4. Angebot einer „Wissensbasis" planen: Welche Materialien und Nachschlagangebote stellt man für die selbstständige Rekonstruktion zur Verfügung (Formelsammlung, Internet, Schulbuch)? Wie müssen die Aufgaben aussehen, damit sie nicht durch einfaches Nachschlagen von Rezepten und Verfahren zu bearbeiten sind?
5. Differenzierungsangebote machen: Wie lassen sich bei der Übung leichte und schwere Teilaufgaben miteinander verzahnen? Dies kann man beispielsweise erreichen durch: Berechnen oder Konstruieren konkreter Beispiele, Möglichkeit der Auswahl von Teilaufgaben oder Lösungswegen nach Schwierigkeit und Neigung durch die Schüler.

5 Aufgaben zum Leisten

Der Erwerb von Wissen und der Aufbau von Fähigkeiten in der Schule ist gekennzeichnet durch zwei Grundsituationen: die des Lernens und die des Leistens. Beide stellen unterschiedliche, z. T. widersprüchliche Anforderungen an die Lernenden und Lehrenden. Die Forderung, diese beiden Aspekte beim Schülerhandeln zu trennen, lässt sich ebenso lernpsychologisch und neurobiologisch wie auch fachdidaktisch begründen. Aus der Lernpsychologie und Neurobiologie ist bekannt, dass es Rahmenbedingungen gibt, die Lernprozesse hemmen: In emotional negativ besetzten Situationen können wir nicht optimal lernen. Angst, aber auch Zeit- oder Leistungsdruck stehen einem effektiven Lernen entgegen. Ein Aspekt, der bei bildungspolitischen Stellungnahmen gegen eine vermeintliche „Kuschelpädagogik" häufig vergessen wird!

Lernpsychologisch und fachdidaktisch lässt sich zeigen, dass Lernprozesse in vielen Phasen divergent verlaufen und Fehler ausdrücklich zugelassen werden sollen. Unterschiedliche Lösungswege und Fehler können sogar der Motor für Unterrichtsprozesse sein. Leistungssituationen unterscheiden sich hierin prinzipiell von Lernsituationen, denn beim Leisten geht es darum, Fehler zu vermeiden. Beim Leisten wird eher konvergent und ergebnisorientiert gearbeitet, das oberste Ziel besteht darin, eine Aufgabe oder ein Problem richtig zu lösen.

Aber erfordert die Trennung von Lernen und Leisten auch unterschiedliche Aufgabentypen? Beim Lernen ist wichtig, was im Kopf des Lernenden stattfindet. Schülerinnen und Schüler sollen dabei aktiv Begriffe bilden und vernetzen, Verfahren verstehen und auf andere Bereiche transferieren oder Grenzen von Verfahren kritisch einschätzen (vgl. auch Kap. 4). Beim Leisten kommt es hingegen darauf an, was sie aus ihren erworbenen Kompetenzen machen, wie sie diese anwenden. Leistungssituationen zeichnen sich dadurch aus, dass man sich schriftlich oder mündlich äußert, Dinge in Worten, Zeichen oder Zeichnungen manifestiert.

An diesen einleitenden Betrachtungen wird erkenntlich, dass für das Leisten eine weitere Unterscheidung wichtig wird, die in dieser Form auf den Linguisten Chomsky (1969) zurückgeht: Die Unterscheidung von **Kompetenz** und **Performanz**. Die mathematischen Kompetenzen eines Schülers oder einer Schülerin sind nie direkt beobachtbar. (Eine nähere Bestimmung des Kompetenzbegriffs folgt in Kap. 5.1) Im Einzelfall kann es sehr viele widrige Umstände geben, die einen Schüler in einer konkreten Situation, z. B. einer Klassenarbeit, davon abhalten, seine Kompetenzen auch zu zeigen. Die Performanz aber drückt sich in dem tatsächlich gezeigten und von außen beobachtbaren Verhalten des Schülers aus. Wenn wir von **Leistung** sprechen, so schätzen wir dieses beobachtbare

Verhalten des Schülers auf eine bestimmte Weise ein, in der Schule z. B. in Relation zu den Anforderungen des Faches.

Da das Ziel schulischen Lernens letztlich in der Entwicklung der Kompetenzen der Schülerinnen und Schüler besteht, liegt eine der Hauptaufgaben des Lehrers darin, aus den gezeigten Leistungen auf die nicht beobachtbaren zugrunde liegenden Kompetenzen zurückzuschließen. Dies ist ein Kernbereich professionellen Lehrerhandelns: die **pädagogische Diagnostik**. Dabei ist dieser *Rückschluss* von der *Performanz* auf die *Kompetenz* gleichermaßen wichtig wie unsicher. Er ist wichtig, weil Entscheidungen, die die Lernprozesse einzelner Schülerinnen und Schüler, aber auch die einer ganzen Lerngruppe betreffen, immer nur vor dem Hintergrund der bereits vorhandenen Kompetenzen getroffen werden können. Dieser Rückschluss ist aber zugleich immer unsicher, weil die konkreten Umstände (dazu gehört auch die Art und Weise einer Aufgabenstellung) einen Schüler davon abhalten können, seine Kompetenzen zu zeigen, so dass man diese falsch einschätzt.

Was also zeichnet nach diesen Überlegungen Aufgaben aus, die in besonderer Weise geeignet sind, Leistungen hervorzubringen und Leistungen einschätzen zu lassen? Solche Aufgaben müssen vor allem das Zeigen von Kompetenzen einfordern, sie müssen Performanz ermöglichen, ja geradezu zwingend herbeiführen. Gleichzeitig sollen sie möglichst verlässliche Rückschlüsse auf die zugrunde liegenden Kompetenzen erlauben.

Aufgaben zum Leisten stellen allerdings, wie schon die Aufgaben zum Lernen, keine einheitliche Gruppe dar. Sie lassen sich nach bestimmten Aspekten ihrer Funktion, die auch Rückwirkungen auf ihre Konstruktion haben, voneinander unterscheiden. Wir gehen in den folgenden Abschnitten auf drei wesentliche Typen von Aufgaben zum Leisten ein:

- Aufgaben zur **Diagnose**, mit denen Lehrerinnen und Lehrer etwas über die Kompetenzen der Schülerinnen und Schüler erfahren können.
- Aufgaben zur **Leistungsbewertung**, an die besondere Ansprüche bezüglich der Angemessenheit und Objektivität gestellt werden.
- Aufgaben, bei deren Bearbeitung Schülerinnen und Schüler ihre eigenen Kompetenzen und vor allem ihren **Kompetenzzuwachs** bewusst erleben und einschätzen können.

5.1 Kompetenzorientierte Diagnose

„Eine angemessene Unterrichtsorganisation [erfordert] fachspezifische diagnostische Kompetenz, um die mathematischen Beiträge der Kinder angemessen in den Unterricht einzubinden und möglicherweise eine Prävention gegen sich anbahnende Lernschwierig-

keiten zu leisten. Den Kern mathematikdidaktischer diagnostischer Kompetenz bildet die Fähigkeit, sich mit mathematischen Eigenproduktionen von Kindern auseinander zu setzen." *(Wollring 1999, S. 272)*

Die so genannte pädagogische Diagnostik ist als Teil des professionellen Lehrerhandelns niemals Selbstzweck, sondern zielt direkt auf Intervention, nämlich vor allem auf kommende Unterrichtsprozesse und auf individuelle Förderung, und sie basiert auf dem Verstehen und der Analyse von Eigenproduktionen der Schülerinnen und Schüler, wie Diskussionsbeiträgen, schriftlichen Aufgabenbearbeitungen, Zeichnungen, gebastelten Gegenständen u. v. a. Diagnose stellt in diesem Sinn die rationale Grundlage für die Planung von Unterrichtshandeln und die Entscheidung in konkreten Unterrichtssituationen dar. (HUSSMANN ET AL. 2007)

Der Blick auf den Einzelschüler gerät – das zeigt die Erfahrung – nur allzu schnell defizitorientiert, besonders in einem gegliederten Schulsystem, in dem die Frage, ob ein Schüler eigentlich die richtige Schulform besucht, immer mit im Raum steht. Für gelingende Lernprozesse ist es aber wichtig, an den Kompetenzen der Schülerinnen und Schüler anzusetzen. Dies geschieht z. B., indem man unterschiedliche Lösungsansätze zu Aufgaben für einen kognitiv aktivierenden, auf Verstehen ausgerichteten Unterricht nutzt und Fehler nicht nur als Defizite, sondern auch als willkommene Lernanlässe betrachtet. Diese Überlegungen führen auf eine so genannte kompetenzorientierte Diagnostik, die nach heutiger Auffassung Teil der Lehrerbildung sein sollte:

„Lehrerinnen sollten dazu die Möglichkeiten einer kompetenzorientierten Diagnostik kennen lernen, die sich von einer ausschließlichen Feststellung und Analyse von Defiziten abgrenzt. (…) – Eine kompetenzorientierte Sichtweise versucht, durch sogenannte Standortbestimmungen vor der Behandlung einer Thematik Informationen darüber zu erhalten, was die Kinder schon können." *(Scherer 1999, S. 170 f.)*

Auf der Ebene der Aufgaben im Mathematikunterricht stellen sich die Fragen rund um die Diagnose wieder pragmatischer:

- Wie funktioniert kompetenzorientierte Diagnose mit Aufgaben?
- Welche Anforderungen müssen Aufgaben hierfür erfüllen?
- Wie gehe ich mit den Ergebnissen dieser Diagnose um?

Viele Anregungen für die Umsetzung von Diagnose im Alltag des Mathematikunterrichts findet man bei HUSSMANN ET AL. (2007). Der Lehrer ist bei der Diagnose darauf angewiesen, auf der Basis von beobachtbarem Verhalten der Schülerinnen und Schüler in Form von Worten, Symbolen, Zeichnungen oder auch von mündlichen Äußerungen Mutmaßungen über deren Können anzustellen – oder, wie wir es in der Einleitung zu diesem Kapitel ausgedrückt haben, den prinzipiell unsicheren Schluss von der Performanz auf die Kompetenz zu ziehen. Dabei ist klar, dass dieser Schluss umso unsicherer ist, je weniger „beobachtbares Verhalten“ eingeschätzt werden kann. Aufgaben zur Diagnose von Schülerkompetenzen sollten daher in der Regel möglichst umfangreiche Schüleräußerungen einfordern oder zumindest ermöglichen.

Das Diagnosepotenzial einer Aufgabe erhöhen

Die folgenden drei Varianten von Aufgaben zur Flächeninhaltsberechnung am Trapez tragen sehr unterschiedliche diagnostische Potenziale in sich. Ausgehend von der „ärmsten“ Variante werden Wege zu ergiebigeren Aufgabenstellungen sichtbar:

Berechne den Flächeninhalt des Trapezes und kreuze die richtige Lösung an:

☐ $8{,}8\,cm^2$	☐ 8,8 cm	☐ 10,8 cm
☐ $10{,}8\,cm^2$	☐ $19{,}2\,cm^2$	☐ 19,2 cm
☐ $17{,}6\,cm^2$	☐ 17,6 cm	

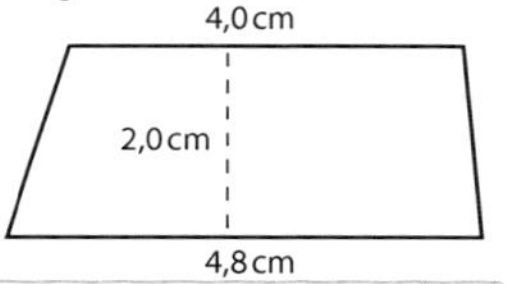

Bei dieser Variante liegt dem Lehrer an beobachtbarem Schülerverhalten in aller Regel nur ein einzelnes gesetztes Kreuz vor. Es gibt vielleicht einige wenige Schüler, die den freien Platz auf dem Aufgabenzettel für zusätzlich auswertbare Notizen nutzen. Die Zahl der möglichen Antworten der Schüler ist bei dieser Aufgabe von vornherein auf acht begrenzt. Es gibt nur eine richtige Lösung, den anderen angebotenen Antwortmöglichkeiten liegen bei der Aufgabenstellung vorausgeahnte Fehler bei der Berechnung des Flächeninhalts oder der Wahl der Maßeinheit zugrunde.

Der Rückschluss darauf, dass das richtig gesetzte Kreuz auf ein Verstehen der Flächeninhaltsberechnung beim Trapez deutet, ist genau so unsicher, wie der Versuch, aus einem anders gesetzten Kreuz einen bestimmten Fehlertyp zu diagnostizieren. Was würde hier etwa ein Schüler machen, der die Höhe und die obere Seitenlänge mittelt und mit der unteren Seitenlänge multipliziert? Er findet sein Ergebnis $14{,}4\,cm^2$ überhaupt nicht in der Liste wieder, kreuzt etwas anderes, z. B. das nächstgrößere oder nächstkleinere, an und fällt dadurch mit in diesen „Fehlertopf“. Es lässt sich also bestenfalls feststellen, ob ein Schüler die Aufgabe „richtig“ (im Sinne der erwarteten und hier auch mathematisch normierten Lösung) bearbeitet hat, oder an welche „falsche“ Stelle das Kreuz gesetzt wurde. Erklären – und damit die Basis für Interventionen schaffen – lässt sich das Antwortverhalten aus dem vorliegenden Material nicht. Allerdings kann die Aufgabe und ihre Bearbeitung einen Anlass darstellen, mit einem Schüler über sein Antwortverhalten zu sprechen, es sich also von ihm erklären zu lassen und zu verstehen.

Multiple-Choice-Aufgaben sind zwar aus guten Gründen vor allem in Leistungsuntersuchungen üblich, aber in dieser Form offensichtlich nur begrenzt für eine Diagnose geeignet. Der Rückschluss vom gesetzten Kreuz auf mögliche Kompetenzen oder Fehlvorstellungen ist derart unsicher, dass hier betont werden muss, dass es sich höchstens um eine Diagnose in einem probabilistischen Sinn mit sehr großer Unsicherheit handeln kann. Die Aussagen, die man hier treffen kann, können also allenfalls so lauten: „Der Schüler oder die Schülerin versteht möglicherweise das zugrunde liegende Verfahren" bzw. „Er oder sie hat möglicherweise einen Fehler nach dem Muster … gemacht". Jede diagnostische Aussage mit deterministischen Konnotationen („Bei dem Schüler liegt die Fehlvorstellung … zugrunde") verbietet sich aber auf der Grundlage von nur einer solchen Aufgabe. In professionellen Tests werden daher gewöhnlich ganze Batterien von Aufgaben zusammengestellt und empirisch getestet – ein Aufwand, der für schulische Zwecke kaum zu rechtfertigen ist.

Erwähnenswert ist noch die Tatsache, dass man auch bei aufwändigen internationalen Leistungstests wie PISA häufig nur wenige oder gar nur einzelne Aufgaben zu bestimmten Kompetenzaspekten findet. Aus diesem Grunde sind solche Tests, die für die Erhebung von Gruppenleistungen konzipiert sind („Systemmonitoring"), für die individuelle Diagnose gänzlich ungeeignet.

Eine einfache Veränderung der obigen „Trapezaufgabe" in ein etwas offeneres Antwortformat erhöht unmittelbar den Informationsgehalt der Schülerantwort:

Berechne den Flächeninhalt des abgebildeten Trapezes: $F = \ldots$

Die Bezeichnung „offenes Antwortformat" bezieht sich nur darauf, dass keine Lösungsvorgaben gemacht werden. Durch die Öffnung des Antwortformates ist die Aufgabe in keiner Weise inhaltlich offener im Sinne von Kap. 3.2 geworden. Diese zweite Variante entspricht dem üblichen Aufgabenformat im Mathematikunterricht, sei es als Hausaufgabe aus dem Schulbuch, als Aufgabe im Unterricht oder in der Klassenarbeit, und schränkt nicht von vornherein den Umfang und die Anzahl verschiedener Schüleräußerungen ein. Werden die Schülerinnen und Schüler zusätzlich explizit aufgefordert, ihren Rechenweg zu notieren, so kann der Lehrer möglicherweise am Ansatz erkennen, wie sie hier vorgegangen sind. Neben der Frage, ob eine Lösung falsch ist, lässt sich ansatzweise erkennen, wie der Fehler zustande kam, also eine Erklärung vermuten.

Die Sicherheit des Rückschlusses von der Bearbeitung auf die Schülerkompetenzen und -vorstellungen erhöht sich dadurch also, wobei Restunsicherheiten immer bleiben. Insbesondere können beim Schüler erkennbare Lösungsstrategien sehr kontextgebunden und lokal sein. Die Verallgemeinerung von einer erkennbaren Flächenberechnung bei einem Trapez auf eine generelle Lösungsstrategie des Schülers ist unter Umständen falsch. Der Schüler greift möglicherweise, verleitet durch vorangegangene Aufgaben, durch konkrete Zahlen in der Aufgabenstellung oder durch die konkrete Beispielfigur auf einen Ansatz zurück, den er nur bei dieser Aufgabe wählt. Auch hier hilft letztlich nur ein vertiefendes Gespräch mit denjenigen Schülerinnen und Schülern, deren Lösungen Fragen aufwerfen.

> Ein Trapez hat den Flächeninhalt 8,8 cm^2. Gib eine mögliche Höhe und zugehörige Längen der parallelen Seiten an und beschreibe, wie du vorgegangen bist.

Bei dieser dritten Variante wurde die Aufgabe durch Zielumkehr geöffnet (vgl. Kap. 3.2, S. 100). Nun müssen nicht mehr „nur“ drei gegebene Werte in die Flächenformel für das Trapez eingesetzt werden. Der in der Flächenformel ausgedrückte Zusammenhang ist jetzt „rückwärts“ anzuwenden, zwei von drei Längen müssen selbst gewählt werden und es gibt von vornherein unendlich viele richtige Lösungen. Mit dieser Aufgabe lassen sich also auch verschiedene Lösungswege oder -strategien unterscheiden, die zu einem richtigen Ergebnis führen. Zugleich handelt es sich um einen offenen und mehrschrittigen Lösungsweg, so dass der Schüler mehr nachdenken muss, um zur Lösung zu gelangen, als wenn er „nur“ ein feststehendes Verfahren anwenden muss. Ein reproduktiv unverstandenes Einsetzen ist hier nicht mehr möglich, stattdessen wird ein minimaler „operativer“ Umgang mit der Formel erwartet (vgl. „operatives Üben“, Kap. 4.3, S. 157 ff.).

Aufgaben, die durch derartige Veränderungen entstehen, sind meist mit etwas höheren kognitiven Anforderungen als ihre geschlossenen Ausgangsformen verbunden, da sie unverstandene Reproduktionen ausschließen. Die „Kunst“ bei einer derartigen Umstrukturierung von Aufgaben zur Erhöhung ihres diagnostischen Potenzials besteht darin, die damit verbundene Schwierigkeitssteigerung minimal zu halten, gewissermaßen die untere Grenze eines echten Verstehens auszuloten.

Dieser gesteigerte Umfang der kognitiven Anforderungen lässt sich auch dazu nutzen, Schülerinnen und Schüler ihr Vorgehen (schriftlich oder mündlich) beschreiben, erklären oder begründen zu lassen. Damit erhält man neben den symbolischen Notizen zur eigentlichen Aufgabenlösung zusätzliches Material, das schon eher verlässliche Rückschlüsse darauf zulässt, wie der Schüler oder die Schülerin an diese und möglicherweise an ähnliche Aufgaben herangeht. Insbesondere können lokale Lösungsstrategien im obigen Sinne eher identifiziert werden, da ein Schüler diese vermutlich mit beschreiben wird (z. B. „Ich habe hier genauso gerechnet wie in der Aufgabe davor, weil …", „Weil das Trapez eigentlich aussieht wie ein Parallelogramm/Rechteck …", oder „Ich nehme die Zahlen 2,0 und 4,0, weil …"). Auf diesem Weg gelangt man also über die reine Feststellung, ob eine richtige Lösung angegeben wurde, hinaus nah an das Verstehen, warum der individuelle Lösungsweg eingeschlagen wurde. Diese diagnostische Information stellt eine rationale Basis für künftige Unterrichtsprozesse und individuelle Fördermaßnahmen dar.

Verstehens- oder verfahrensorientierte Diagnose?

Ausgehend von dieser ausführlichen Diskussion der „Trapezaufgaben" werden wir im Folgenden Kriterien angeben und erläutern, mit denen sich die Eignung von Aufgaben als „Diagnoseaufgaben" einschätzen lässt (vgl. auch BÜCHTER/LEUDERS 2008). Dabei konzentrieren wir uns auf solche Aufgaben, mit denen Sie als Lehrer oder Lehrerin feststellen können, ob Ihre Schülerinnen und Schüler ein Verfahren, einen Begriff oder ein Modell verstanden haben – man könnte also auch von einer **verstehensorientierten Diagnose** sprechen.

Das Verstehen eines Verfahrens bedeutet natürlich noch nicht, dass dieses Verfahren in jedem Fall sicher beherrscht wird. So ist es etwa möglich und nicht ungewöhnlich, dass jemand zwar das Newton-Verfahren zur näherungsweisen Bestimmung von Nullstellen verstanden hat, seine Eigenschaften sogar beweisen kann, dass er es aber aufgrund der Komplexität der Rechnung nur selten fehlerfrei durchführen kann. Umgekehrt kann es sein, dass man ein Verfahren zwar sicher beherrscht, aber inhaltlich nicht richtig verstanden hat. Die Kurvendiskussionen der gymnasialen Oberstufe stellen geradezu den Idealtypus eines häufig unverstandenen, aber dennoch häufig völlig korrekt durchgeführten Algorithmus dar.

In Abgrenzung zur verstehensorientierten Diagnose kann man bei einer Überprüfung der sicheren Durchführung eines Verfahrens auch von einer **verfahrensorientierten Diagnose** sprechen. Hier steht im Vordergrund, ob man aus einer bekannten Ausgangssituation und mit bekannten und nahe liegenden – vielleicht schon durch die Aufgabenstellung mitgelieferten – Verfahren die richtige Lösung erhält oder nicht. Insofern ist die verfahrensorientierte Diagnose eher produkt- oder ergebnisorientiert. Die verstehensorientierte Diagnose ist hingegen eher prozessorientiert. Verfahrensorientierte Diagnoseaufgaben werden Schülern eher in größerer Zahl und in Form von geschlossenen Aufgaben vorgelegt. Ein Beispiel zu einer eher verfahrensorientierten Diagnose der Kompetenzen im Umgang mit Dezimalbrüchen findet man bei PADBERG (1991).

Nun ist die sichere Beherrschung eines Verfahrens nicht unwichtig beim Betreiben, insbesondere beim Anwenden von Mathematik. Aber gerade in einem allgemeinbildenden Mathematikunterricht in der Schule sollte das Verstehen im Vordergrund stehen. Dies gilt umso mehr, als das Verstehen eines Verfahrens die Sicherheit bei der Durchführung erhöht, auf diesem Wege zum nachhaltigen Lernen beiträgt und Handlungskompetenz in ungewohnten Situationen erhält, die nicht mehr zum Standardanwendungsfall des Verfahrens gehören (vgl. „reflektierendes Üben", Kap. 4.3, S. 152 ff.).

Kriterien und Techniken für die Entwicklung von Diagnoseaufgaben

Wie schlägt sich der Wunsch, kompetenz- und verstehensorientierte Diagnose mit Aufgaben zu betreiben, in Kriterien für die Einschätzung und in Techniken für die Entwicklung von Aufgaben nieder? Wenn man von Diagnose als zielgerichtetem Prozess zur Vorbereitung einer Intervention, also von Unterrichtshandeln, ausgeht, dann wird klar, dass man mit Aufgaben an ganz bestimmte Informationen über Schülerkompetenzen gelangen möchte. Das illustriert das folgende Beispiel:

Als Grundlage für die Vorbereitung einer Lernumgebung zur Einführung des Wahrscheinlichkeitsbegriffs könnte man etwa an den Bruchrechenkompetenzen der Schülerinnen und Schüler interessiert sein, um zu sehen, ob man diese voraussetzen kann oder sie zunächst, in das neue Thema integriert, gezielt fördern muss. Dann sollten Diagnoseaufgaben sehr gezielt Bruchrechenkompetenzen erfassen und diese nicht durch andere Schwierigkeiten überlagern. Eine geeignete Aufgabe wäre z. B.

> Gib einen Bruch an, der größer als $\frac{1}{4}$ und kleiner als $\frac{2}{7}$ ist: $\frac{1}{4} < \square < \frac{2}{7}$.
> Beschreibe, wie du den Bruch gefunden hast.

Bei dieser Aufgabe sind unterschiedliche Lösungswege möglich, z. B. neben der Umwandlung in gleichnamige Brüche auch das Vorgehen, die Brüche in Dezimalzahlen umzurechnen und einen dezimalen Zwischenwert wiederum in einen Bruch umzuwandeln. Es werden also in jedem Fall zentrale Bruchrechenkompetenzen untersucht. Diese werden nicht durch andere Aspekte, wie besonders schwierige Zahlen, eine umfangreiche Aufgabenstellung oder die Einbettung in einen komplexen Kontext, der zunächst eine hohe Lesekompetenz erforderlich machen würde, überlagert. Man sagt auch, die Aufgabe ist im Hinblick auf Bruchrechenkompetenzen **valide** („gültig").

Dieses Kriterium der klar auf Kompetenzen fokussierenden Konstruktion von Aufgaben ergibt mit den bereits angestellten Überlegungen die folgende Kriterienliste:

Kriterien für die Einschätzung der Eignung von Diagnoseaufgaben

- **Validität:** Die Aufgabe konzentriert sich auf die Kompetenzen, zu denen man Informationen gewinnen möchte, und überlagert diese nicht durch andere Aspekte.
- **Offene Antwortformate:** Im Mittelpunkt der Diagnose steht die Eigenproduktion von Schülerinnen und Schülern. Daher müssen diese sich jenseits von vorgegebenen Antwortmöglichkeiten selbst äußern.
- **Individuelle Wege:** Um etwas über Schülervorstellungen erfahren zu können, müssen individuelle Wege und Antworten möglich sein. Dazu sollten Aufgaben offen und differenzierend sein (vgl. Kap. 3.2 und 3.3).

Eine Aufgabe, die diese Kriterien sicherlich gut erfüllt, ist z. B.:

> Dein Freund schlägt dir ein Würfelspiel vor: Ihr werft mit zwei Würfeln. Spieler A gewinnt, wenn die Augensummen 6, 7, 8 oder 9 fallen. Spieler B gewinnt, wenn eine andere Augensumme fällt. Möchtest du lieber Spieler A oder Spieler B sein? Begründe deine Entscheidung!

Die Aufgabe fokussiert klar auf die Gewinnwahrscheinlichkeiten für die beiden Spieler. Dazu muss eine Wahrscheinlichkeitsverteilung für die Augensumme beim Werfen mit zwei Würfeln aufgestellt werden. Die Schülerinnen und Schüler sollen eine Entscheidung treffen und diese begründen. Diese Begründung ist eine Eigenproduktion, bei der verschiedene Wege möglich sind. Auf die erwarteten richtigen Lösungen kann man z. B. mit der Pfadregel bei einem zweistufigen Zufallsexperiment kommen oder mit der einschrittigen Anwendung der LAPLACE-Regel auf die 36 möglichen Würfelpaare.

Wie entwickelt man gute Aufgaben im Sinne der obigen Kriterien, wenn man keine für eine aktuelle Situation geeigneten vorliegen hat (was die Regel ist)? Dazu gibt es die folgenden Techniken, mit denen sich z. B. Schulbuchaufgaben geeignet verändern lassen. Weiter unten geben wir auch noch Aufgabentypen an, die generell für eine kompetenz- und verstehensorientierte Diagnose geeignet sind.

Techniken für Entwicklung verstehensorientierter Diagnoseaufgaben:
• Reduktion einer komplexen Aufgabe auf die interessierenden Aspekte (wg. Validität)
• Öffnung von Aufgaben, damit individuelle Wege möglich werden und nicht ein einzelner erwarteter Lösungsweg auf der Hand liegt (Techniken dazu finden sich in Kap. 3.2)
• Implizites Anregen von oder explizites Auffordern zu Eigenproduktionen wie Rechnungen, Zeichnungen oder Begründungen
• Einfordern von Reflexionen wie Beschreiben, Erklären oder Begründen des gewählten Vorgehens (nicht schematisch, s. u.)

Beim Einfordern von Begründungen oder Beschreibungen des gewählten Vorgehens muss man jedoch darauf achten, dass dies nicht schematisch und unspezifisch bei jeder Aufgabe angehängt wird. Sonst tritt erstens der Effekt auf, dass Schülerinnen und Schüler sich an Standardsätze gewöhnen und man nicht mehr im gewünschten Umfang über die jeweils interessierende Kompetenz Informationen erhält. Zweitens sollte man bei jeder Aufgabe überprüfen, wie plausibel die Aufforderung für den Schüler klingt. Bei der Aufgabe „*Berechne $0{,}2 \cdot 0{,}7$. Begründe!*" mutet die Aufforderung merkwürdig an. „Was soll ich hier schon begründen? Ich habe halt die Zahlen multipliziert!" Die Aufforderungen „*Begründe!*", „*Beschreibe!*", „*Warum bist du so vorgegangen?*" wirken am ehesten dann, wenn dem Schüler bewusst ist, dass die Aufgabenlösung keine reine Routine war. Insofern sollten diese Zusatzaufforderungen nur an Aufgaben angehängt werden, die hinreichend offen sind.

Wie geht man damit um, wenn Schülerinnen und Schüler keine Begründungen geben, seien sie nun überfordert oder einfach nur nicht sehr mitteilsam. Angenommen, ein Schüler antwortet bei der obigen „Würfelspielaufgabe" nur mit „Ich möchte Spieler A sein", wie können Sie dennoch an mehr Informationen über seine Vorstellungen gelangen? Versuchen Sie sich in einer solchen Situation den Schülervorstellungen von einer anderen Seite zu nähern: „*Was müsste sich denn an der Spielregel verändern, damit du Spieler B sein möchtest?*". Hierauf können Schüler, die ihre Auswahl zunächst nicht begründen konnten, häufig schlüssige Antworten geben, die zeigen, dass sie nicht geraten, sondern aus gutem Grund richtig geantwortet haben.

Generell gilt auch hier aufgrund der prinzipiellen Unsicherheit der Rückschlüsse auf Schülerkompetenzen, dass wo immer möglich das individuelle Gespräch gesucht werden muss, um Vermutungen abzusichern. Dabei sollte man allerdings auch einräumen, dass Schülerinnen und Schüler nicht in jeder Situation gewillt sind, mögliche Fehlvorstellungen zu offenbaren – immerhin steht vor ihnen die Person, die sie am Ende des Halbjahres benotet.

Aufgabentypen für die kompetenz- und verstehensorientierte Diagnose

Wenn Sie mithilfe von Aufgaben einschätzen wollen, ob ihre Schülerinnen und Schüler bestimmte Verfahren, Begriffe oder Modelle verstanden haben, so gibt es einige bereits vorgestellte Aufgabentypen, die besonders nahe liegen, nämlich

- **Umkehraufgaben** zu Verfahren (vgl. Kap. 3.2),
- **Begriffe erklären und ausloten** (vgl. Kap 2.4) und
- **Interpretation von Modellen** (vgl. 2.1).

Ein typisches Beispiel für eine Umkehraufgabe zu einem Verfahren ist die oben dargestellte „Trapezaufgabe" in der dritten Variante (S. 177). Anstatt den Flächeninhalt bei gegebenen Seitenlängen und Höhe berechnen zu lassen, wurde dort „der Spieß umgedreht" und nach möglichen Seitenlängen und Höhen gefragt. Dadurch kann die eingeschliffene Flächeninhaltsformel nicht mehr einfach angewendet werden, sondern die Schülerinnen und Schüler müssen für zwei Längen Werte wählen und auf die dritte zurückschließen. Weitere mögliche Umkehraufgaben sind:

Du wirfst mit drei Würfeln und erhältst als Produkt der Augenzahlen 36. Gib alle Möglichkeiten hierfür an!

Gib eine Parabel an, die die Nullstellen 2 und 5 hat. Beschreibe, wie du vorgegangen bist!

Die Summe zweier Brüche ist $\frac{1}{4}$. Welche Brüche können wohl addiert worden sein? Wie viele verschiedene Möglichkeiten gibt es hierfür? Begründe!

Der zweite Aufgabentyp „Begriffe erklären und ausloten" besteht im Wesentlichen darin, dass Schülerinnen und Schüler Begriffe mit eigenen Worten erklären, sie anschaulich machen, ihre Grenzen ausloten oder sie mit anderen Begriffen in Verbindung bringen sollen.

Erkläre mit eigenen Worten, was der Begriff „achsensymmetrisch" bedeutet. Gib Beispiele für Dinge aus dem Alltag, die achsensymmetrisch sind, und für solche, die es nicht sind.

Wie kannst du feststellen, ob etwas achsensymmetrisch ist?

Wo kann es nützlich sein, wenn man weiß, dass ein Objekt achsensymmetrisch ist?

Zeichne eine Figur, die achsensymmetrisch, aber nicht punktsymmetrisch ist.

In gewisser Hinsicht handelt es sich hierbei auch um eine Umkehraufgabe, nämlich um die Umkehr des Begriffsbildungsprozesses aus Kap. 2.4. Die Aufgabe fordert verschiedene Repräsentationen und Anwendungen des Begriffs, die Erklärung in eigenen Worten und die Vernetzung mit anderen Begriffen ein.

Ein dritter gut geeigneter Aufgabentyp für die Diagnose stellt die Interpretation von Modellen dar. Darunter werden hier sowohl konkrete Modelle im engen Sinn verstanden, die also noch sichtbar als mathematische Beschreibung einer konkreten Realsituation entstanden sind, als auch universelle Modelle, z. B. bestimmte Rechenausdrücke oder Proportionalitätsbeziehungen, die in der Realität auf unterschiedliche Weise gedeutet werden können. Ein typisches Beispiel für ein Modell, das eine Realsituation beschreibt, ist ein Funktionsgraf, der den Zusammenhang zweier Größen darstellt. Anhand eines gegebenen Grafen lässt sich sehr gut einschätzen, wie weitgehend Schülerinnen und Schüler ein solches Modell verstanden haben (vgl. MSJK-LSE 2004):

Peter, Paula und Maria sind Klassenkameraden und wohnen an der gleichen Straße. Am Ende der Straße liegt ihre Schule. Jeden Morgen gehen sie zu Fuß zur Schule, die um 8:15 Uhr beginnt. Die Zeichnung zeigt, wo sie sich gestern zu verschiedenen Zeiten befunden haben.

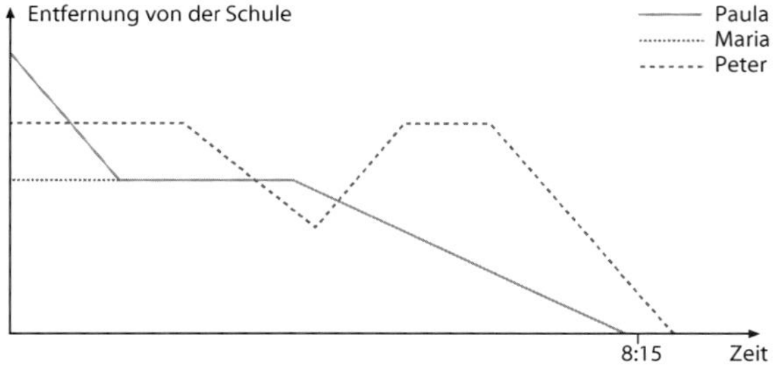

a) Wenn du die Zeichnung betrachtest, können die folgenden Sätze stimmen?	ja	nein
Peter wohnt am weitesten von der Schule entfernt.	☐	☐
Zusammen mit Maria geht Paula schneller als alleine.	☐	☐
Maria ist noch nicht fertig, als Paula bei ihr vorbeikommt.	☐	☐

b) Schreibe eine Geschichte zu Peters gestrigem Schulweg.

Im Aufgabenteil a) wird in geschlossener Form überprüft, ob die Schülerinnen und Schüler in der Lage sind, dem Grafen die entsprechenden Informationen zu entnehmen, ihn also im Hinblick auf die Realsituation zu interpretieren. Diese Teilaufgabe besitzt alle Nachteile, die zu Beginn für solche geschlossenen Aufgaben dargestellt wurden: Bei Schülern, die ein oder mehrere Kreuze falsch setzen, kann man anhand dieses Ergebnisses kaum etwas über die bei ihnen zugrunde liegenden Verständnisprobleme erfahren.

Teil b) bietet hingegen allen Schülern die Gelegenheit, die dargestellten Grafen frei zu interpretieren – und dies führt teilweise zu beachtlichen, teilweise auch zu nicht eindeutig interpretierbaren Ergebnissen (hier zwei originale Schülerantworten):

Schülerantwort 1

Peter stand schon vor der Tür seines Hauses, als er das Gefühl bekam, dass er etwas vergessen hatte. So stand er einige Minuten. Dann machte er sich auf den Weg. Er hatte schon die Hälfte der Strecke geschafft, als er bemerkte, dass er keine Hose anhat. Er lief beschämt nach Hause. Er hat zwei Mädchen getroffen, die ihn natürlich ausgelacht haben. Seine Hose konnte er sehr lange nicht finden. Deswegen ist er zu spät zur Schule gekommen …

Neben den kleinen humoristischen Einlagen basiert die Geschichte auf sehr vielen Detailinformationen, die man der grafischen Darstellung entnehmen kann. So wurde z. B. nicht nur der Aspekt berücksichtigt, dass Peter auf seinem Weg noch einmal umkehrte, sondern auch, dass er zu diesem Zeitpunkt bereits die Hälfte der Strecke zurückgelegt hat und dass er auf seinem Rückweg nach Hause den beiden Mädchen begegnet ist.

Schülerantwort 2

Peter hatte seine Tasche noch nicht gepackt und noch nicht gefrühstückt, daher ging er sehr spät aus dem Haus. Daher beeilte er sich etwas und weil der kürzeste Weg in eine Sackgasse mündet, bog er eine Straße vorher ab und entfernte sich dadurch wieder etwas von der Schule, da diese Straße in die entgegengesetzte Richtung führt. Jetzt ist er wieder auf der Höhe seines Hauses und …

Bei dieser Geschichte möchte man zunächst annehmen, dass die grafische Darstellung des Zeit-Entfernungs-Zusammenhangs falsch verstanden und der Graf als „Ortslinie" aus der Vogelperspektive beschrieben wurde. Immerhin ist klar, dass die vorausgesetzte Situation aus der Aufgabenstellung („alles geschieht entlang einer Straße") nicht beachtet bzw. erweitert wurde. Die Äußerung „auf der Höhe seines Hauses" könnte aber anzeigen, dass das Konzept „Entfernung von der Schule“ sehr wohl verstanden wurde und mit der Sackgasse nur ein plausibler Grund für das Umkehren gesucht wurde. Man sieht hier, dass selbst so ausführliche Schülerprodukte immer noch wesentliche Interpretationsoffenheiten besitzen. Hier ist es auf jeden Fall angeraten, Rücksprache mit dem Schüler zu halten oder die Situation und ihre Schilderung mit der Klasse zu besprechen.

Natürlich eignen sich nicht nur Funktionsgrafen zur Interpretation in Realsituationen. Im Folgenden deuten wir einige weitere Modellinterpretationsaufgaben aus drei zentralen Bereichen der Schulmathematik an:

- Interpretieren von Rechenausdrücken, Termen oder Gleichungen als Modell („Rechengeschichten“)

> Erfinde möglichst realistische Situationen oder zeichne Bilder, die zu diesen Ausdrücken passen:
>
> $x + (x + 1) + (x + 2) + (x + 3) + (x + 4)$
> 1, 1, 3, 5, 9, 15, 25, 41, 67

- Interpretieren von Zufallsversuchen

> Für ein Glücksspiel sollen die Ziffern 0–9 mit gleicher Häufigkeit gezogen werden.
> Erfinde verschiedene Möglichkeiten, wie man das bewerkstelligen kann (z. B. auch mit Münzen oder Würfeln)

- Interpretieren von Figuren und Formen

> Suche Beispiele, wo im Alltag diese (oder eine ähnliche) Form vorkommt. Erfinde weitere Beispiele.
>
> Wozu kann man sie sonst noch gebrauchen, wozu taugt sie weniger? Warum?

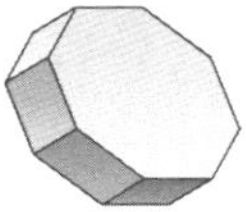

5.2 Leistungsbewertung

Die heutige Schule hat sich als Institution geschichtlich herausgebildet, um für die Gesellschaft verschiedene Funktionen zu erfüllen. FEND (1980) nennt drei zentrale Funktionen der Schule: Die *Qualifikationsfunktion* dient der Reproduktion der kulturellen Systeme, die Selektionsfunktion dient der Reproduktion der Sozialstruktur der Gesellschaft und die Legitimationsfunktion schließlich dient der Integration der nachwachsenden Generation in die Gesellschaft.

Die Selektion der Schülerinnen und Schüler erfolgt durch Noten- und Abschlussvergabe. Hierfür sollte vor allem die individuelle Leistung unter fairen Rahmenbedingungen, also z. B. ohne Benachteiligung durch soziale Herkunft, ausschlaggebend sein (vgl. BONSEN/BÜCHTER/OPHUYSEN 2004). Wenn Selektion ein notwendiger Bestandteil des Lehrerhandelns ist, stellt sich nicht die Frage, *ob*, sondern *wie* man Leistung bewertet – und damit selektiert. Dies sollte natürlich möglichst *gerecht* und *transparent* passieren. Aber was bedeutet dies – insbesondere für die Entwicklung von Aufgaben, die ja Hauptinstrumente der Bewertung im Mathematikunterricht sind?

Die Forderung der **Transparenz** lässt sich sehr gut über Aufgaben realisieren, denn Aufgaben sind das Instrument, in dem sich die gestellten Anforderungen objektiv manifestieren. Wie schwer ein Test, eine Prüfung oder eine Klausur ist, wird zunächst über die in den Aufgaben enthaltenen Anforderungen diskutiert. Nach dem Stellen einer Aufgabe als dem ersten Teil des Bewertungsaktes folgt die eigentliche Bewertung einer Schülerbearbeitung. Hier bedeutet Transparenz, dass die Kriterien für eine solche Bewertung möglichst offen gelegt werden. Was sind die konkreten Erwartungen, wann gelten sie als erfüllt? Diese Fragen sollten idealerweise beantwortet sein, bevor die Schüler die Aufgabe bearbeiten. Man kann sie als konstitutiven Bestandteil einer Aufgabe, die der Leistungsfeststellung dient, ansehen. Zur Transparenz zählt auch die Kommunizierbarkeit, die etwa durch die Verwendung von Bewertungsschemata gewährleistet werden kann.

Schwieriger wird es schon bei der Frage nach der Gerechtigkeit, hier betreten wir einen (nicht nur im Schulkontext) hochnormativen Bereich. „Gerecht" im Schulkontext heißt vor allem: Welchen Maßstab lege ich an Leistung an, welche **Bezugsnorm** wähle ich? Als Lehrer hat man hier die Wahl, die Leistung eines Schülers vor dem Hintergrund seines individuellen Lernprozesses, des Leistungsstands in seiner Lerngruppe oder aber anhand absoluter Kriterien wie z. B. Bildungsstandards zu bewerten. Diese drei Bezugsnormen lassen sich prägnant so auf den Punkt bringen: *„besser als vorher, besser als andere oder näher am Ziel"* (BAUMERT 2002, S. 103).

Eine wesentliche Voraussetzung für Gerechtigkeit in jeder Bezugsnorm ist die Objektivität der Bewertung, in dem Sinne, dass die Bewertung nicht von der bewertenden Person abhängen darf. Gerade hier liegt aber ein großes Problem, auf das vor allem INGENKAMP immer wieder hingewiesen hat (z. B. INGENKAMP 1989): Unterschiedliche Lehrer bewerten die gleiche Leistung bei gleicher Bezugsnorm häufig sehr unterschiedlich – und das nicht nur in sprachlichen Fächern, sondern auch in Mathematik. Abhilfe können hier transparente und möglichst konkrete, aufgabenspezifische Bewertungsschemata schaffen.

Rückwirkungen der Leistungsbewertung auf das Lernen

Nach diesen wenigen, aber wesentlichen allgemeindidaktischen Betrachtungen stellt sich die Frage nach den spezifisch fachdidaktischen Anforderungen an Aufgaben, die zur Bewertung dienen sollen. Eine Aufgabe könnte im obigen Sinn ein gutes Instrument der gerechten und transparenten Bewertung sein, aber fachdidaktisch indiskutabel, z. B. weil sie als eingekleidete Aufgabe ein Zerrbild des Anwendens von Mathematik zeichnet oder weil man mit ihr nicht wirklich mathematische Kompetenzen, sondern oberflächliche Schemata überprüft. Das führt, wie schon bei den Aufgaben zur kompetenzorientierten Diagnose im vorangehenden Abschnitt, auf die Frage der **Validität** einer Aufgabe (vgl. S. 180).

Aus fachdidaktischer Sicht ist daneben die Frage, welche Rückwirkungen die Art und Weise der Leistungsüberprüfung auf die Lernprozesse hat, von großer Bedeutung. Die normative Wirkung von zentralen Leistungsüberprüfungen auf das Lernen im Fach, der so genannte „washback-Effekt" (CHENG/CURTIS 2003), ist seit langem bekannt und vor allem in Nationen mit einem System zentraler Abschlussprüfungen empirisch untersucht. Für den Mathematikunterricht in Deutschland sind die „Kurvendiskussionen" in zentralen gestellten Abiturprüfungen geradezu zum Synonym für diese unerwünschte normierende Wirkung geworden: Anstelle einer inhaltlich orientierten Analysis, bei der die Begriffe und die Möglichkeiten ihres Einsatzes verstanden werden, wird im Hinblick auf die Abiturklausur versucht, ein Schema zur Funktionsuntersuchung zu automatisieren, das dann häufig aus lauter unverstandenen Verfahren besteht. Die Halbwertzeit solcher Lernergebnisse kann kaum über den Tag der Prüfung hinausgehen.

Ein solcher washback-Effekt zentraler Prüfungen auf das Lehren hat auch ein Pendant innerhalb der einzelnen Klasse: Die Rückwirkung der gestellten Leistungsanforderungen in Klassenarbeiten auf das Lernen im Unterricht. Es liegt die Frage nahe, ob dieser washback-Effekt nicht auch positiv genutzt werden kann, um verstehensorientiertes, auf Nachhaltigkeit angelegtes Lernen zu unterstützten. Die Anforderungen an eine Klassenarbeit, die ein solches Lernen fördert, liegen auf der Hand: Zum einen sollten nicht nur Inhalte der zuletzt durchgeführten Unterrichtsreihe ein Thema sein, zum anderen sollten die Aufgaben verstehensorientiert sein.

Um ein möglichst nachhaltiges Lernen auch durch die Form der Leistungsbewertung zu unterstützen, ist es sinnvoll, immer wieder auch länger zurückliegende Inhalte, die zentral für das Fach sind, mit zu überprüfen. In den rechtlichen Vorgaben vieler Bundesländer ist dies seit einiger Zeit explizit vorgesehen. Dabei muss man allerdings beachten, dass bei länger zurückliegenden Inhalten das Anforderungsniveau nicht so hoch sein darf wie bei einer Klassenarbeit, die direkt im Anschluss an die entsprechende Unterrichtsreihe geschrieben wird. Diese Inhalte können nur dann wieder erinnert und verwendet werden, wenn die Schülerinnen und Schüler sie verstanden haben. Entsprechende Aufgaben sollten der „eigentlichen" Klassenarbeit dabei nicht einfach als Additum beigefügt werden. Im Hinblick auf ein stimmiges Bild von Mathematik sollte vielmehr die Vernetztheit der Inhalte deutlich werden, indem Aufgaben – ähnlich wie die „Wiederholungsaufgaben" in Kap. 4.3, auf Seite 161 – alte und neue Inhalte integrieren.

Um das Verstehen zu fördern, sollte die Klassenarbeit außerdem bereits im Anschluss an eine jeweilige Unterrichtsreihe entsprechend verstehensorientierte Aufgaben enthalten (vgl. Kap. 5.1, S. 178). Wenn Schülerinnen und Schüler wissen, dass in einer Klassenarbeit nicht auswendig lernbare oder trainierbare Verfahren abgefragt werden, sondern der kompetente, reflektierte Umgang mit Verfahren, Begriffen oder Modellen, so kann dies auch in der Vorbereitung auf die Klassenarbeit zu einem verstehensorientierten Lernen führen.

Gib jeweils eine Situation an, in der zwei Größen proportional/antiproportional/weder proportional noch antiproportional zueinander sind.

Aufgrund des großen Anteils, den die Vorbereitung auf Klassenarbeiten an der außerunterrichtlichen Lernzeit einnimmt, lohnt es sich darüber hinaus, auch explizit Einfluss auf das Lernen vor Klassenarbeiten zu nehmen. Dazu kann der Lehrer rechtzeitig vor der Klassenarbeit die anstehende Leistungsüberprüfung zum Thema des Unterrichts machen (vgl. Saint-George 2003): Sie können z. B. Ihre Schülerinnen und Schüler auffordern, Aufgaben zu nennen oder zu beschreiben, die für die Klassenarbeit geeignet sein könnten, und anschließend Aufgaben vorstellen, die Sie üblicherweise einsetzen. Wenn Sie dann noch mit Schülerinnen und Schülern über eine sinnvolle Vorbereitung auf eine solche Klassenarbeit diskutieren, sind die Aussichten auf eine inhaltlich wünschenswerte Vorbereitung auf diese Arbeit deutlich gestiegen.

Wie versteht und beeinflusst man die Anforderungen in Aufgaben?

Um von einer Vielzahl guter Aufgaben zur Leistungsüberprüfung im obigen Sinn zu einer stimmigen Klassenarbeit zu kommen, die eine differenzierte Einschätzung der Schülerinnen und Schüler ermöglicht, muss man zwei weitere Aspekte besonders beachten: *die Ergebnisorientierung von Aufgaben und die so genannten schwierigkeitsbestimmenden Faktoren.*

Die Ergebnisorientierung im weiten Sinne ist auch hier – wie bei den Aufgaben zum Kompetenzerleben in Kap. 5.3 – nahe liegend. Es ist für eine differenzierte Bewertung z. B. ungünstig, wenn die Schülerinnen und Schüler sehr lange an einer Aufgabe arbeiten und am Ende nur ein einzelner Wert als Ergebnis in die Bewertung einfließt. Die lange Bearbeitungszeit deutet auf viele notwendige Zwischenüberlegungen hin, die dann auch als Zwischenergebnisse oder Rechenwege fixierbar und bewertbar sind. So kommt man nicht zu einer dichotomen, sprich: „richtig/falsch"-Bewertung einer Aufgabe, sondern zu abgestuften Einschätzungen von **Teilleistungen**. Dieses Vorgehen entspricht der traditionellen Form der Leistungsüberprüfung im Mathematikunterricht. Damit ein solches Verfahren aber zu einer inhaltlich gültigen und nicht nur formal-äußerlich korrekten Bewertung führt, sollte man nicht nach dem Motto verfahren „Etwa die Hälfte der Bearbeitung passt, also gibt es drei von sechs möglichen Punkten", sondern bei der Entwicklung der Aufgaben und des Bewertungsschemas jeweils überlegen, welche **Teilkompetenzen** für die erfolgreiche Bearbeitung erforderlich sind und wie für entsprechende Teillösungen eine Teilhonorierung erfolgt.

Wir verdeutlichen dies am Beispiel der „Würfelspielaufgabe", die in Kap. 5.1 auf Seite 174 in etwas anderer Form zur Diagnose dargestellt war:

> Armin und Beate spielen das folgende Würfelspiel: Einer von beiden wirft mit zwei Würfeln. Armin gewinnt, wenn die Augensumme 6, 7, 8 oder 9 fällt. Beate gewinnt, wenn eine andere Augensumme fällt. Wer hat bei diesem Spiel die höheren Gewinnchancen?

In dieser Aufgabe stecken eine ganze Reihe von Teilkompetenzen, die benötigt werden, um zur gewünschten Lösung zu gelangen, und die teilweise unabhängig voneinander sind: Zunächst muss ein Schüler seine (mathematische) Lesekompetenz nutzen, um die Spielregel und die Frage zu verstehen und dann sinnvoll aufeinander zu beziehen. Diese Kompetenz lässt sich bei einer Bearbeitung z. B. daran erkennen, welche Zahlen er Armin bzw. Beate als „Gewinnzahlen" zuordnet. Dann muss zunächst überlegt werden, welche Augensummen überhaupt auftreten können, Beates „Gewinnzahlen" sind in der Aufgabenstellung nicht explizit genannt. Um zum Ziel zu gelangen, muss noch eine Wahrscheinlichkeitsverteilung aufgestellt werden, und aus dieser muss das Ereignis „Armin gewinnt" bzw. „Beate gewinnt" aus der Summe der Wahrscheinlichkeiten für die Augensummen 6, 7, 8 und 9 bzw. 2, 3, 4, 5, 10, 11 und 12 berechnet werden.

Diese vier beschriebenen Teilleistungen, denen jeweils Teilkompetenzen zugrunde liegen, sind weitestgehend unabhängig voneinander. Selbst wenn ein Schüler nicht die angemessene Wahrscheinlichkeitsverteilung aufstellt, z. B. weil er von 21 statt von 36 möglichen Würfelpaaren ausgeht, aber trotzdem einen LAPLACE-Ansatz macht, kann er richtig mit Wahrscheinlichkeiten rechnen, indem er die additive Zusammensetzung der Ereignisse „Armin gewinnt" bzw. „Beate gewinnt" versteht und dies durch seine Rechnung zeigt.

An diese Analyse der „Würfelspielaufgabe" lässt sich eine Frage anschließen, die wir hier nur erwähnen, aber nicht weiter diskutieren können: die angemessene Bewertung offener Aufgaben. Diese ist wie z. B. die Bewertung von Gruppenarbeit, Projektarbeit und anderen inhaltlich wünschenswerten Lernformen ein genereller Problembereich der Unterrichtsentwicklung. Hier trifft der Wunsch, möglichst innovativ und offen zu unterrichten, zusammen mit der Notwendigkeit, immer wieder auch Leistungen in Ziffernoten auszudrücken. An den offenen Aufgabenbeispielen in diesem Kapitel kann man erahnen, dass die Bewertung offener Aufgaben durchaus möglich ist. Ausgearbeitete und praktische Beispiele hierfür findet man z. B. bei MATTER (2007) oder in WÄLTIS „Beurteilungsumgebungen" (JUNDT/WÄLTI 2010).

Damit eine Leistungsüberprüfung die Möglichkeit bietet, im oberen wie im unteren Bereich Leistungen zu unterscheiden, ist es erforderlich, die Schwierigkeit von Aufgaben gezielt zu beeinflussen. Dies kann über die bewusste Veränderung so genannter **schwierigkeitsbestimmender Faktoren** geschehen.

Im Rahmen von Analysen zu PISA 2000-E haben NEUBRAND u. a. (2002) insgesamt sechs Merkmale von Aufgaben herausgearbeitet, die gemeinsam Einfluss auf deren empirische Schwierigkeit im Sinne von Lösungshäufigkeiten nehmen:

- das Vorliegen eines (außermathematischen) **Kontexts**,
- die **Offenheit** der Aufgabe,
- die Notwendigkeit einer **Begründung** bei der Bearbeitung der Aufgabe,
- der **Bearbeitungsumfang** (Berechnung von Zwischengrößen),
- die **Komplexität** der kognitiven Anforderung (Reproduktion, „Vernetzung" oder Verallgemeinerung) und
- die curriculare **Wissensstufe** (Verortung der nötigen Kenntnisse in einer Jahrgangsstufe).

Mit diesen sechs Faktoren lässt sich die Schwierigkeit einer Aufgabe zwar nicht „stufenlos regeln", aber man kann z. B. durch die Öffnung einer Aufgabe und das Einfordern einer Begründung ihre Schwierigkeit steigern. Die sechs Faktoren sind zudem nicht unabhängig voneinander variierbar, so führt z. B. eine Öffnung einer vorliegenden Reproduktionsaufgabe automatisch zu einer höheren kognitiven Anforderung.

Wie lassen sich diese Faktoren im Hinblick auf eine bevorstehende Leistungsüberprüfung nutzen? Zunächst sind sie gut geeignet, um die Schwierigkeit von bereits vorliegenden Aufgaben einzuschätzen. Für eine konkrete Aufgabe lässt sich sagen, ob sie offen ist, einen außermathematischen Kontext hat usw. Dabei ist auch z. B. klar, dass eine offene Aufgabe schwieriger ist als eine geschlossene Aufgabe oder dass eine Reproduktion eines Verfahrens leichter ist als seine Verallgemeinerung. Wenn man allerdings Aufgaben erst noch entwickeln muss, so kann man ausgehend von einer Schulbuchaufgabe die schwierigkeitsbestimmenden Faktoren nicht beliebig und unabhängig voneinander variieren.

Einzelne Faktoren lassen sich aber gezielt so beeinflussen, dass die Klassenarbeit als Ganzes ein geeignetes Instrument zur differenzierten Bewertung sein wird. Angenommen, Sie unterrichten in einer 8. Klasse und möchten zentrale Kompetenzen aus früheren Jahrgängen mit überprüfen. Dann können Sie zunächst die curriculare Wissensstufe direkt beeinflussen, indem sie z. B. ein Schulbuch aus Klasse 6 aufschlagen und nach einer Aufgabe suchen:

Berechne für einen Quader mit den Kantenlängen a, b, c und dem Rauminhalt V die fehlende Kantenlänge.
a) $a = 80\,cm;\ b = 1{,}2\,m;\ V = 2400\ dm^3$

(LAMBACHER/SCHWEIZER, 2001, NRW, Gymnasium, Klasse 6, S. 162)

Zunächst lässt sich feststellen, dass die Aufgabe in dieser Form in der Klasse 6 zu einem Vernetzen der Volumenberechnung am Quader und der Umrechnung von Größen führt. Für eine Aufgabe, die in einem 8. Schuljahr gestellt werden soll, ist dies sicherlich weniger bemerkenswert. Bei dieser Aufgabe lässt sich nun mit den Techniken aus Kap. 3.2 die Offenheit verändern:

> Gib für einen Quader mit einem Volumen von $2400\,dm^3$ mögliche Seitenlängen an!

Man könnte auch einen ehrlichen Kontext hinzufügen und die Aufgabe nicht vollständig, aber doch teilweise öffnen:

> Für eine Gewächshaus mit den Sockelmaßen $2{,}00\,m \times 3{,}50\,m$ soll ein Fundament aus Beton gegossen werden. Ein Betonlieferant bietet für Privatkunden Abnahmemengen von $1\,m^3$, $2\,m^3$ oder $5\,m^3$ an.
>
> Für welche Abnahmemenge und welche Fundamentmaße würdest du dich entscheiden? Verarbeitest du dann die abgenommene Menge vollständig?

Dadurch ist auch der Bearbeitungsumfang gestiegen, da nicht nur eine Zielgröße direkt berechnet werden soll, sondern für die Aufgabenbearbeitung Zwischengrößen bestimmt werden müssen. Man könnte die Schülerinnen und Schüler außerdem auffordern, ihre Entscheidung zu begründen, womit die Aufgabe um einen anspruchsvolleren Teil ergänzt wird, da nun die getroffene Entscheidung gegen Alternativen abgewogen werden muss.

Kriterien für die Einschätzung von Aufgaben zur Leistungsbewertung

Zusammen mit den bisher angestellten Betrachtungen kann man die folgenden Kriterien für die Einschätzung von Aufgaben für die Leistungsbewertung formulieren:

Kriterien für die Einschätzung von Aufgaben zur Leistungsbewertung

- **Validität:** Die Aufgabe konzentriert sich auf die Kompetenzen, die bewertet werden sollen, und überlagert diese nicht durch andere Aspekte.
- **Verständlichkeit:** Die Aufgabe ist so formuliert, dass die Schüler verstehen können, was von ihnen verlangt wird. Die Verwendung mathematischer (und anderer) Fachbegriffe sollte auf ein nötiges Mindestmaß reduziert werden. Die Sätze sollten einfach formuliert, die Aufträge explizit und klar gestellt werden.
- **Erwartungstransparenz:** Den Schülern soll vor der Bearbeitung einer Aufgabe klar ersichtlich sein, was von ihnen gefordert wird, insbesondere auch, wann die Bearbeitung die Anforderungen in welchem Maße erfüllt.
- **Ergebnisorientierung:** Das Verhältnis von Bearbeitungszeit und bewertbaren Schüleräußerungen sollte stimmen; dabei können auch Zwischenbetrachtungen als (Zwischen-)Ergebnis betrachtet werden.
- **Verfahrens- vs. Verstehensorientierung:** Man entscheide jeweils bewusst: Soll die sichere Beherrschung eines Verfahrens oder das Verständnis von Verfahren, Begriffen oder Modellen überprüft werden?
- **Schwierigkeit:** Welche Faktoren nehmen in welchem Umfang Einfluss auf die Schwierigkeit der Aufgabe?

Exkurs Aufgaben in zentralen Leistungsmessungen

Wenn Aufgaben nicht nur zur Leistungsbewertung in einer Lerngruppe genutzt werden, sondern zum Vergleich der Leistungen von unterschiedlichen Lerngruppen, aus unterschiedlichen Schulen oder gar aus unterschiedlichen Bildungssystemen, dann müssen sie zusätzliche Kriterien erfüllen. Die Aufgabenentwicklung wird erheblich aufwändiger, denn nun werden die klassischen Gütekriterien der empirischen Forschung bedeutsam: die Objektivität, die Reliabilität (Zuverlässigkeit) und die Validität (Gültigkeit) (vgl. z. B. Arnold 2001). Bei der Objektivität geht es um die Frage, ob die Testergebnisse davon abhängen, unter welchen Bedingungen der Test durchgeführt oder von wem er ausgewertet wurde. Ein Test heißt reliabel, wenn er messfehlerfrei misst, d. h. wenn die Ergebnisse wesentlich durch die Fähigkeiten des Schülers bedingt sind und nicht unsystematisch von anderen Einflüssen überlagert werden.

Während es möglich ist, die Einhaltung dieser beiden Kriterien mit statistischen Methoden zu kontrollieren, ist dies bei der Validität erheblich schwieriger. Bei der Validität geht es um die Frage, ob der Test tatsächlich das misst, was er zu messen vorgibt. Doch wie lässt sich einschätzen, ob ein Test mit seinen Aufgaben tatsächlich die ins Auge gefassten mathematischen Kompetenzen misst? Hierfür stehen keine statistischen Verfahren zur Verfügung, denn Validität ist nicht eine Frage der Statistik, sondern der inhaltlichen Deutung. Praktisch kann man von Experten einschätzen lassen, ob der Test das misst, was er messen soll (Expertenvalidierung). Oder man vergleicht die Anforderungen mit denen aus bestehenden Lehrplänen (curriculare Validierung) – dies ist z. B. bei TIMSS geschehen (vgl. Baumert u. a. 1997). Bei PISA geht man dagegen von einem lehrplan- und unterrichtsunabhängigen Grundbildungskonzept aus, und überprüft, inwieweit 15-Jährige bestimmte wünschenswerte Kompetenzen besitzen.

Wo liegen die Schwierigkeiten bei der Entwicklung solcher Tests? In Bezug auf die Objektivität oder Reliabilität kann die Auswertung der Schülerbearbeitungen ein Problem sein. Dies gilt insbesondere dann, wenn man offenere Aufgaben verwendet: „Beschreibe eine Situation mit zwei veränderlichen Größen, deren Zusammenhang sich angemessen mit einer Exponentialfunktion modellieren lässt." Hier ist es schwieriger, die zuverlässige Auswertung sicherzustellen. Wann entspricht etwa eine Bearbeitung den Erwartungen, wann nur noch so gerade eben, wann nicht mehr? Auch Auswerter mit Fachverstand können zu unterschiedlichen Bewertungen kommen.

Ein Beispiel schließlich zeigt, wie problematisch die Validität in solchen lerngruppenübergeifenden Tests ist. Enthält ein Test eine Aufgabe zu einem Begriff (z. B. „Median"), den ein Teil der Schüler im Unterricht nie behandelt hat, ein anderer Teil aber regelmäßig nutzt, so trägt diese Aufgabe wenig zu der Feststellung von Unterschieden in der mathematischen Grundbildung bei. Diese Validitätsproblematik stellt sich somit immer, wenn über eine Lerngruppe hinaus ein Test durchgeführt wird. In Klassenarbeiten, die ein Lehrer lerngruppenspezifisch erstellt und auswertet, sind solche Validitäts- und Objektivitätsfragen weit weniger bedeutsam.

5.3 Kompetenzen erfahrbar machen

Im Aufbau dieses Buches sind die beiden Welten „Lernen“ und „Leisten“ meist klar voneinander abgegrenzt. Einer der wesentlichen Unterschiede ist: Beim Lernen sind Fehler explizit zugelassen, beim Leisten sind sie unerwünscht. Die Konsequenz hieraus ist die Forderung nach einer transparenten Trennung von Lern- und Leistungssituationen und folglich auch eine funktionale Unterscheidung von Aufgaben für das Lernen und für das Leisten.

Dies darf jedoch nicht darüber hinwegtäuschen, dass Lernen und Leisten im Mathematikunterricht nicht unverbunden nebeneinander stehen, sondern sich wechselseitig eng aufeinander beziehen. Dass Lernen, also der Aufbau von Kompetenzen, Voraussetzung für Leisten ist, versteht sich von selbst. Umgekehrt ist das Leisten das Ziel des Lernens, die erworbenen Kompetenzen sollen schließlich in unterschiedlichsten Situationen verfügbar sein und angewendet werden.

Dies ist spätestens die richtige Stelle, an der wir den immer wieder verwendeten Begriff „Kompetenzen“ etwas präzisieren müssen. Die folgende Definition des Psychologen Weinert (2001, S. 27 f.) stellt das Ergebnis seiner lang jährigen wissenschaftlichen Auseinandersetzung mit dem Kompetenzbegriff dar und spiegelt einen weitgehenden Konsens in der Diskussion auch um Bildungsstandards wider (BMBF 2003).

> *„Dabei versteht man unter Kompetenzen die bei Individuen verfügbaren oder von ihnen erlernbaren kognitiven Fähigkeiten und Fertigkeiten, bestimmte Probleme zu lösen, sowie die damit verbundenen motivationalen, volitionalen[6] und sozialen Bereitschaften und Fähigkeiten, um die Problemlösungen in variablen Situationen erfolgreich und verantwortungsvoll nutzen zu können.“*

Der Begriff „Problemlösen“ ist in dieser psychologischen Charakterisierung natürlich anders zu verstehen als der mathematikdidaktische Begriff (vgl. Kap. 2.2) – er meint so etwas wie „Anforderungen bewältigen“. Kompetenzen umfassen also neben Kenntnissen, Fertigkeiten und Fähigkeiten insbesondere auch Aspekte der Selbstregulation, z. B. die Bereitschaft, sich neuen Anforderungen zu stellen.

Kompetenzerleben als Motor des Lernens

Der Zuwachs an so verstandenen Kompetenzen ist damit zugleich Ergebnis des Lernens und die Voraussetzung für das Lernen (auf höherem Niveau). Es ist nun wesentlich, dass Schülerinnen und Schüler ihre Kompetenzen möglichst

[6] handlungssteuernden

explizit erfahren. Erfolgserlebnisse nämlich, also das Erfahren der eigenen Kompetenzen, der eigenen Wirksamkeit, schaffen Motivation für weitere Lernprozesse und fördern sie, führen somit wiederum zu besseren Leistungen. Bei diesem Ineinandergreifen von Lernen und Leisten handelt es sich um einen selbstverstärkenden Prozess.

Baumert (2002, S. 102) führt in schultheoretischen und pädagogisch-psychologischen Betrachtungen aus, dass man aufgrund der institutionellen Rahmenbedingungen nicht per se voraussetzen kann, „dass Schülerinnen und Schüler die Motivation mitbringen, in der Schule etwas lernen zu wollen. [...] Erst das subjektive Erleben von Kompetenzzuwachs vermag Motivation zu verstetigen. Der individuell erlebte Erfolg schulischer Arbeit sichert also die Voraussetzungen weiterer schulischer Bemühungen" (vgl. Bonsen/Büchter/Ophuysen 2004). Schulisches Lernen braucht also nicht nur die Motivation der Lerner, es muss auch Motivation schaffen, und zwar nicht von außen, sondern durch das Lernen selbst. Analoge Argumente wie für die Motivation gelten auch für das so genannte „Fähigkeitsselbstkonzept" (vgl. Schöne u.a. 2003) und die Selbstwirksamkeitserwartung (vgl. Satow/Schwarzer 2000).

Die praktischen Schlussfolgerungen sind einfach: Um Lernfreude, fachbezogenes Selbstvertrauen und eine positive Einstellung neuen Anforderungen gegenüber zu fördern, muss der Unterricht allen Schülerinnen und Schülern über angemessene Aufgaben immer wieder Möglichkeiten geben, durch Erfolgserlebnisse die eigenen Kompetenzen zu erfahren. Daraus lassen sich die folgenden Forderungen an Aufgaben, die im Mathematikunterricht eingesetzt werden, ableiten:

Kriterien für Aufgaben zum Kompetenzerleben

- Damit starke wie schwache Schüler Erfolgserlebnisse erzielen können, müssen die Aufgaben ein hohes Differenzierungsvermögen haben (vgl. Kap. 3.3).
- Im Hinblick auf die Selbstwirksamkeitserwartung sind solche Aufgaben besonders geeignet, bei denen die Schüler sich schon bei der Auswahl der Anforderungen als Akteur erleben (ebd.).
- Aufgaben bieten dann viele Gelegenheiten für Erfolgserlebnisse, wenn sie ergebnisorientiert oder produktorientiert sind, also z. B. nach kurzer Bearbeitungszeit ein Ergebnis zeitigen oder Schülern die Gelegenheit zum Erstellen eines individuellen Produktes geben.

Aufgaben, die dem dritten Punkt folgen, können – nach den Überlegungen der vorigen Kapitel – nicht den ganzen Unterricht bestimmen. Umgekehrt darf es aber auch nicht an ergebnisorientierten Aufgaben im obigen Sinn fehlen. Diese Balanceforderung ist beispielsweise erfüllt, wenn man beim reflektierenden

Üben mit Aufgabenpäckchen (vgl. Kap. 3.3, S. 110 f.) nicht nur das Verstehen von Begriffen und Verfahren im Auge hat, sondern auch bei jeder (Teil-)Aufgabe Erfolgserlebnisse bietet, wofür die Übungen hinreichend differenziert angelegt sein müssen.

Vor dem Hintergrund dieser Überlegungen scheint etwa eine Aufgabe wie die folgende für das Kompetenzerleben denkbar ungeeignet zu sein:

Gib alle Lösungen des folgenden Gleichungssystems an:

$$\begin{aligned} 3 \cdot w + 4 \cdot x - 2 \cdot y - 2 \cdot z &= 17 \\ 5 \cdot w - 2 \cdot x - 2 \cdot y + \phantom{5 \cdot{}} z &= 24 \\ 2 \cdot w + \phantom{4 \cdot{}} x + \phantom{2 \cdot{}} y + 5 \cdot z &= 6 \\ -3 \cdot w + 3 \cdot x - 3 \cdot y + 2 \cdot z &= 0 \end{aligned}$$

Diese Aufgabe führt erst nach einer langen Bearbeitungsdauer zu (lediglich) einem einzelnen mageren Ergebnis. Sie lässt nur das Abarbeiten eines Verfahrens zu und ist aufgrund der hohen Anzahl an Rechenschritten fehleranfällig – selbst dann, wenn man das Verfahren im Prinzip beherrscht. Erfahrungsgemäß stellt dieser Aufgabentyp für einen Teil der Schüler eine Überforderung und für einen anderen Teil eine kognitive Unterforderung dar.

Viele Beispiele für Aufgaben, die gut zum Kompetenzerleben geeignet sind, wurden bereits in den Kapiteln zum Differenzierungsvermögen (Kap. 3.3) und zum Üben (Kap. 4.3) vorgestellt. Kompetenzen können aber nicht nur in Übungsphasen erfahrbar gemacht werden, sondern ebenso in allen Phasen des Unterrichts, wie z. B. bei dieser Aufgabe für das entdeckende Lernen für Klasse 5:

Der Durchmesser des abgebildeten Kreises beträgt 4 cm.

Beschreibe eine oder mehrere Möglichkeiten, seinen Flächeninhalt zu bestimmen, und führe diese anschließend durch.

Welchen Flächeninhalt ermittelst du so?

Vergleiche mit deinem Tischnachbarn!

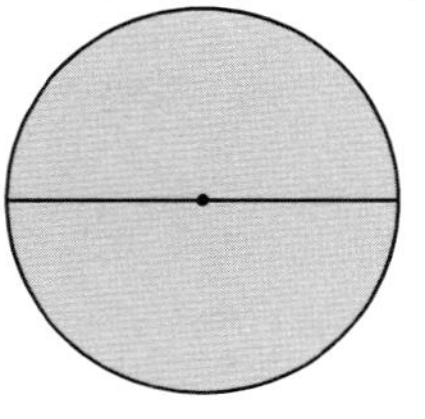

Wenn Schülerinnen und Schüler die Flächeninhalte von Rechtecken bestimmen können, die Kreisberechnung aber noch nicht „durchgenommen“ wurde, dann werden vermutlich alle nach relativ kurzer Zeit verschiedene Vorschläge zur Kreisflächenberechnung machen können. Diese vorgeschlagenen Verfahren sind erfahrungsgemäß unterschiedlich elaboriert und für unterschiedlich gute Näherungen geeignet, aber alle für erste Annäherungen an den Kreisflächeninhalt brauchbar. Damit liegen in jedem Fall vorzeigbare Ergebnisse zur Aufgabenstellung vor, wobei wichtig ist, dass alle Vorschläge im Unterricht wertgeschätzt werden. Durch das Trennen von Verfahrensvorschlag und -durchführung können insbesondere auch die Schüler Erfolgserlebnisse erzielen, die z. B. eine adäquate Vorstellung von der Additivität des Flächeninhalts haben, aber an der Durchführung ihres vorgeschlagenen Verfahrens scheitern würden. Starke Schülerinnen und Schüler werden mehrere Verfahren entwerfen, darunter auch solche, die für eine rechnerische Annäherung an den Kreisflächeninhalt besonders gut geeignet sind.

Selbsteinschätzungen von Schülerinnen und Schülern

Die Einschätzung der Leistungen und Kompetenzen von Schülerinnen und Schülern ist in der Schule traditionell Hoheitsgebiet der Lehrerinnen und Lehrer. In Kap. 5.1 haben wir dargestellt, dass die kompetenzorientierte Diagnose einen Kernbereich des professionellen Lehrerhandelns darstellt. Auf der anderen Seite ist klar, dass Schüler Experten für eigenes Lernen sind. Sie spüren selbst am besten, häufig sogar als Einzige, wann etwas beim Lernen oder Leisten „hakt“ oder wann ihnen etwas besonders leicht fällt. Das heißt nicht, dass sie die Relevanz von Themen fachlich einordnen können oder für Schwierigkeiten im Lernprozess didaktische Lösungen haben, hier ist tatsächlich der Lehrer der Experte. Aber gerade im Hinblick auf die wichtige Selbsttätigkeit beim Lernen und Fähigkeiten zur Selbstregulation des Lernens ist eine gezielte Nutzung und Förderung der Selbsteinschätzungen von Schülerinnen und Schülern wünschenswert. Schließlich ist der letzte Zweck aller Erziehung und Belehrung, sich überflüssig zu machen.

Wie aber lässt sich die Selbsteinschätzung von Schülerinnen und Schülern gezielt fördern und für einen gelingenden Lehr-Lern-Prozess nutzen? Hierzu gibt es eine Reihe von methodischen Arrangements, geeignete Medien (z. B. Portfolio) und Bewertungsverfahren (Leuders 2004), die hier nicht weiter ausgeführt werden können. Wie sieht es aber aus mit besonderen Anforderungen an die Aufgaben, die hier zu verwenden sind? Im Hinblick auf die einzelne Aufgabe sind zwei Merkmale zu beachten, die auch schon zu Anfang des Kapitels und bei der Diagnose (Kap. 5.1) bedeutsam sind.

Aufgaben zur Selbsteinschätzung sollten
• klar auf die einzuschätzenden Kompetenzen zugeschnitten sein und
• ergebnis- oder produktorientiert sein.

Damit die Schülerinnen und Schüler Aufgaben zur Selbsteinschätzung wirklich verwenden können, müssen sie die

- Aufgaben thematisch einordnen können („*Worin* bin ich gut/sicher?") und
- die eigene Bearbeitung im Hinblick auf die Anforderungen einschätzen können („*Wie* gut bin ich?").

Letzteres wird z. B. durch verständliche Beispiellösungen gewährleistet, die so formuliert sind, dass Schülerinnen und Schüler tatsächlich selbsttätig zu einer Einschätzung ihrer Kompetenzen – und damit zu einem stimmigen fachbezogenen Selbstbild – kommen können. Insbesondere sollten Beispiellösungen nicht als formal korrekte Musterlösungen angegeben sein, sondern in Form von tatsächlich erwartbaren schülernahen Formulierungen, die der Lehrer fachlich ruhigen Gewissens als akzeptabel einstuft. Im Idealfall lassen sich hierzu Originallösungen von anderen Schülern verwenden.

Aufgabensysteme für Selbsteinschätzungen

Wenn auf diesem Wege eine umfassende Selbsteinschätzung ermöglicht werden soll, geht dies natürlich nicht über einige wenige Aufgaben, sondern nur über ein gut strukturiertes System von Aufgaben. Zu allen als relevant erachteten Inhaltsbereichen und Prozessen sollten Aufgaben auf unterschiedlichen Anforderungsniveaus vorliegen. Dies zeigt schon, dass der einzelne Lehrer oder die einzelne Lehrerin hier zunächst überfordert scheint, aber über die gemeinsame Arbeit in der Fachgruppe kann ein solches Aufgabensystem entstehen. Als Gerüst eignen sich dafür z. B. schuleigene Lehrpläne oder neue, am Output orientierte Lehrpläne, die beschreiben, über welche Kompetenzen Schülerinnen und Schüler zu einem bestimmten Zeitpunkt verfügen sollten.

Ein Beispiel, wie ein solches Aufgabensystem zur Selbsteinschätzung aussehen könnte, stammt aus Schweden (Prim 2000).

Damit Schülerinnen und Schüler mithilfe eines Aufgabensystems zu einer umfassenden Selbsteinschätzung gelangen, benötigen sie zunächst eine Übersicht über die Bereiche, in denen sie sich einschätzen können. Für jeden einzelnen Bereich gibt es dann eine Reihe konkrete, auf Aufgaben bezogene Einschätzungsfragen:

Arithmetik/Algebra	Aufgaben: A/A 01 bis A/A 78			
Wie sicher fühlst du dich in den folgenden Situationen?	**sicher**	**ziemlich sicher**	**unsicher**	**sehr unsicher**
Du sollst feststellen, ob das Wechselgeld stimmt, wenn du bezahlt hast. (Aufgaben A/A 01, 04, 17, 28, 35)				
Du sollst ein Alltagsereignis beschreiben, das zu 100 – 18 · 3 passt. (Aufgaben A/A 07, 19, 65)				
Du sollst die Rechenart bei einer Textaufgabe wählen. (Aufgaben A/A 12, 39, 68, 74)				
Du sollst eine Zahl aufschreiben, die zwischen 1/3 und 1/2 liegt. (Aufgaben A/A 02, 03, 58, 71)				
Du sollst die Zahlen 1/4; 0,3; 35 %, 0,24; 2/7 und 20% der Größe nach ordnen. (Aufgaben A/A 11, 29, 48)				
Du sollst berechnen, wie viel Prozent deiner Mitschüler älter sind als du. (Aufgaben A/A 05, 24, 38)				
...				

Zu jeder Frage ist angegeben, welche Aufgaben den Schülerinnen und Schülern hier bei der Einschätzung helfen können. Die Selbsteinschätzung zur Situation *„Du sollst ein Alltagsereignis beschreiben, das zu 100 – 18 · 3 passt“*, kann u.a. aufgrund der Bearbeitung der Aufgabe „A/A 19“ erfolgen:

Aufgabe Arithmetik/Algebra 19 (Bedeutung einer Rechnung)
Beschreibe eine Alltagssituation, zu der die Rechnung 30 + 2 · 15 passt!

Nach der Bearbeitung dieser Aufgaben können die Schülerinnen und Schüler eine zusammenfassende Beschreibung der Erwartungen an ihre Lösung und Beispiellösungen zur Überprüfung ihrer Eigenproduktion heranziehen:

A/A 19 – Beispiellösungen
Du hast die Erwartungen der Aufgabe z. B. erfüllt, wenn du eine Situation beschrieben hast, in der von etwas 30 vorhanden sind und zweimal 15 dazukommen. Beispiellösungen sind:

- „An meinem Geburtstag habe ich von meiner Tante 30 Euro bekommen und von zwei Nachbarn jeweils 15 Euro.“
- „Beim Training wärmen wir uns 30 Minuten auf und machen hinterher zwei Spiele, die beide 15 Minuten dauern.“
- „Für die Ferienfreizeit stehen drei Häuser zur Verfügung, eins mit 30 Betten und zwei mit jeweils 15 Betten“.

Bei dieser Selbstkontrolle sehen die Schülerinnen und Schüler immer auch andere mögliche Lösungen, werden in diesem Fall also auf andere Situationen aufmerksam, die ebenfalls mit dieser Rechnung sinnvoll modelliert werden können, und sehen somit anhand der Beschreibung der Merkmale von erwarteten Lösungen abstraktere Eigenschaften der Aufgabe und ihrer Lösungen.

Die Formate der Selbstdiagnose können noch viel ausgefeilter sein und weiter gehen als die hier dargestellten Beispiele. So lassen sich diagnosegeleitete Fördermaterialien erstellen, bei denen die Lernenden in hohem Maße selbstständig ihre Lernstände feststellen und daran arbeiten (PREDIGER ET AL. 2011):

Erkunden A Darstellen und Rechnen in der Stellentafel

1 **Kann ich Zahlen in der Stellentafel ablesen und darstellen?**

a) Zahlen lassen sich unterschiedlich schreiben, z. B. auch in Worten.
Übersetze die Zahlwörter in Zahlen und trage sie wie im Beispiel in die Stellentafel ein.

Zahlwort:	ZT	T	H	Z	E
Beispiel: dreiundzwanzigtausendeinhundertundeins	2	3	1	0	1
(1) sechsunddreißigtausendfünfundsiebzig					
(2) zwölftausendzweiundfünfzig					
(3) eintausendzweihundertfünfzig					

Erkunden
Klappe zuerst die orangene Seite nach hinten.
Lies dir die Aufgabe sorgfältig durch.
Trage die Lösungen ein.

A

Ordnen A Darstellen und Rechnen in der Stellentafel

1 **So gut kann ich Zahlen in der Stellentafel ablesen und darstellen**

a)

	Wie habe ich die Aufgabe gelöst?		*Wie geht es weiter?*
☐	(Stellentafel, siehe unten)	✓	▸ zwei Aufgaben aus Nr. 23–25 (S. 10)
☐	Ich habe die gleichen Ziffern, aber in anderer Reihenfolge.		▸ Nr. 5, 6 (S. 5) ▸ zusätzlich Nr. 7 (S. 5)
☐	Mit den Nullen stimmt etwas bei mir nicht.		▸ Nr. 3, 4 (S. 4)
☐	Ich habe mehrere Ziffern in ein Feld eingetragen.		▸ Nr. 6, 7 (S. 5)
☐	Ich bin mir nicht sicher, wie das geht.		▸ Nr. 1, 2 (S. 4), Nr. 5, 8 (S. 5)

	ZT	T	H	Z	E
(1)	3	6	0	7	5
(2)	1	2	0	5	2
(3)	0	1	2	5	0

Ordnen
Klappe die orangene Seite zurück und vergleiche die Lösungen.
Kreuze die Antwort an, die am besten zu deiner Lösung passt.
Wenn du nicht sicher bist, frage deinen Lehrer oder deine Lehrerin.

Diese Aufgaben auf den Seiten 4–11 werde ich üben (kleine Nummern zuerst)	▸

Wenn du alle Aufgaben verglichen hast, notiere im Arbeitsplan, wo du noch üben wirst.

Literaturverzeichnis

AEBLI, H. (1977): Grundformen des Lehrens. Klett

AEBLI, H. (1985): Das operative Prinzip. In: Mathematik Lehren Heft 11

AEBLI, H. (2003): Zwölf Grundformen des Lehrens. 12. Auflage. Klett

ALFIERI, L./BROOKS, P. J./ALDRICH, N. J./TENENBAUM, H. R. (2011): Does discovery-based instruction enhance learning? Journal of Educational Psychology 103(1). S. 1–18

ARNOLD, K.-H. (2001): Qualitätskriterien für die standardisierte Messung von Schulleistungen. In: Weinert, F. E. (Hrsg.): Leistungsmessung in Schulen. Beltz

ARTELT, C./DEMRICH, A./BAUMERT, J. (2001): Selbstreguliertes Lernen. In: Deutsches PISA-Konsortium (Hrsg.): PISA 2000. Basiskompetenzen von Schülerinnen und Schülern im internationalen Vergleich. Leske+Budrich

BARZEL, B./BÜCHTER, A./LEUDERS, T. (2007): Mathematik-Methodik. Handbuch für die Sekundarstufe I und II. Berlin: Cornelsen Scriptor

BARZEL, B./BÜCHTER, A./LEUDERS, T. (2010): Gruppenexplorationen: Arbeitsteilige Gruppenarbeit mit der ganzen Klasse. PM: Praxis der Mathematik in der Schule, 52(35), 14–16

BARZEL, B./HUSSMANN, S./LEUDERS, T. (2004): Bildungsstandards und Kernlehrpläne in Nordrhein-Westfalen und Baden-Württemberg zwei Wege zur Umsetzung nationaler Empfehlungen. MNU 3/04

BARZEL, B./LEUDERS, T. (2012): Meine Klasse und ich – Daten sammeln und vergleichen. In Barzel, B./ Hußmann, S./ Leuders, T./Prediger, S. (Eds.), mathewerkstatt 5. Berlin: Cornelsen

BAUMERT, J. (2002). Deutschland im internationalen Bildungsvergleich. In: Kilius, N./Kluge, J./Reisch, L. (Hrsg.): Die Zukunft der Bildung. Suhrkamp

BAUMERT, J./LEHMANN, R. U. A. (1997): TIMSS Mathematisch-naturwissenschaftlicher Unterricht im internationalen Vergleich. Deskriptive Befunde. Leske+Budrich

BECKER, J. P./SHIMADA, S. (Hrsg.) (1997): The open-ended approach: a new proposal for teaching mathematics. A New Proposal for Teaching Mathematics. NCTM

BECKMANN, A. (1997): Beweisen im Geometrieunterricht der Sekundarstufe I. Lit-Verlag

BEERLI, G. (2003): Mathbu.ch. Realitaetsbezug im Unterricht mit Fermifragen. In: Beiträge zum Mathematikunterricht 2003. Franzbecker

BELL, A./BREKKE, G./SWAN, M. (1987): Diagnostic teaching. graphical interpretation. Mathematics Teaching 119

BETSCH, T./FUNKE, J./PLESSNER, H. (2011): Denken – Urteilen, Entscheiden, Problemlösen. Heidelberg: Springer.

BIERMANN, M./BLUM, W. (1998): Zur Rolle von Grundvorstellungen bei realitätsbezogenen Beweisen – Das Schorle-Beispiel. In: Beiträge zum Mathematikunterricht 1998. Franzbecker

BIERMANN, M./BLUM, W. (2002) Realitätsbezogenes Beweisen. Der „Schorle-Beweis“ und andere Beispiele. In: Mathematik Lehren Heft 110

BLK (1997): Gutachten zur Vorbereitung des Programms „Steigerung der Effizienz des mathematisch-naturwissenschaftlichen Unterrichts“. Bund-Länder-Kommission für Bildungsplanung und Forschungsförderung

BLUM, W. (1996): Anwendungsbezüge im Mathematikunterricht - Trends und Perspektiven. In: Kadunz, G. u. a (Hrsg.): Trends und Perspektiven. Hölder- Pichler-Tempsky

BLUM, W./BIERMANN, M. (2001): Eine ganz normale Unterrichtsstunde? Aspekte von „Unterrichtsqualität“ in Mathematik.

BLUM, W./DRÜKE-NOE, C./HARTUNG, R./KÖLLER, O. (Hrsg.) (2006): Bildungsstandards Mathematik: konkret. Sekundarstufe I: Aufgabenbeispiele, Unterrichtsanregungen, Fortbildungsideen. Berlin: Cornelsen Scriptor

BLUM, W./KIRSCH, A. (1991): Preformal proving: examples and reflections. Educational Studies in Mathematics 22 (2)

BLUM, W./NEUBRAND, M. (Hrsg.) (1998): TIMSS und der Mathematikunterricht: Informationen, Analysen, Konsequenzen. Schroedel

BÖER, H. (1994): Das Projekt Wasser. Appelhülsen (www.mued.de)

Böer, H. (1993): Extremwertproblem Milchtüte. In: Blum, W. (Hrsg.): Anwendungen und Modellbildung im Mathematikunterricht (ISTRON-Schriftenreihe, Band 0). Franzbecker

Böer, H. (2004): Anwendung und Modellbildung: Steuern. In: Leuders (Hrsg.): Materialien für einen projektorientierten Mathematik- und Informatikunterricht. Franzbecker

Bonsen, M./Büchter, A./van Ophuysen, S. (2004): Im Fokus: Leistung. Zentrale Aspekte der Schulleistungsforschung und ihre Bedeutung für die Schulentwicklung. In: Holtappels, H. G. u. a. (Hrsg): Jahrbuch der Schulentwicklung, Band 13. Juventa

BMBF (2003): Expertise. Zur Entwicklung nationaler Bildungsstandards. Bundesministerium für Bildung und Forschung

Bruder, R. (2000): Akzentuierte Aufgaben und heuristische Erfahrungen. In: Herget, W./Flade, L. (Hrsg.): Mathematik lehren und lernen nach TIMSS. Anregungen für die Sekundarstufen. Volk und Wissen

Bruder, R. (Hrsg.) (2002): Heuristik – Problemlösen lernen. In: Mathematik Lehren, Heft 115

Bruder, R./Collet, C. (2011): Problemlösen lernen im Mathematikunterricht. Berlin: Cornelsen Verlag.

Bruder, R./Reibold, J. (2010): Weil jeder anders lernt. mathematik lehren 162, Velber: Friedrich Verlag, S. 2–9

Bruner, Jerome S. (1961): The act of discovery. Harvard Educational Review 31.S. 21–32

Büchter, A./Henn, H.-W. (2014): Schulmathematik und Realität – Verstehen durch Anwenden. In: Bruder, R./Hefendehl-Hebeker, L./Schmidt-Thieme, B./Weigand, H.-G. (Hrsg.): Handbuch Mathematikdidaktik. Heidelberg: Springer

Büchter, A./Herget, W./Leuders, T./Müller, J. H. (2007): Die Fermi-Box. Für die Klassen 5–7. Seelze/Velber: Friedrich Verlag

Büchter, A./Herget, W./Leuders, T./Müller, J. H. (2011): Die Fermi-Box. Für die Klassen 8-10. Stuttgart: Klett

Büchter, A./Leuders, T. (2006): Ein Aufgabenmodell für die Praxis – Einschätzung, Auswahl und Entwicklung von Mathematikaufgaben. In: Praxis der Naturwissenschaften – Chemie in der Schule 55 (8)

Büchter, A./Leuders, T. (2008): Leistungen verstehensorientiert überprüfen. Gute Aufgaben für Klassenarbeiten entwickeln. In Bruder, R./Büchter, A./Leuders, T. (Eds.): Mathematikunterricht entwickeln (pp. 149–184). Berlin: Cornelsen Scriptor

Cheng, L./Curtis, A. (2003): Washback or backwash. A review of the impact of testing on teaching and learning. In: Cheng, L./Watanabe, Y. (Hrsg.): Washback in Language Testing. Research contexts and methods. Lawrence Erlbaum Associates

Chomsky, N. A. (1969). Aspekte der Syntax-Theorie. Frankfurt a. M.: Suhrkamp

Copei, F. (1930): Der fruchtbare Moment im Bildungsprozeß. Quelle & Meyer, Heidelberg (3. Auflage 1955)

Devlin, K. (1998): Muster in der Mathematik. Spektrum

Fend, H. (1980): Theorie der Schule. Beltz

Flewelling, G./Higginson, W. (2003): Teaching With Rich Learning Tasks: A Handbook. Centre for Mathematics, Science, and Technology

Förster, F./Herget, W. (2002): Die Kabeltrommel. Glatt gewickelt, gut gewickelt. In: Mathematik Lehren, Heft 113

Freudenthal, H. (1976): Mathematik als pädagogische Aufgabe. Band 1. Stuttgart: Klett

Furdek, A. (2002): „Fehler-Beschwörer". Typische Fehler beim Lösen von Mathematikaufgaben. Books on Demand, Norderstedt

Gallin, P./Ruf, U. (1998): Dialogisches Lernen im Mathematikunterricht. Seelze.

Goddijn, A. J./Reuter, W. (1995): Afstanden, grenzen en gebiedsindelingen (Nieuwe wiskunde tweede fase). Freudenthal Instituut

Greefrath, G. (2010): Modellieren lernen mit offenen realitätsnahen Aufgaben. Hallbergmoos: Aulis

Gutzmer, A. (1905): Bericht betreffend den Unterricht in der Mathematik an den neunklassigen höheren Lehranstalten. In: Zeitschrift für mathematischen und naturwissenschaftlichen Unterricht (36), S. 543–553

Hanna, G. (1997): The ongoing value of proof. In: Journal für Mathematik-Didaktik 18 (2/3)

Haubrock, D. (2000): GPS in der analytischen Geometrie. In: Förster, F./Henn, H.-W./Meyer, J. (Hrsg.): Materialien für einen realitätsbezogenen Mathematikunterricht, Band 6 (ISTRON-Schriftenreihe). Franzbecker

Hefendehl-Hebeker, L./Hussmann, S. (2003): Beweisen – Argumentieren. In: Leuders, T. (Hrsg.): Mathematik-Didaktik. Berlin: Cornelsen Scriptor

Heintz, B. (2000): Die Innenwelt der Mathematik. Springer

Hengartner, E./Hirt, U./Wälti, B./Primarschulteam Lupsingen (2006): Lernumgebungen für Rechenschwache bis Hochbegabte. Zug: Verlag Klett und Balmer

Henn, H.-W. (2000): Realitätsbezüge im Mathematikunterricht. In: Flade, L./Herget, W. (Hrsg.): Mathematik lehren und lernen nach TIMSS. Anregungen für die Sekundarstufen. Volk und Wissen

Henn, H.-W. (Hrsg.) (1999): Mathematikunterricht im Aufbruch. Schroedel

Herget, W. (Hrsg.) (2000): Aufgaben öffnen – Mathematik lehren 100.

Herget, W. (2000): Rechnen können reicht ... eben nicht. Mathematik lehren, Heft 100/2000, S. 4–10

Herget, W./Malitte, E./Richter, K. (2000): Über Funktionen sprechen! In: Mathematik lehren, Heft 103

Herget, W./Flade, L. (Hrsg.): Mathematik lehren und lernen nach TIMSS. Anregungen für die Sekundarstufen. Volk und Wissen

Herget, W./Jahnke, T./Kroll, W. (2001): Produktive Aufgaben für den Mathematikunterricht der Sek I. Berlin: Cornelsen

Herget, W./Scholz, D. (1998): Die etwas andere Aufgabe – aus der Zeitung. Kallmeyersche Verlagsbuchhandlung

Hersh, R. (1993): Proving is convincing and explaining. In: Educational Studies in Mathematics 24 (4)

Heymann, H.-W. (1996): Allgemeinbildung und Mathematik. Beltz

Heymann, H.-W. (2000): Was ist guter Mathematikunterricht. In: Landesinstitut für Schule und Weiterbildung (Hrsg.): Was ist guter Fachunterricht? Beiträge zur fachwissenschaftlichen Diskussion. Landesinstitut für Schule und Weiterbildung

Hiebert, J./Gallimore, R./Garnier, H./Givvin, K. B./Hollingsworth, H./Jacobs, J. et al. (2003): Teaching mathematics in seven countries: Results from the TIMSS 1999 video study (NCES 2003-013). U.S. Department of Education. Washington, DC: National Center for Education Statistics.

Hussmann, S. (2002): Mathematik entdecken und erforschen in der Sekundarstufe II – Theorie und Praxis des Selbstlernen in der Sekundarstufe II. Cornelsen

Hussmann, S. (2002): Konstruktivistisches Lernen an Intentionalen Problemen – Mathematik unterrichten in einem offenen Lernarrangement. Franzbecker

Hussmann, S. (2003): Mathematik entdecken und erforschen in der Sekundarstufe II – Theorie und Praxis des Selbstlernen in der Sekundarstufe II. Berlin: Cornelsen

Hussmann, S./Leuders, T./Prediger, S. (2007): Schülerleistungen verstehen – Diagnose im Alltag. PM: Praxis der Mathematik in der Schule, 49(15), 1-9

Ingenkamp, K. (1989): Diagnostik in der Schule. Beiträge zu Schlüsselfragen der Schülerbeurteilung. Beltz

ISTRON-Schriftenreihe (1993): Materialien für einen realitätsbezogenen Mathematikunterricht. Franzbecker

Jablonka, E. (1999): Was sind „gute“ Anwendungsbeispiele? In: Maaß, J./Schlögmann, W. (Hrsg.): Materialien für einen realitätsbezogenen Mathematikunterricht, Band 5 (ISTRON-Schriftenreihe). Franzbecker

Jahnke, T. (1997): Stunden im Stau – eine Modellrechnung. In: Blum, W./König, G./Schwehr, S. (Hrsg.): Materialien für einen realitätsbezogenen Mathematikunterricht, Band 4 (ISTRON-Schriftenreihe). Hildesheim: Franzbecker

Jahnke, T. (2005): Zur Authentizität von Mathematikaufgaben. In: Beiträge zum Matheunterricht 2005. Franzbecker

Jundt, W./Wälti, B. (2010): Erwartungen transparent machen. Arbeiten mit mathematischen Beurteilungsumgebungen. Mathematik Lehren 162: pp. 56–60

Kaiser, G. (1995): Realitätsbezüge im Mathematikunterricht – ein Überblick über die aktuelle und historische Diskussion. In: ISTRON-Schriftenreihe Band 2

KMK (2003): Vereinbarung über Bildungsstandards für den Mittleren Schulabschluss (Jahrgangsstufe 10) – Beschluss der Kultusministerkonferenz vom 04.12.2003

Laakmann, H. (2005): Werbung und Mathematik – oder: Rasiert man(n) in 18 Monaten ein Fußballfeld? PM 3/2005

Lambert, A. (2004): Begriffsbildung im Mathematikunterricht. In: Bender, P. u. a. (Hrsg.): Lehr- und Lernprogramme für den Mathematikunterricht. Franzbecker

Lange, J. de (1996): Using and Applying Mathematics in Education. In: Bishop, A. J. u. a. (Hrsg): International handbook of mathematics education, Part one. Kluwer Academic Publisher

Lengnink, K./Leuders, T. (2008): Probier's doch mal! Mit Beispielen experimentieren. PM : Praxis der Mathematik in der Schule, 50(23), 1-6

Lenné, H. (1969): Analyse der Mathematikdidaktik in Deutschland. Stuttgart: Klett.

Lesh, R. A. (2007): Problem Solving And Modeling. Second handbook of research on mathematics teaching and learning: a project of the National Council of Teachers of Mathematics.

Leuders, T. (2001): Qualität im Mathematikunterricht der Sekundarstufen I und II. Cornelsen Scriptor

Leuders, T. (2003): Mathematikunterricht auswerten. In: ders. (Hrsg.). Mathematik-Didaktik. Ein Praxishandbuch für die Sekundarstufe I & II. Cornelsen Scriptor

Leuders, T. (2003): Problemlösen. In: ders. (Hrsg.) Mathematik-Didaktik. Ein Praxishandbuch für die Sekundarstufe I & II. Cornelsen Scriptor

Leuders, T. (2004): Selbstständiges Lernen und Leistungsbewertung. In: Der Mathematikunterricht 50 (3)

Leuders, T. (2005): Wenn es Mathematikern zu bunt wird – Färbeprobleme. In: Lutz-Westphal, B./Hußmann, S. (2005)

Leuders, T. (2005): Denkzettel „Sauer macht erfinderisch". In: Praxis der Mathematik in der Schule 3/05

Leuders, T. (2005): Intelligentes Üben selbst gestalten! – Erfahrungen aus dem Mathematikunterricht. Pädagogik, 11(5), 29–32

Leuders, T. (2008): Gespielt – gelernt – gewonnen! Produktive Übungsspiele. PM : Praxis der Mathematik in der Schule, 50(22), 1–7

Leuders, T. (2008): Selbstständigkeit fördern. Chancen für selbstständiges Lernen im Mathematikunterricht. In Bruder, R./Büchter, A./Leuders, T. (Eds.): Mathematikunterricht entwickeln (pp. 103–128). Berlin: Cornelsen Scriptor

Leuders, T. (2009): Intelligent üben und Mathematik erleben. In: Leuders, T./Hefendehl-Hebeker, L./Weigand, H.-G. (Eds.): Mathemagische Momente (Vol. 130-143). Berlin: Cornelsen

Leuders, T. (2012): „Einüben oder Ausüben?" – Übekonzepte im Mathematikunterricht. Pädagogik, 64(12), 17–21

Leuders, T. (2014): Aufgaben in Forschung und Praxis. In: Bruder, R./Hefendehl-Hebeker, L./Schmidt-Thieme, B./Weigand, H.-G. (Hrsg.): Handbuch Mathematikdidaktik. Heidelberg: Springer

Leuders, T./Barzel, B./Hussmann, S. (2005): Standards in core curricula – a new curricular orientation for German math teachers focussing on the outcome. In: Zentralblatt für Didaktik der Mathematik 4/2005

Leuders, T./Herold, R. (2008): Fit in Funktionen: Ein Paket mit Übungsspielen für den Analysisunterricht. PM : Praxis der Mathematik in der Schule, 50(22), 18–22

Leuders, T./Holzäpfel, L. (2011): Kognitive Aktivierung im Mathematikunterricht. Unterrichtswissenschaft 39, 213–230

Leuders, T./Hussmann, S./Barzel, B./Prediger, S. (2011): „Das macht Sinn!" Sinnstiftung mit Kontexten und Kernideen. In: Praxis der Mathematik in der Schule 53(37). S. 2–9

Leuders, T./Prediger, S. (2012): „Differenziert Differenzieren" – Mit Heterogenität in verschiedenen Phasen des Mathematikunterrichts umgehen. In Lazarides, R./Ittel, A. (Eds.): Differenzierung im mathematisch-naturwissenschaftlichen Unterricht – Implikationen für Theorie und Praxis (pp. 35–66). Bad Heilbrunn: Klinkhardt Verlag

Leuders, T./Reischmann, A./Zachmann, S. (2007): Drinnen ist nicht Drumherum: Eine Gruppenexploration zum Zusammenhang zwischen Flächeninhalt und Umfang. PM : Praxis der Mathematik in der Schule, 49(18), 10–15

Leuders, T./Rülander, N. (2011): Mit Zauber und Rechentricks zu binomischen Formeln – Sinnstiftende Kontexte für ein schwieriges Thema. Praxis der Mathematik in der Schule, 53(37), 19–27

Leuders, T./Ulm, V. (2007): Viel Eckiges – forschend entdecken. PM: Praxis der Mathematik in der Schule, 49(18), 1–9

Link, F. (2011): Problemlöseprozesse selbstständigkeitsorientiert begleiten: Kontexte und Bedeutungen strategischer Lehrinterventionen in der Sekundarstufe I. Wiesbaden: Vieweg + Teubner

LFS (2005): Landesinstitut für Schule. Offene und anwendungsbezogene Aufgaben aus den Niederlanden. in Vorbereitung

Lompscher, J. (2001): Lehrstrategien. In: Rost, D. H. (Hrsg.). Handwörterbuch Pädagogische Psychologie. Beltz

Lutz-Westphal, B. (2005): Kürzeste Wege. In: Lutz-Westphal, B./ Hußmann, S. (2005) Mathematik erleben – Kombinatorische Optimierung lehren und lernen. Vieweg Braunschweig, Wiesbaden

Maass, K. (2007): Mathematisches Modellieren – Aufgaben für die Sekundarstufe I. Berlin: Cornelsen Scriptor

Matter, Ule (2007): Offene Aufgaben in Tests? Ja bitte! In: PM: Praxis der Mathematik in der Schule 49 (2007), 18, S. 38–41

Mayer, R. E. (2004): Should There Be a Three-Strikes Rule Against Pure Discovery Learning? American Psychologist 59(1). S. 14–19

MKJS-BW (2004): Ministerium für Kultus, Jugend und Sport, Baden-Württemberg. Bildungspläne Mathematik. www.bildungsstandards-bw.de/ und www.kernlehrplan.de

MNU (2004): Empfehlungen zur Umsetzung der Bildungsstandards der KMK im Fach Mathematik. MNU 8/2004 und www.mnu.de

MSJK-NRW (2004): Ministerium für Schule Jugend und Kinder. Kernlehrpläne Mathematik. Frechen. s. auch online unter www. learn-line.nrw.de und www.kernlehrplan.de

MSJK-NRW (Hrsg.) (2001): Diagnose von Basiswissen und Problemlösen in Kontexten. Ritterbach, online: www.learnline.de

Mued (2002): Mued e.V. – Initiative zur Verbesserung des Mathematikunterrichtes. Unter: www.mued.de

Müller, G. N./Wittmann, E. Chr. (1992): Handbuch produktiver Rechenübungen, Band 1, 2. Stuttgart, Düsseldorf, Berlin, Leipzig: Klett.

NCTM (2000): Principles and Standards for School Mathematics. National Council of Teachers of Mathematics. In Auszügen auch elektronisch unter: standards.nctm.org

Neubrand, J. (2002): Eine Klassifikation mathematischer Aufgaben zur Analyse von Unterrichtssituationen. Selbsttätiges Arbeiten in Schülerarbeitsphasen in den Stunden der TIMSS-Video-Studie. Franzbecker

Neubrand, M./Klieme, E./Lüdtke, O./Neubrand, J. (2002): Kompetenzstufen und Schwierigkeitsmodelle für den PISA-Test zur mathematischen Grundbildung. In: Unterrichtswissenschaft 30 (2)

Niss, M. A. (1994): Mathematics in society. In: Biehler, R. u. a. (Hrsg.): Didactics of mathematics as a scientific discipline. Kluwer Academic Publishers

Niss, M. A. (2003): Mathematical competencies and the learning of mathematics: the Danish KOM project. In: Gagatsis A, Papastavridis S, editors. 3rd Mediterranean Conference on Mathematical Education – Athens, Hellas 3-4-5 January 2003 (pp. 116-124). Athen: Hellenic Mathematical Society

Nohda, N. (1991): Paradigm of the ‚open-approach' method in mathematics teaching. Focus on mathematical problem solving. In: Zentralblatt für Didaktik der Mathematik 23(2)

Oecd (2000): PISA 2000. Beispielaufgaben aus dem Mathematiktest

Padberg, F. (1991): Testaufgaben bei Dezimalbrüchen. Diagnostische Tests zur Analyse von Problembereichen bei Dezimalbrüchen. In: Mathematik Lehren Heft 46, Friedrich Verlag

Peter-Koop, A. (2003): „Wie viele Autos stehen in einem 3-km-Stau?" Modellbildungsprozesse beim Bearbeiten von Fermi-Problemen in Kleingruppen. In: Ruwisch, S./Peter-Koop, A. (Hrsg.): Gute Aufgaben im Mathematikunterricht der Grundschule. Mildenberger

PISA-Konsortium (Hrsg.) (2000): Schülerleistungen im internationalen Vergleich

Pollack, H. O. (1979): The Interaction between Mathematics and Other School Subjects. In: Unesco (Hrsg.): New Trends in Mathematics Teaching IV. Unesco

Polya, G. (1945): How to solve it. Princeton University Press. Dt. Taschenbuchausgabe (1995): Schule des Denkens. Francke

Popper, Karl (1994): Alles Leben ist Problemlösen. Über Erkenntnis, Geschichte und Politik. München: Piper

Prediger, S. (2003): Ausgangspunkt: Die unsortierte Fülle. Systematisieren am Beispiel des Mathematikunterrichts. In: Friedrich Jahresheft

Prediger, S./Barzel, B./Leuders, T./Hussmann, S. (2011): Systematisieren und Sichern. Nachhaltiges Lernen durch aktives Ordnen, in: Mathematik lehren 164, 2–9

Prediger, S./Hussmann, S./Leuders, T./Barzel, B. (2011): „Erst mal alle auf einen Stand bringen…" Diagnosegeleitete und individualisierte Aufarbeitung arithmetischen Basiskönnens. Pädagogik (Weinheim), 63(5), 20–24

Prediger, S./Hussmann, S./Leuders, T./Barzel, B. (2014): Kernprozesse – Ein Modell zur Strukturierung von Unterrichtsdesign und Unterrichtshandeln. In Bausch, I./Pinkernell, G./Schmitt, O. (Eds.): Unterrichtsentwicklung und Kompetenzorientierung. Festschrift für Regina Bruder (pp. 81–92). Münster: WTM-Verlag

Prediger, S./Scherres, C. (2012): Niveauangemessenheit von Arbeitsprozessen in selbstdifferenzierenden Lernumgebungen – Qualitative Fallstudie am Beispiel der Suche aller Würfelnetze. In: Journal für Mathematikdidaktik 33(1), 143–173

Prim (2000): National Agency of Education, Lärarhögskolan in Stockholm, Primgruppen: Diagnostic Material in Mathematics

Reiss, K. (2002): Beweisen, Begründen und Argumentieren. Wege zu einem diskursiven Mathematikunterricht. In: Beiträge zum Mathematikunterricht 2002. Franzbecker

Renkl, A./Schworm, S./vom Hofe, R. (2001): Lernen mit Lösungsbeispielen. In: Mathematik Lehren, Heft 109

Roth, H. (1957): Pädagogische Psychologie des Lehrens und Lernens. Schroedel

Roth-Sonnen (2005a): Von der Wetterkarte zur Tangentenkonstruktion. In: PM 3/05.

Roth-Sonnen (2005b): Was ist ein Mittelpunkt? – Modelle entwickeln und vergleichen. In: Barzel, B./Hußmann, S./Leuders, T. (2005): Computer, Internet & Co. im Mathematik-Unterricht. Cornelsen Scriptor.

Ruwisch, S./Peter-Koop, A. (2003): Gute Aufgaben im Mathematikunterricht der Grundschule. Mildenberger

Saint-George, G. von (2003): Eigenverantwortliche Lernorganisation. In: Leuders, T. (Hrsg.): Mathematik-Didaktik. Cornelsen Scriptor

Satow, L./Schwarzer, R. (2000): Selbstwirksamkeitserwartung, Besorgtheit und Schulleistung. Eine Längsschnittuntersuchung in der Sekundarstufe I. In: Empirische Pädagogik 14 (2)

Scherer, P. (1999): Mathematiklernen bei Kindern mit Lernschwächen. Perspektiven für die Lehrerbildung. In: Selter, C. /Walther, G. (Hrsg.): Mathematikdidaktik als design science. Festschrift für Erich Christian Wittmann. Klett

Schoenfeld, A. (1992): Learning to think mathematically: Problem solving, metacognition, and sense-making in mathematics. In: National Council of Teachers of Mathematics/Douglas A. Grouws (Hg.): Handbook of research on mathematics teaching and learning. New York. S. 334–370

Schöne, C./Dickhäuser, O./Spinath, B./Stiensmeier-Pelster, J. (2003): Das Fähigkeitsselbstkonzept und seine Erfassung. In: Stiensmeier-Pelster, J./Rheinberg, F. (Hrsg.): Diagnostik von Motivation und Selbstkonzept. Hogrefe

Schupp, H. (2002): Thema mit Variationen. Aufgabenvariation im Mathematikunterricht. Franzbecker

Schupp, H. (1988): Anwendungsorientierter Mathematikunterricht in der Sekundarstufe I zwischen Tradition und neuen Impulsen. In: Der Mathematikunterricht 34 (6)

Siebert, H. (1996): Über die Nutzlosigkeit von Belehrungen und Bekehrungen. Soest.

Spiegel, H./Selter, C. (2003): Kinder & Mathematikunterricht. Was Erwachsene wissen sollten. Kallmeyer

Stewart, I. (2001): Die Zahlen der Natur. Springer

Sundermann, B./Selter, C. (2000): Quattro Stagioni. Nachdenkliches zum Stationenlernen aus mathematikdidaktischer Perspektive. In: Friedrich Jahresheft

Swan, M. (1985): The Language of Functions and Graphs. Nottingham, UK: Shell Centre for Mathematical Education. www.MathShell.com

van den Heuvel-Panhuizen, M./Wijers, M. (2005): Mathematics standards and curricula in the Netherlands. Zentralblatt für Didaktik der Mathematik, 37(4), 287–307

Vollrath, H.-J. (1984): Methodik des Begriffslehrens im Mathematikunterricht. Klett.

vom Hofe, R. (1995): Grundvorstellungen mathematischer Inhalte. Spektrum, Heidelberg.

Wagenschein, M. (1970): Ursprüngliches Verstehen und exaktes Denken. 2 Bände. Klett

WEINERT, F. E. (2000): Lehren und Lernen für die Zukunft – Ansprüche an das Lernen in der Schule. Vortragsmanuskript

WEINERT, F. E. (2001): Vergleichende Leistungsmessung in Schulen – eine umstrittene Selbstverständlichkeit. In: ders. (Hrsg.). Leistungsmessung in Schulen. Beltz

WETH, T. (1999): Kreativität im Mathematikunterricht. Begriffsbildung als kreatives Tun. Franzbecker

WINTER, H. (1983): Über die Entfaltung begrifflichen Denkens im Mathematikunterricht. In: Journal für Mathematik-Didaktik 3/83

WINTER, H. (1983): Zur Problematik des Beweisbedürfnisses. In: Journal für Mathematikdidaktik 4 (1)

WINTER, H. (1984): Begriff und Bedeutung des Übens im Mathematikunterricht. In: mathematik lehren. 2/1984

WINTER, H. (1985): Sachrechnen in der Grundschule. Cornelsen Scriptor

WINTER, H. (1989): Entdeckendes Lernen im Mathematikunterricht. Einblicke in die Ideengeschichte und ihre Bedeutung für die Pädagogik. Braunschweig: Vieweg

WINTER, H. (1995): Mathematikunterricht und Allgemeinbildung. Mitteilungen der Gesellschaft für Didaktik der Mathematik, Nr. 61, 37–46

WITTMANN, E. CH. (1985): Objekte-Operationen-Wirkungen: Das operative Prinzip in der Mathematikdidaktik. In: Mathematik lehren 11

WITTMANN, E. CH. (1990): Wider die Flut der „bunten Hunde“ und der „grauen Päckchen“: Die Konzeption des aktiv-entdeckenden Lernens und des produktiven Übens. In: Wittmann, E. Ch./Müller, G. N.: Handbuch produktiver Rechenübungen. Bd.1: Vom Einspluseins zum Einmaleins (S. 152–166). Stuttgart: Klett

WITTMANN, E. CH. (1992a): Wider die Flut der bunten Hunde und der grauen Päckchen: Die Konzeption des aktiv-entdeckenden Lernens und produktiven Übens. In: Müller/Wittmann (1992)

WITTMANN, E. CH. (1992b): Üben im Lernprozess. In: Müller/Wittmann (1992).

WITTMANN, E. CH./MÜLLER, G. (1988): Wann ist ein Beweis ein Beweis? In: Bender, P. (Hrsg.): Mathematikdidaktik. Theorie und Praxis. Festschrift für Heinrich Winter. Cornelsen Verlag Scriptor

WITTMANN, E. CH./ZIEGENBALG, J. (2004): Sich Zahl um Zahl hochhangeln. In: Müller/Steinbring/Wittmann: Arithmetik als Prozess. Kallmeyer

WOLLRING, B. (1999): Mathematikdidaktik zwischen Diagnostik und Desgin. In: Selter, C./Walther, G. (Hrsg.): Mathematikdidaktik als design science. Festschrift für Erich Christian Wittmann. Klett

WOLLRING, B. (2009): Zur Kennzeichnung von Lernumgebungen für den Mathematikunterricht in der Grundschule. In Peter-Koop, A./Lilitais, G./Spindeler, B. (Hrsg.): Lernumgebungen – ein Weg zum kompetenzorientierten Mathematikunterricht in der Grundschule (S. 9–23). Offenburg: Mildenberger

ZIMMERMANN, B. (1991): Offene Probleme für den Mathematikunterricht und ein Ausblick auf Forschungsfragen. In: Zentralblatt für Didaktik der Mathematik 23 (2)

Stichwortverzeichnis